Die ORION-Bücher

Wolfgang Schroeder

Praktische Astronomie für Sternfreunde

Mit 78 Abbildungen, 20 Sternkarten, einer Mondkarte im Text, 4 Vorlagen zum Ausschneiden im Anhang und 16 Kunstdrucktafeln

Durchgesehene, siebente Auflage

Kosmos · Gesellschaft der Naturfreunde
Franckh'sche Verlagshandlung · Stuttgart

Den Schutzumschlag gestaltete Jürgen Schulz
Titel der englischen Ausgabe: PRACTICAL ASTRONOMY.
Verlag: T. Werner Laurie Limited

7. Auflage / 22.—25. Tausend
Franckh'sche Verlagshandlung, W. Keller & Co., Stuttgart / 1976 / Printed in Germany / Imprimé en Allemagne / LH 10 be / ISBN 3-440-03985-4 / Gesamtherstellung: Konrad Triltsch, Graphischer Betrieb, Würzburg

PRAKTISCHE ASTRONOMIE FÜR STERNFREUNDE

Astronomie ist mehr als nur eine Beschreibung der Sternbilder und eine Aufzeichnung der Bewegungen der Planeten und Sterne. Jeder, der sich näher mit den Sternen beschäftigt, fühlt im Grunde noch immer dasselbe Mysterium, das die Astronomen von Ägypten und Babylon bezauberte. Für sie war die Unendlichkeit des Universums eine göttliche Offenbarung.

Empfinden wir nicht das gleiche, wenn wir in einer klaren, kalten Nacht unsere Augen zum Sternenhimmel erheben? Wünschen wir dann nicht, mehr über den von Sternen besäten Himmel zu wissen, vor dem unsere eigene Welt so unbedeutend klein erscheint?

Wer nie seine Augen zum Sternenhimmel richtete, sei es in Bewunderung oder aus Wißbegier, dem fehlt ein wichtiges Glied in der Kette, die ihn mit seiner Umwelt verbindet. Der Nutzen der Astronomie besteht ja nicht nur darin, daß sie es möglich macht, unsere Schiffe über die Meere zu steuern und unsere Uhren richtig zu stellen, sie erweitert auch unseren geistigen Horizont und liefert uns die Grundlagen, die uns einen Einblick geben in die Welt, in der wir leben.

VORWORT

Astronomie ist eine seltsame Wissenschaft. Der Schriftsteller, der sie sich zum Fachgebiet wählt und volkstümliche Bücher schreibt, gerät dabei leicht in einen Zwiespalt. Entweder beschreibt er die Entwicklung der Sterne, ihre Spektraltypen, den Aufbau des Universums und die Besonderheiten der Planeten, oder er schreibt über die mehr offensichtlichen Vorgänge am Himmel, über die Bewegungen der Planeten, die Phasen und die Bahn des Mondes und alle die Erscheinungen, die mit der täglichen Umdrehung der Erde verbunden sind.

Im ersten Falle müssen seine Leser alles so hinnehmen, wie es ihnen vorgelegt wird. Die Bestätigung seiner Aussagen kann nur mit Hilfe von großen Fernrohren durchgeführt werden. Es ist aber unwahrscheinlich, daß die Leser jemals Gelegenheit haben, ein solches Instrument zu benutzen. Im zweiten Falle sind die Leser nicht zufrieden, da die Ausführungen nicht überzeugend sein können, ohne ein gewisses Mindestmaß von mathematischen Kenntnissen vorauszusetzen.

Das vorliegende Buch greift das Problem von einer anderen Seite an. Jeder Leser hat sicher schon einmal, meist ohne es zu wissen, die Grundlagen der Integralrechnung angewandt, wenn er z. B. eine Skizze oder ein Diagramm zeichnete. Die Integralrechnung selbst kann für ihn ein Buch mit sieben Siegeln sein, aber die Skizze ist da und leicht zu verstehen. So ist es mit diesem Buch. Die mathematischen Formeln der Astronomen sind in ihm enthalten, aber verkleidet als einfache Kurven und Diagramme. Mit mathematischen Kenntnissen, die die Fähigkeit ein halbes Dutzend Zahlen zu addieren nicht übersteigen, wird es dem Leser ermöglicht, Finsternisse vorauszuberechnen, den Ort eines Schiffes zu bestimmen und vielerlei astronomische Probleme zu lösen, vorausgesetzt, daß er Bleistift, Zirkel und Lineal handhaben kann. Die Genauigkeit dieser einfachen Methoden ist erstaunlich. Sie ist keineswegs geringer als sie Astronomen und Navigatoren vor nicht allzu langer Zeit erzielten.

Die Probleme, um die es sich handelt und die als Vorbereitung zu Beobachtungen gelöst werden müssen, benötigen zu ihrer Lösung nur ein oder zwei Diagramme.

Wer dieses Buch benutzt, um auf unterhaltsame Weise in die Probleme der Astronomie einzudringen, dem wird es bald zu einem wichtigen Nachschlagewerk werden. Sollte es im Laufe eines Jahres den Leser dazu anregen, einige Probleme selbst zu lösen oder eigene Beobachtungen anzustellen, dann hat es den Zweck, für den es geschrieben wurde, voll erfüllt.

Belchamp, St. Paul's / England — Wolfgang Schroeder

VORWORT ZUR DEUTSCHEN AUSGABE

Unser Wissen von den Sternen ist in den letzten Jahrhunderten so umfangreich geworden, daß im Rahmen eines Buches nur Einzelgebiete behandelt werden können. Die „Praktische Astronomie für Sternfreunde", die ursprünglich in England unter dem Titel „Practical Astronomy" erschien, behandelt hauptsächlich Gebiete, die vom Schrifttum bisher stiefmütterlich behandelt wurden. Auf diesen Gebieten kann man aber oft interessantere Dinge finden als in der beschreibenden Astronomie. Ich bin nun der Franckh'schen Verlagshandlung zu besonderem Dank verpflichtet, da sie durch Herausgabe einer deutschen Ausgabe mir die Möglichkeit gibt, das Buch auch dem Leserkreis meines Heimatlandes vorlegen zu können.

Dem Verlag bin ich aber auch noch aus einem anderen Grunde dankbar: Es waren seine Veröffentlichungen, die mir vor Jahren die Grundlagen meines heutigen Wissens von den Sternen gaben. Auch meiner Eltern möchte ich hier gedenken, deren Unterstützung und Verständnis dazu beigetragen haben, meine Liebe zu den Sternen zu fördern. Möge dieses Buch bei all denen, die es zur Hand nehmen, denselben Zweck erfüllen!

Der Verfasser

1. UNSERE WELT

Wie sieht die Welt, in die wir gestellt sind, wirklich aus? Diese Frage, so einfach sie auch erscheint, ist nicht ganz so einfach zu beantworten. Wenn man den von Sternen besäten Himmel ansieht, erscheint es uns, als sei die Erde eine flache Scheibe, über die sich eine große Halbkugel wölbt, an der die Sterne angeheftet sind. In dieser Weise wurde das Universum für Tausende von Jahren dargestellt und nur einige wenige fortschrittliche Geister haben an dieser Anschauung gezweifelt.

Zivilisationen kamen und gingen, Imperien wurden aufgebaut und fielen wieder in Trümmer, doch diese Anschauung von der Welt blieb für die meisten Menschen unverändert.

Im dritten Jahrhundert v. Chr. kam Aristarch von Samos zu der Einsicht, daß die Sonne das Zentrum ist, um das sich die Planeten, und damit auch unsere Erde, bewegen. Seine Gedanken fanden allerdings keine Unterstützung und seine Lehre geriet in Vergessenheit.

Es vergingen nahezu zweitausend Jahre, bis die Menschheit davon überzeugt war, daß die Erde nicht den Mittelpunkt des Universums bildet.

Nikolaus Kopernikus war nach Aristarch der erste, der die wahre Natur unseres Sonnensystems erkannte. Unsere Erde ist ein Planet, und alle Planeten kreisen um die Sonne, die den Mittelpunkt des Sonnensystems darstellt. Alle anderen Sterne, die wir am Himmel sehen, sind Fixsterne und befinden sich in unermeßlichen Fernen. Sie bilden den Hintergrund für den Tanz der Planeten, deren seltsame Bahnen unter den Sternen eine verhältnismäßig einfache Erklärung finden: Was wir bei diesen Kurven wirklich beobachten, ist ein Zusammenspiel der Bewegung der Erde und der Planeten. Die seltsam anmutenden Schleifen, die die Planeten scheinbar am Himmel beschreiben, sind das Ergebnis dieser Kombination. Das Rätsel, das die Astronomen von Griechenland, Ägypten und Babylon so verblüfft hatte, fand eine einfache Lösung.

Als der große dänische Astronom Tycho Brahe im Jahre 1601 starb, hinterließ er Johannes Kepler seine Beobachtungsnotizen, die sich besonders auf den Planeten Mars bezogen. Tychos Beobachtungen waren mindestens zehnmal genauer als frühere Beobachtungen. Mit dem ausgezeichneten Material von Tycho Brahe als Grundlage gelang es Kepler, die nach ihm benannten Gesetze der Planetenbewegungen zu entdecken. Diese Gesetze bestätigten im großen und ganzen die Lehre des Kopernikus. Kepler fand aber darüber hinaus auch noch, daß die Planetenbahnen Ellipsen sind, und nicht Kreise, wie Kopernikus angenommen hatte. Auch die Geschwindigkeiten, mit denen sich die Planeten entlang ihrer Bahnen bewegen, wurden als ungleichmäßig erkannt. Die Planeten laufen schneller, wenn sie nahe bei der Sonne sind, und langsamer, wenn sie sich in einem mehr sonnenfernen Punkt ihrer Bahn befinden.

Die Schriften Johannes Keplers ebneten den Weg für Newtons Gravitationsgesetze. Während Kepler das Wie der Planetenbewegungen entdeckte, war es dem mathematischen Genie Sir Isaac Newtons überlassen, das Warum zu erklären.

Die Erfindung des Fernrohres brachte neue Überraschungen. Man entdeckte, daß die Milchstraße, jenes schwach leuchtende Band, das sich über den ganzen Himmel zieht, aus Millionen und aber Millionen von Sternen besteht. Kleine, helle Flecke am Himmel wurden als Sternsysteme erkannt, ähnlich unserem Milchstraßensystem, in dem unsere Sonne nur ein Stern unter einer nahezu unendlichen Zahl von Sternen ist.

Je stärker die Vergrößerungen der Fernrohre wurden, um so mehr Sterne und Nebel wurden entdeckt. Das Universum war viele tausendmal größer als es sich die Astronomen des Altertums jemals gedacht hatten.

Und so sieht das heutige Weltbild nun aus: Unsere kosmische Heimat ist die Erde, die mit ihren Geschwisterplaneten Merkur, Venus, Mars, Jupiter, Saturn, Uranus, Neptun und Pluto um die Sonne kreist. Stellen wir uns vor, die Sonne wäre bis auf die Größe eines Stecknadelkopfes verkleinert. Dann wäre die Erde nicht größer als ein Staubkorn, das in einer Entfernung von 8 cm um den Stecknadelkopf kreist. Acht weitere Staubkörner in verschiedenen Abständen repräsentieren die anderen Planeten. Das ganze Sonnensystem könnte bequem in einem gewöhnlichen Zimmer untergebracht werden.

Bei diesem Vergleich ist man zu der Annahme berechtigt, das ganze Universum sei nichts anderes als leerer Raum. Die Staubkörner, die in unserem Modell das Planetensystem darstellen, stehen noch verhältnismäßig dicht beieinander, denn wir müßten noch mindestens 40 km weit reisen, bevor wir zum nächsten Stecknadelkopf kämen, der den Stern Alpha Centauri darstellt. Er ist unter den Fixsternen unser Nachbar im Weltenraum.

Wir können aus diesem Vergleich ermessen, daß es zwecklos ist, die Entfernungen im Weltenraum in Kilometern anzugeben. Die Astronomen haben für die großen Entfernungen eine besondere Längeneinheit eingeführt. Das Licht legt wie die Radiowellen in jeder Sekunde rund 300 000 km zurück. Das ist eine Entfernung, die siebeneinhalbmal der Länge des Äquators entspricht. Im Laufe eines Jahres legt das Licht die ungeheure Entfernung von etwa 10 Billionen Kilometern zurück. Diese Strecke nennt der Astronom ein „Lichtjahr". Das Lichtjahr ist die astronomische Längeneinheit.

Unser nächster Nachbar, der Stern Alpha im Sternbild des Centauren, ist vier solcher Einheiten, also 4 Lichtjahre von uns entfernt, und die größten Fernrohre ermöglichen es uns, Spiralnebel zu photographieren, die Millionen von Lichtjahren entfernt stehen.

Unsere Sonne ist nur ein Stern wie viele andere Fixsterne. Ihrer Größe nach gehört sie zu den kleineren Sternen. Wie alle anderen Fixsterne, die mit dem bloßen Auge zu sehen sind, gehört sie zum Milchstraßensystem, das eine linsenförmige Ansammlung von vielen Millionen Sternen ist. Einem Beobachter im Weltenraum würde die Milchstraße genauso erscheinen wie uns die Spiralnebel. Der Durchmesser der Milchstraße beträgt ungefähr 100 000 Lichtjahre, ihre „Dicke" etwa 20 000 Lichtjahre.

Weit hinter den Grenzen der Milchstraße zeigen uns unsere Fernrohre Millionen von Spiralnebeln, die in ihrem Aufbau unserer Milchstraße gleichen. Der nächste dieser Nebel ist der große Andromedanebel, der nach den neuesten Messungen etwa 1½ Millionen Lichtjahre entfernt steht. In Form und Größe gleicht er unserer Milchstraße.

Die größten Fernrohre der Erde dringen bis auf eine Entfernung von 3000 Millionen Lichtjahren in den Weltraum ein. Radioteleskope reichen noch weiter, und die Geräteentwicklung scheint noch nicht am Ende. Wie auch unsere Forschungsgeräte der Zukunft immer aussehen mögen, die physikalischen Eigenschaften von Licht und Materie verbieten es uns, über bestimmte Grenzen hinaus vorzudringen. Ehe wir sie jedoch erreichen, werden wir vermutlich noch Millionen von weiteren Sternsystemen entdecken. Was aber hinter dieser Grenze liegt, wird sich für immer unserer Kenntnis entziehen.

2. AUS DEM ABC DER ASTRONOMEN

Tag und Nacht

Unserem Auge scheint die Erde eine Scheibe zu sein, über die die Himmelshalbkugel gestülpt ist. In Wirklichkeit ist die Erde ein verhältnismäßig kleiner, runder Weltkörper, und der Himmel ist keine Halbkugel, sondern umgibt die Erde von allen Seiten. Im Zeitraum von vierundzwanzig Stunden dreht sich die Erde einmal um ihre Achse. Die auf ihrer Oberfläche liegenden Länder sind für einen Teil dieses Zeitraumes der Sonne zugekehrt, für den Rest der Sonne abgewandt. Für uns ergibt sich daraus der Wechsel von Tag und Nacht.

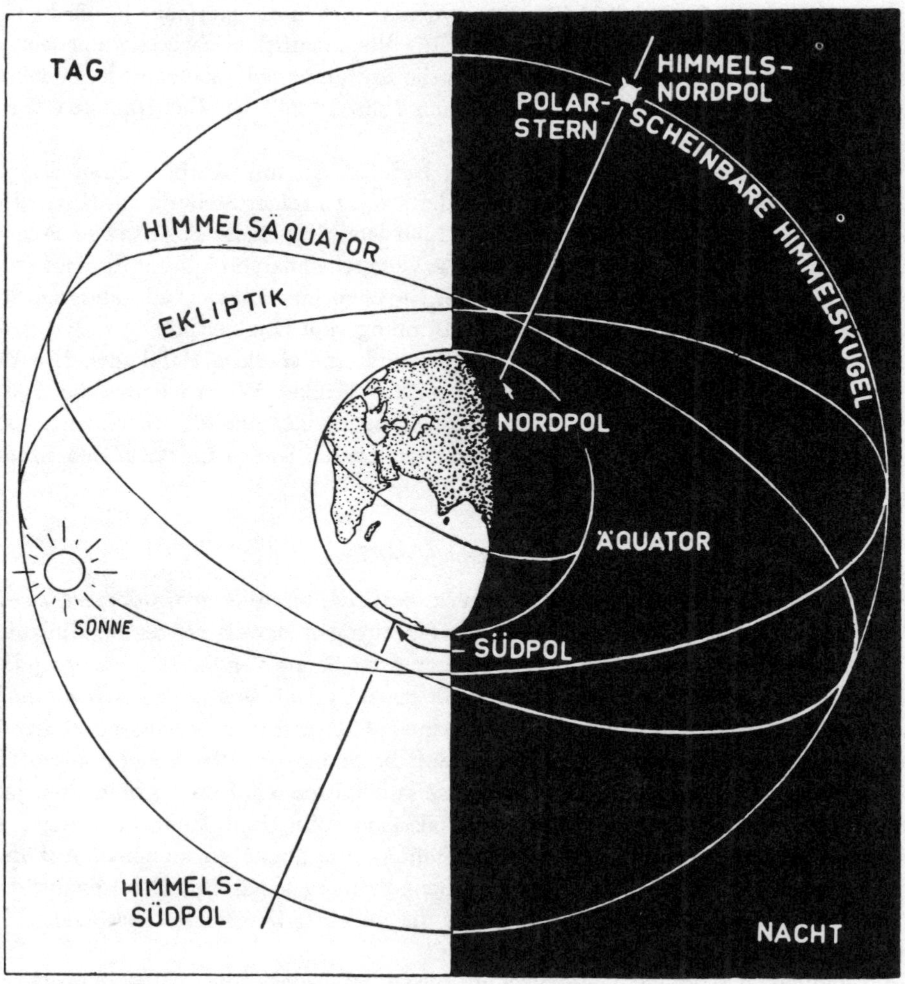

Abb. 1. Die Erde und die scheinbare Himmelskugel

Diese tägliche Umdrehung der Erde hat zur Folge, daß die Sterne für uns auf- und untergehen, genau wie die Sonne. Es entsteht die Täuschung, als ob sich der gesamte Sternenhimmel um uns drehe.

Die Erde hat nur annähernd Kugelgestalt. Ihre schnelle tägliche Umdrehung bewirkt eine Abplattung an den Polen. Der Durchmesser der Erde, gemessen von Pol zu Pol, beträgt 12 714 km, ihr Durchmesser, am Äquator gemessen, aber 12 756 km.

Pole und Äquator

Die gedachte Linie, die von einem Pol zum anderen mitten durch die Erde geht, nennt man die Erdachse. Wenn wir sie beiderseits verlängert denken, erhalten wir die Himmelsachse, um die sich die Himmelskugel scheinbar dreht. Genau wie die Erde, so hat auch die Himmelskugel einen Nord- und einen Südpol. Das sind die Punkte, in denen die verlängerte Erdachse auf die gedachte Himmelskugel trifft.

Hierbei dürfen wir aber eines nicht vergessen: die Darstellung des Himmels als eine Kugel wird nur aus Bequemlichkeit vorgenommen. In Wirklichkeit sind ja die Sterne in den verschiedensten Entfernungen von uns. Für alle praktischen Zwecke kann man aber doch den Himmel als eine Kugel ansehen, da die Entfernungen auf der Erde, ja selbst im Sonnensystem, verschwindend klein sind, wenn man sie mit den Entfernungen der Fixsterne vergleicht.

Für uns auf der nördlichen Halbkugel der Erde ist der uns sichtbare Himmelspol bequem durch einen ziemlich hellen Stern markiert. Wegen seiner Stellung am Himmel wird er Polarstern genannt. Die Fachleute nennen ihn lateinisch Stella Polaris. Der Polarstern ist der einzige Stern am ganzen Himmel, der an dem scheinbaren täglichen Umlauf der Gestirne nicht teilnimmt. Er hat immer die gleiche Lage am Himmel, alle anderen Sterne umkreisen ihn, jeder in einer bestimmten Entfernung vom Himmelspol.

Der Äquator teilt die Erde in eine nördliche und eine südliche Halbkugel. Die Ebene des Äquators bildet mit der Erdachse einen rechten Winkel. Wenn wir uns die Äquatorebene ausgedehnt vorstellen, bis sie die Himmelskugel trifft, erhalten wir einen Kreis, der die Schnittlinie der Ebene mit der Kugel darstellt. Diesen Kreis nennt man den Himmelsäquator.

Der Fahrplan der Erde

Wie die anderen Planeten, so umkreist auch die Erde unsere Sonne, wobei sie zu einem vollständigen Umlauf 365 1/4 Tage benötigt. Den einzigen Beweis für diesen Umlauf, den wir haben, ist die scheinbare jährliche Bewegung der Sonne vor ihrem Hintergrund, dem Sternenhimmel. Den Zeitraum, den die Erde für einen Umlauf benötigt, nennen wir ein Jahr.

Die Länge unserer Tage, gerechnet von einer Mitternacht zur nächsten, ist der Zeitraum, den die Erde benötigt, um in bezug auf die Sonne eine Umdrehung auszuführen. Da die Sonne jedoch während eines Tages eine kurze Strecke auf ihrer scheinbaren Jahresbahn zurücklegt, muß die Erde etwas mehr als eine volle Umdrehung in bezug auf die Sterne machen, um wieder in die gleiche Stellung zur Sonne zu kommen. Aus diesem Grunde erreichen auch die Sterne eine gegebene Stellung jeden Tag vier Minuten früher als am Tage vorher. Der Teil des Himmels, der zu einer bestimmten Nachtzeit sichtbar ist, ändert sich daher mit den Jahreszeiten.

Die Linie, auf der sich die Sonne im Laufe eines Jahres scheinbar entlangbewegt, nennt man Ekliptik. Ihre Ebene ist gegen die Ebene des Äquators um 23 1/2 Grad geneigt. Der

Grund dafür ist die Tatsache, daß die Erdachse nicht senkrecht auf der Ebene der Erdbahn steht, sondern von ihr um 23 1/2 Grad abweicht.

Unter „Tierkreis“ versteht man das Band, das sich in einer Breite von insgesamt 16 Grad zu beiden Seiten der Ekliptik hinzieht. Die Sonne, der Mond und auch die Planeten halten sich zu allen Zeiten in diesem Band auf. Seit alters her ist dieses Band in zwölf gleiche Teile von je 30 Grad geteilt. Diese Teile werden Tierkreiszeichen genannt; sie tragen die Namen von zwölf Sternbildern. Die Tierkreiszeichen stimmen allerdings schon lange nicht mehr mit den Sternbildern überein, nach denen sie benannt wurden. Eine langsame Bewegung der Erdachse, die Präzession, bewirkt, daß sich die Himmelspole und auch der Äquator langsam vor dem Hintergrund der Fixsterne verschieben. Die Stelle, von der man auf der Ekliptik zu zählen beginnt, bewegt sich daher auch. Es ist dies der Punkt, in dem sich Ekliptik und Himmelsäquator schneiden. Die Präzessionsbewegung erfolgt sehr langsam. Der Anfangspunkt der Ekliptik benötigt 26 000 Jahre für einen Umlauf um den Äquator.

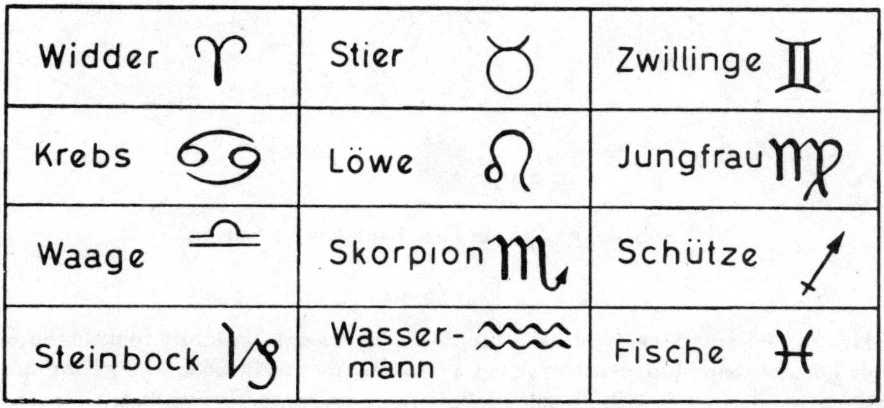

Abb. 2. Die Tierkreiszeichen

Vor ein paar tausend Jahren stimmten die Tierkreiszeichen allerdings mit den Sternbildern, deren Namen sie tragen, überein. Heute steht die Sonne, wenn sie im Zeichen des Widders (Aries) ist, in Wirklichkeit im Sternbild der Fische (Pisces), usw.

Die Jahreszeiten

Während des jährlichen Umlaufes der Erde um die Sonne zeigt die Erdachse stets zum Polarstern. Der Nordpol der Erde ist darum in der einen Hälfte des Jahres der Sonne zugekehrt, in der anderen wendet er sich von der Sonne ab. Im ersten Fall haben wir Bewohner der nördlichen Halbkugel Sommer, und im zweiten Falle haben wir Winter.

In unseren Breiten steht die Sonne um die Mittagszeit im Sommer nahezu senkrecht über uns. Im Winter, wenn die Sonne auch um die Mittagszeit nur niedrig am Himmel steht, fallen die Sonnenstrahlen flach auf die Erdoberfläche. Die gleiche Wärmemenge, die im Sommer auf einen Quadratmeter einstrahlt, verteilt sich im Winter auf eine Fläche von über zwei Quadratmeter. Verständlicherweise ist es darum bei uns im Winter wesentlich kälter als in den äquatornahen Teilen der Erde, wo die Sonne das ganze Jahr über mittags immer hoch am Himmel steht.

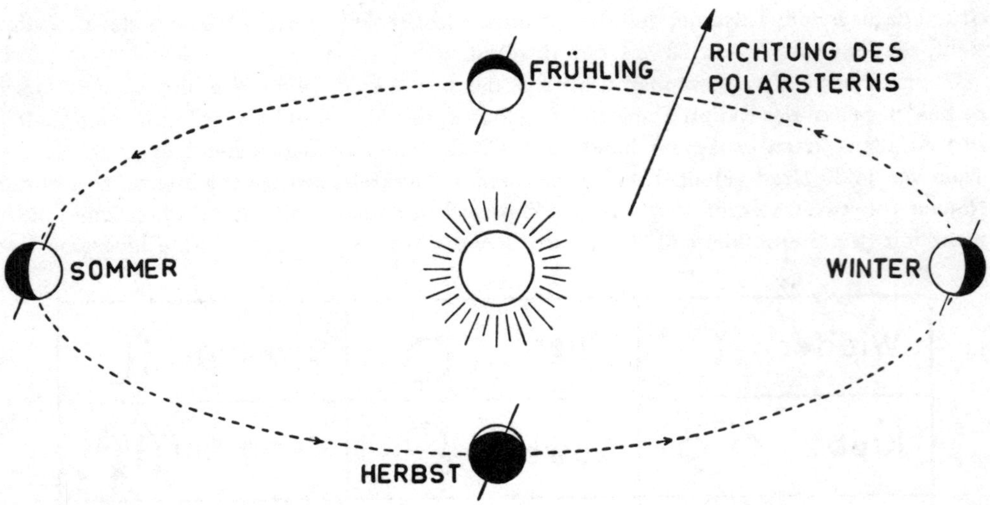

Abb. 3. Die Erde in ihrer Bahn um die Sonne

Die Sterne

In klaren Winternächten, wenn die Sterne in der kalten Nachtluft funkeln, scheint es uns, als könnten wir Millionen von ihnen sehen. Es überrascht aber, wie gering die Zahl der Sterne ist, die wir tatsächlich mit bloßem Auge erkennen. Im gesamten Himmel gibt es etwa 6000 Sterne, die man theoretisch ohne optische Hilfe sehen kann. Die Hälfte von ihnen ist jeweils unter dem Horizont, ein Drittel der anderen Hälfte kann nur sehen, wer ausgezeichnete Augen hat und wenn die Beobachtungsbedingungen besonders günstig sind. Wir kommen somit auf die überraschend kleine Zahl von 1500 oder 2000 Sternen, die normalerweise mit bloßem Auge zu erkennen sind.

Der berühmte griechische Astronom Hipparch hat die dem bloßen Auge sichtbaren Sterne in sechs Größenklassen eingeteilt. Die zwanzig hellsten Sterne des Himmels bezeichnete er als Sterne erster Größe. Sterne der zweiten Größenklasse sind nicht ganz so hell; die kleinsten Sterne, die man mit bloßem Auge gerade noch erkennen kann, gehören zur Größenklasse sechs.

Abb. 4. Darstellung der Größenklassen der Sterne

TAFEL I

Holländischer Himmelsglobus (1603). Mit Hilfe solcher Globen konnten die Astronomen und Navigatoren vergangener Jahrhunderte astronomische Probleme lösen, ohne mathematische Formeln anwenden zu müssen.

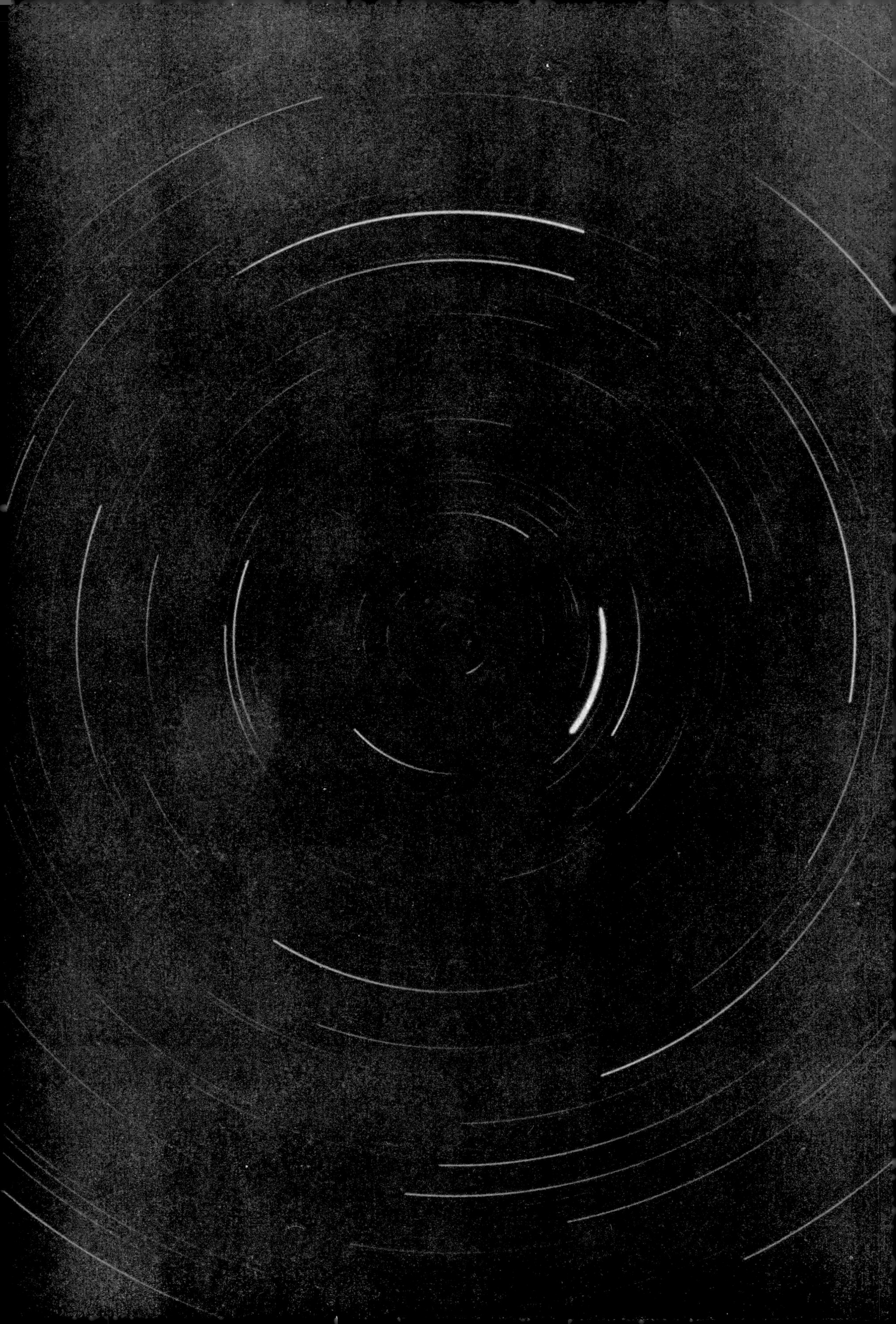

Diese Skala ist so eingeteilt, daß ein Stern erster Größe genau hundertmal heller ist als ein Stern sechster Größe. Das Helligkeitsverhältnis zwischen einer Größenklasse und der nächst Höheren ist 1 : 2,512.

Ein guter Feldstecher zeigt uns Sterne bis zur 9. oder 10. Größe. Mit Hilfe des 5-Meter-Spiegels auf dem Mount Palomar in Kalifornien ist es möglich, Sterne 23. Größe noch zu photographieren. Der Helligkeitsunterschied zwischen einem Stern dieser Größe und einem Stern erster Größe ist gleich dem zweier Kerzen, von denen die eine aus einer Entfernung von einem Meter, die andere aus 25 Kilometer Entfernung betrachtet wird.

Die Namen der Sterne

Die Astronomen früherer Zeiten gaben den meisten helleren Sternen besondere Namen. Viele dieser Namen werden auch heute noch benutzt. So sprechen wir von Kastor, Pollux, Procyon, Atair und Antares, alles Sterne, die ihre Namen den Griechen verdanken. Die Araber benannten andere Sterne, wie Beteigeuze, Rigel, Aldebaran und Deneb. Viele Namen von schwächeren Sternen sind arabischen Ursprungs: Zuben el Genubi, Benetnasch, Algenib, Mirfak und Ras Alhague.

Da es sinnlos ist allen sichtbaren Sternen Eigennamen zu geben, hat der deutsche Astronom Johannes Bayer (1572—1625) ein System eingeführt, mit dessen Hilfe die Fixsterne eindeutig bezeichnet werden.

Der hellste Stern jedes Sternbildes wird nach dem ersten Buchstaben des griechischen Alphabets benannt, der zweithellste Stern nach dem zweiten Buchstaben usw. Von dicser Regel gibt es einige Ausnahmen, die aus Bequemlichkeitsgründen gemacht wurden, so z. B. in Ursa Major (dem Großen Bären). Aber im allgemeinen ist die Bezeichnung der Sterne mit den griechischen Buchstaben in der Reihenfolge der absteigenden Helligkeit auch heute noch üblich. Beteigeuze, der hellste Stern im Orion, wird α (alpha) Orionis genannt, der zweithellste, Rigel, β (beta) Orionis. Wega, der hellste Stern in der Leier ist α (alpha) Lyrae usw. Dem griechischen Buchstaben folgt dabei immer der Name des Stern-

α	Alpha	ι	Jota	ϱ	Rho
β	Beta	$\varkappa$	Kappa	σ	Sigma
γ	Gamma	λ	Lambda	τ	Tau
δ	Delta	μ	Mü	υ	Ypsilon
ε	Epsilon	ν	Nü	φ	Phi
ζ	Zeta	ξ	Xi	χ	Chi
η	Eta	o	Omikron	ψ	Psi
ϑ	Theta	π	Pi	ω	Omega

Abb. 5. Das griechische Alphabet

TAFEL II
Photo der Zirkumpolarsterne, mit fest stehender Kamera aufgenommen. Die hellste Spur, nahe dem Mittelpunkt, ist die des Polarsternes. Alle Spuren werden ihrem Ende zu langsam schwächer, da sich der Himmel während der Belichtungszeit, die drei Stunden betrug, langsam bewölkte.
(Royal Observatory, Greenwich)

bildes im Genitiv. Beteigeuze ist übrigens ein veränderlicher Stern und strahlt nur zeitweise heller als Rigel.

Sind die Buchstaben des griechischen Alphabets in einem Sternbild aufgebraucht, werden für die schwächeren Sterne Zahlen benutzt, gemäß einem System, das von dem ersten englischen Hofastronomen Flamsteed eingeführt wurde. Es gibt noch einige andere Systeme zur Bezeichnung der verschiedenen Sterne. Wir können in diesem volkstümlichen Buch auf diese Einteilungen nicht näher eingehen. Meist sind sie in den Sternatlanten und Sternkatalogen, in denen sie benutzt werden, auch erklärt.

Die Sternbilder

Noch heute werden die Namen benutzt, die die Astronomen des Altertums den Sternbildern gaben. Viele dieser Namen, wie auch die Namen mancher Einzelsterne, stammen aus der griechischen Mythologie. Andere Namen, besonders die der Tierkreissternbilder, sind wesentlich älter. Ihr Ursprung ist in der Urgeschichte der Menschheit zu suchen und entzieht sich unserer Kenntnis.

Im vergangenen Jahrhundert wurden zum ersten Mal genaue Grenzen zwischen den einzelnen Sternbildern festgelegt. Dadurch wurde es möglich, auch die schwächsten Sterne einem bestimmten Sternbild zuzuordnen.

Sonne	☉	Kleine Planeten	②
Mond	☽	Jupiter	♃
Mercur	☿	Saturn	♄
Venus	♀	Uranus	♅
Erde	⊕	Neptun	♆
Mars	♂	Pluto	♇

Abb. 6. Astronomische Symbole

Einige Sternbild-Namen wurden erst vor verhältnismäßig kurzer Zeit eingeführt. Diese neuen Sternbilder entstanden, weil verschiedene Gruppen verhältnismäßig schwacher Sterne keinem altbekannten Sternbild zugeordnet werden konnten.

Da die Sterne des südlichen Himmels den griechischen Astronomen unbekannt waren, tragen diese Sternbilder ausnahmslos moderne Namen. Unter ihnen finden wir seltsame Bezeichnungen wie Chemischer Ofen, Pendeluhr, Tafelberg und Teleskop.

Die alten Sternbildnamen haben für uns keine besondere Bedeutung mehr. Da sie es aber leicht machen, einzelne Sterne zu bezeichnen und aufzufinden, werden sie aus Bequemlichkeitsgründen noch immer benutzt.

Winkelmessungen

Die scheinbaren Abstände zwischen zwei Sternen oder zwei Punkten an der Himmelskugel werden immer im Winkelmaß angegeben, das heißt in Graden. So ist zum Beispiel der Abstand des Zenits, das ist der Punkt des Himmels, der sich senkrecht über uns befindet, vom Horizont überall neunzig Grad. Man schreibt dies abgekürzt 90°.

Um das Abschätzen von Winkeln zu erleichtern, präge man sich einige bestimmte Winkelentfernungen ein. Für grobe Schätzungen merken wir uns, daß der Winkel, der von unserer geballten Faust bedeckt wird, wenn man sie am ausgestreckten Arm vor sich hält, ungefähr 8° beträgt. Die Spitze unseres Zeigefingers bedeckt im selben Abstand etwa 1°. Die Sterne α und β des Großen Bären oder Himmelswagens (Ursa Major), die auf den Polarstern zeigen, sind 5° voneinander entfernt, und der Durchmesser des Vollmondes beträgt $^1/_2$°.

Nahe bei dem Stern ζ (zeta) Ursae Majoris (Mizar) finden wir einen schwachen Stern, den man bei klarem Himmel mit bloßem Auge gerade noch erkennen kann. Man nennt ihn Alkor = Reiterlein. Die beiden Sterne sind ungefähr ein fünftel Grad voneinander entfernt. Genau beträgt ihr Abstand 11 Bogenminuten, wobei eine Bogenminute der sechzigste Teil eines Grades ist. Um diese Minuten von Zeitminuten zu unterscheiden, werden sie immer Bogenminuten genannt, wenn der Sinn nicht ganz eindeutig ist.

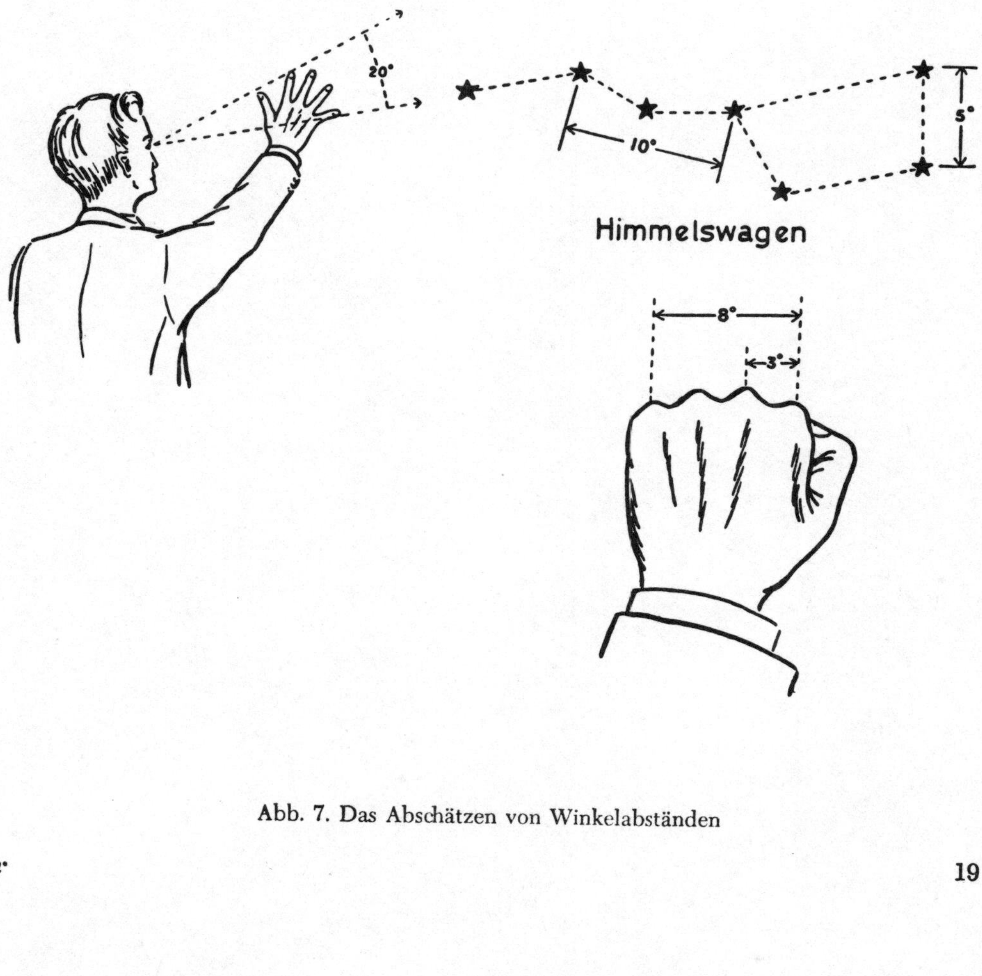

Abb. 7. Das Abschätzen von Winkelabständen

Für noch größere Genauigkeit werden diese Bogenminuten wiederum unterteilt, jede Bogenminute in sechzig Bogensekunden. Die abgekürzte Schreibweise für einen Winkel von z. B. sechs Grad, vierundzwanzig Minuten und achtzehn Sekunden ist: $6° 24' 18''$.

Minuten und Sekunden sind natürlich sehr kleine Winkel. Um uns von ihrer Kleinheit eine Vorstellung machen zu können, denken wir uns ein Markstück in einer Entfernung von 100 Metern gehalten. Der Winkel, den das Markstück dann bedeckt, beträgt eine Bogenminute. Das gleiche Geldstück bedeckt in einer Entfernung von 6 km den Winkel von einer Bogensekunde.

Wer eine Sternkarte nach der Natur zeichnen will, muß dazu eine große Anzahl von Winkeln messen. Zu diesem Zweck ist ein Lineal praktisch, in das bei jedem Zentimeter eine Kerbe geschnitten ist. Hält man dieses Lineal in Armeslänge, dann beträgt der Abstand zwischen zwei Kerben ziemlich genau ein Grad.

3. STERNE, DIE IN JEDER NACHT DES JAHRES SICHTBAR SIND

Die tägliche Drehung der Himmelskugel um ihre Achse bewirkt, daß Sonne und Sterne im Osten aufgehen, dann im Süden ihre höchste Stellung am Himmel erreichen und schließlich im Westen untergehen.

Da die Sterne in ihrem täglichen Weg scheinbar um den Polarstern kreisen, gibt es einige Sterne, die niemals auf- oder untergehen, sondern immer über dem Horizont bleiben. Wenn wir uns nach Norden wenden, finden wir das Sternbild des Großen Bären, auch Himmelswagen genannt. Manchmal ist der Große Bär dicht über dem Horizont zu sehen, manchmal steht das Sternbild beinahe senkrecht über uns. Wie immer auch die Stellung sein mag, die beiden hintersten Sterne des ‚Wagens' geben immer die Richtung zum Polarstern an.

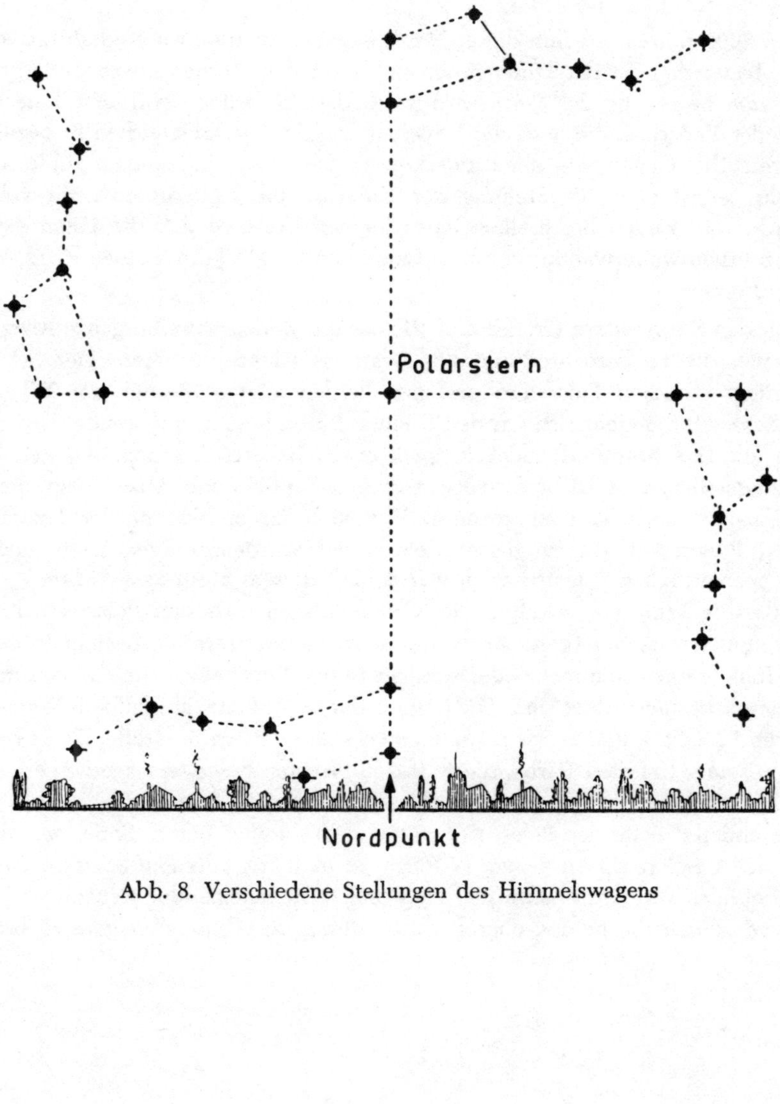

Abb. 8. Verschiedene Stellungen des Himmelswagens

Denken wir uns eine Linie, die vom Polarstern senkrecht zum Horizont zeigt. Sie trifft den Horizont im sogenannten Nordpunkt. Alle Sterne, die zwischen Polarstern und Nordpunkt liegen, können niemals unter den Horizont tauchen: sie sind zu jeder Zeit des Jahres sichtbar. Man nennt sie zirkumpolare Sterne oder Nordkreissterne.

Jeder Stern des Himmelswagens trägt einen Eigennamen. Die Reihenfolge der griechischen Buchstaben, mit denen sie ebenfalls bezeichnet werden, gibt nicht die absteigende Helligkeit an, sondern folgt dem Zuge des Sternbildes. Der Stern α (alpha) heißt Dubhe, β (beta) Merak, γ (gamma) Phekda, δ (delta) Megrez, ε (epsilon), der hellste Stern dieses Sternbildes, Alioth, ζ (zeta) Mizar und η (eta) trägt den Namen Benetnasch.

Nahe bei Mizar finden wir den kleinen Stern Alkor (80), der zur 5. Größenklasse gehört. In klaren Nächten kann man ihn mit bloßem Auge deutlich erkennen. Im Altertum diente dieser Stern zur Prüfung der Sehkraft. Wer ihn noch erkannte, hatte gute Augen.

Der Polarstern selbst gehört zum Sternbild des Kleinen Bären (Ursa Minor). Es hat in seiner Form große Ähnlichkeit mit dem Sternbild des Großen Bären, doch sind die Sterne des Kleinen Bären wesentlich schwächer. Der Polarstern ist der hellste Stern des Sternbilds. Er wird mit dem Buchstaben α (alpha) bezeichnet. β (beta) und γ (gamma) werden manchmal die Wächter des Poles genannt. β (beta) hat auch noch den Namen Kochab, was soviel wie „Stern des Nordens" bedeutet.

Vor etwa 2000 Jahren, als ihm dieser Name gegeben wurde, war Kochab tatsächlich der Polarstern. Inzwischen ist der Himmelsnordpol unter den Sternen etwas weitergewandert. Diese seltsame Bewegung des Poles wird durch die Präzession verursacht, eine kreisende Bewegung der Erdachse, die auch die Verschiebung der Tierkreiszeichen in bezug auf die Sterne verursacht. Genau wie ein Kinderkreisel, der nicht vollkommen ruhig auf seiner Spitze steht, so ist auch die Stellung der Erdachse im Weltenraum nicht vollkommen unbeweglich. Ihre Enden beschreiben einen kleinen Kreis, so daß die Himmelspole zwischen den Sternen weiterwandern und im Laufe von 26 000 Jahren einen Kreis von $23^1/_2{}^\circ$ Radius beschreiben.

Zwischen den Sternbildern Großer und Kleiner Bär finden wir eine ganze Anzahl schwächerer Sterne, die zu dem Sternbild des Drachens (Draco) gehören. Der Schwanz des Drachens liegt zwischen Polarstern und den beiden letzten Sternen des Wagens. Eine Kette kleinerer Sterne zieht sich um den Kleinen Bären herum und wendet sich dann vom Polarstern ab. Das Sternbild endet in zwei etwas helleren Sternen, die den Kopf des Drachens darstellen. Auf halbem Wege zwischen Kochab und Mizar liegt der Stern α (alpha) Draconis, auch Thuban genannt. Vor 4500 Jahren war er der Polarstern. Die ägyptischen Pyramiden, die zu dieser Zeit erbaut wurden, zeugen heute noch davon, denn ihre geometrischen Eigenschaften waren nach diesem Stern ausgerichtet.

Wenn wir die Linie von α (alpha) im Großen Bären über den Polarstern hinaus verlängern, kommen wir zu γ (gamma) im Cepheus. Dieses Sternbild besteht in der Hauptsache aus fünf Sternen, die mehr oder weniger in der Form eines Hauses, von der Giebelseite her gesehen, angeordnet sind. Dicht unter der Grundlinie, auf halbem Wege zwischen α (alpha) und ζ (zeta), finden wir μ (my), einen kleinen Stern 5. Größe. Er ist bemerkenswert wegen seiner tiefroten Farbe, die in klaren Nächten besonders deutlich erkennbar ist. Wilhelm Herschel hat ihn mit gutem Recht „Granatstern" genannt.

Auf der anderen Seite des Poles, gegenüber dem Großen Bären, finden wir das schöne Sternbild der Cassiopeia. An seiner W-Form ist es leicht aufzufinden, zumal die Sterne dieses Sternbildes verhältnismäßig hell sind und dicht beieinander stehen.

Ziehen wir durch die beiden oberen Kastensterne des Himmelswagens (ζ und α) eine

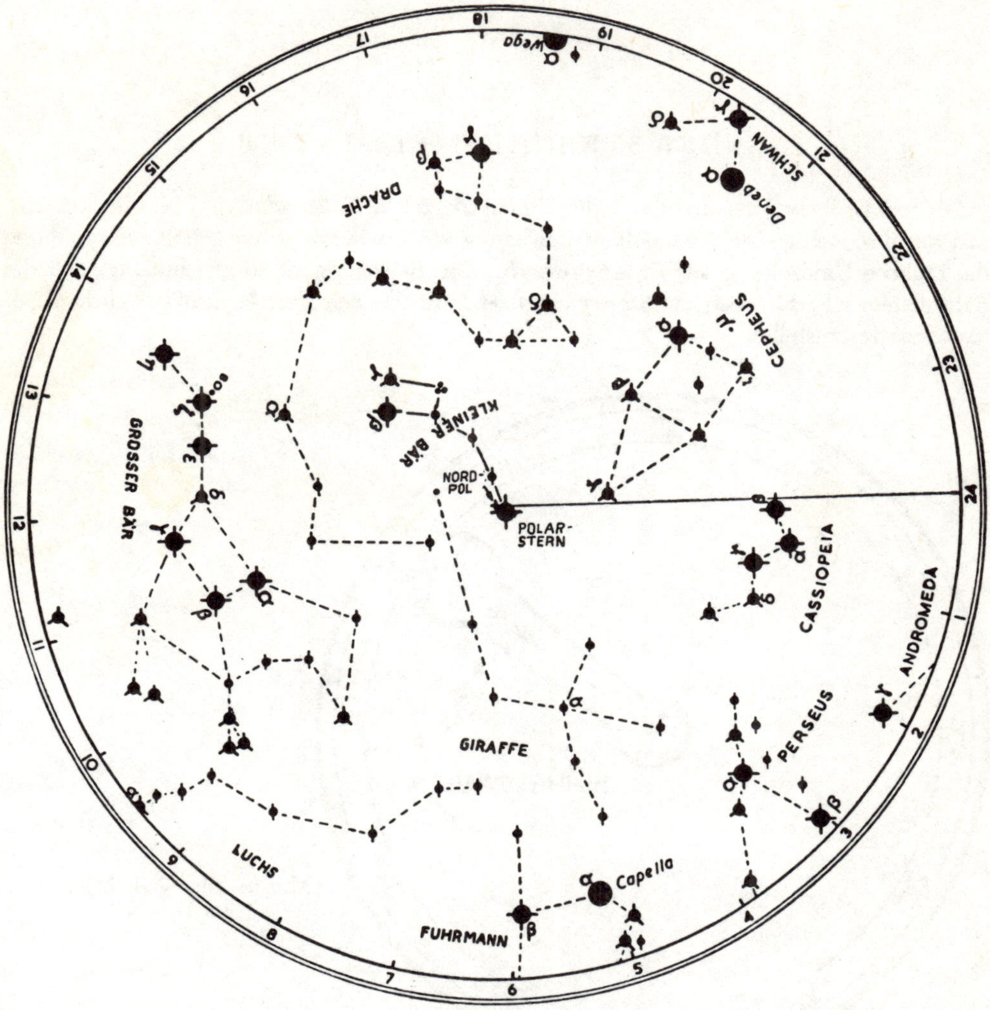

Sternkarte 1: Die zirkumpolaren Sternbilder des Nordhimmels

Linie und verlängern diese dann dreimal, so erreichen wir zwei schwache Sterne, die dem kleinen und unscheinbaren Sternbild des Luchses angehören.

Zwischen dem Luchs und der Cassiopeia liegen noch viele andere schwache Sterne, die unter dem Namen Camelopardus („Giraffe") zusammengefaßt werden. Von den 150 sichtbaren Sternen dieses Sternbildes sind nur sieben heller als 5. Größe. Den Kopf der Giraffe müssen wir uns zwischen dem Schwanz des Drachens und dem Polarstern vorstellen, die Beine liegen in der Nähe des zweithellsten Sternes des nördlichen Himmels, Capella, der zum Sternbild Auriga (Fuhrmann) gehört.

Der hellste Stern nördlich des Himmelsäquators ist Wega im Sternbild Lyra (Leier). Wega und Kapella stehen sich am Himmel gegenüber, Wega ist jedoch vom Himmelspol weiter entfernt. Beide Sterne bewegen sich dauernd am Nordhimmel auf und ab. Steht einer von ihnen dicht über dem Horizont, ist der andere hoch am Himmel zu sehen.

4. DER STERNHIMMEL ALS UHR

Für uns Erdbewohner dreht sich die Himmelskugel in 23 Stunden und 56 Minuten einmal um ihre Achse. Diese scheinbare Bewegung wird, wie wir schon gehört haben, durch die tägliche Umdrehung der Erde verursacht. Die Bewegung ist so gleichmäßig, daß die Astronomen ausschließlich die Sterne benutzen, um die Zeit mit der größtmöglichen Genauigkeit festzustellen.

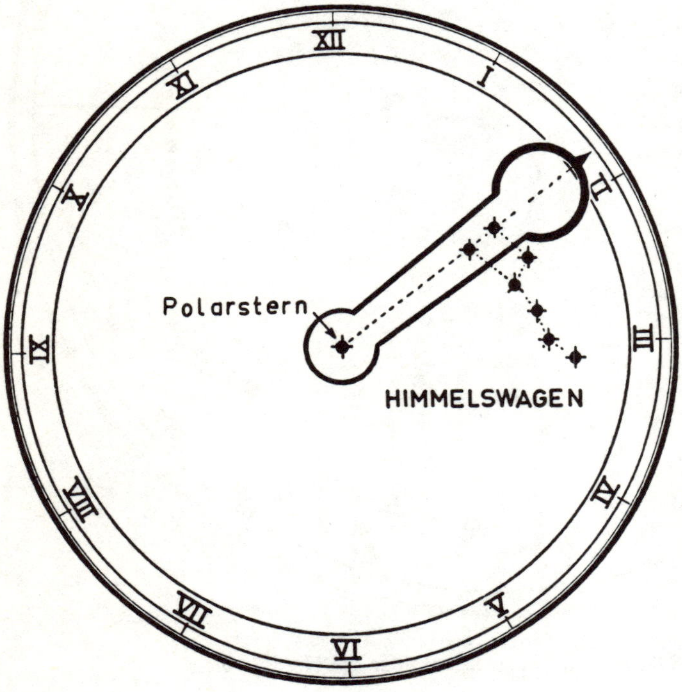

Abb. 9a. Eine gedachte Uhr am Himmel

Denken wir uns, am Himmel sei ein großes Zifferblatt befestigt, und sein Mittelpunkt bilde den Polarstern. Die beiden hinteren Kastensterne des Himmelswagens sollen den Stundenzeiger darstellen. Wie können wir von dieser „Himmelsuhr“ die Zeit ablesen? Es erscheint nicht ganz einfach. Erstens bewegt sich der Zeiger entgegengesetzt dem Uhrzeigersinne, und außerdem macht er nicht, wie der Zeiger einer gewöhnlichen Uhr, einen Umlauf in 12 Stunden, sondern er braucht dazu 24 Stunden. Darüber hinaus geht diese Uhr jeden Tag vier Minuten vor, in einem Monat also ganze zwei Stunden.

Es ist aber doch möglich, die Zeit durch die Stellung der Zeigersterne zu finden, selbst wenn uns nicht die Instrumente der Astronomen zur Verfügung stehen. Wir müssen uns nur merken, daß am 7. März um Mitternacht diese Himmelsuhr 12 Uhr anzeigt.

Da sich der Zeiger nach links herumdreht, wird unsere gedachte Sternenuhr zwei Stunden später 11 Uhr anzeigen, 10 Uhr vier Stunden später usw. Eigentlich sollten wir die Zeit von einem Zifferblatt ablesen, das in 24 Stunden unterteilt ist. Wir können uns aber auch ein gewöhnliches 12-Stunden-Zifferblatt denken, und die abgelesenen Stunden verdoppeln. Um dann auch noch die entgegen dem Uhrzeigersinne erfolgende Bewegung zu berücksichtigen, ziehen wir das Ergebnis von 24 ab. Wenn unsere Uhr also am 7. März 10 Uhr anzeigt, verdoppeln wir dieses Ergebnis und erhalten 20, ziehen wir diese 20 von 24 ab, bekommen wir als Ergebnis 4 Uhr. Dies bedeutet 4 Uhr morgens, denn für 4 Uhr nachmittags würden wir das Ergebnis 16 erhalten. Zu anderen Jahreszeiten müssen wir für jeden Monat, der seit dem 7. März verflossen ist, zwei Stunden von dem Ergebnis abziehen, um die genaue Zeit zu erhalten.

Die Formel zur Berechnung der Uhrzeit nach dem Stand der Sterne läßt sich auch noch in einer anderen, weniger komplizierten Form ausdrücken: Lies die Zeit von der Himmelsuhr ab, wenn möglich bis auf eine Viertelstunde genau, addiere dazu die Anzahl der Monate, die seit dem 7. März verflossen sind, ebenfalls bis auf einen Viertelmonat genau, und multipliziere das Ergebnis mit zwei. Die Zahl, die wir nun erhalten, wird von 24 abgezogen. Sollte sie größer als 24 sein, so ist sie von 48 abzuziehen. Das Endergebnis ist der Zeitpunkt, an dem die Beobachtung gemacht wurde. Mit einiger Übung ist es auf diese Weise ohne weiteres möglich, die Zeit bis auf eine Viertelstunde genau festzustellen.

Die Sternenuhr

Vor einigen hundert Jahren, als derartige Berechnungen selbst für gebildete Leute kompliziert waren, benutzte man eine Sternenuhr, um bei Nacht die Zeit festzustellen. Dieses Instrument, auch Nokturnal genannt, machte die Berechnungen automatisch. Es bestand aus einer runden Scheibe, auf der zwei Skalen eingraviert waren. Eine Skala zeigte die Stunden von 1 bis 24, die andere Skala die Monate von Januar bis Dezember. Eine Markierung an dem Handgriff des Instruments wurde durch Drehen der Scheibe auf das entsprechende Datum gestellt. Dann hielt man das ganze Instrument gegen den Himmel, so daß der Polarstern durch ein kleines Loch im Mittelpunkt der Scheibe sichtbar wurde. Der Griff mußte genau senkrecht nach unten gehalten werden, so daß er auf den Nordpunkt des Horizontes zeigte. Nun drehte man den Zeiger so, daß er mit den beiden hinteren Kastensternen des Großen Wagens zusammenfiel (manche Instrumente machten allerdings auch von anderen Sternen Gebrauch). Sobald der Zeiger genau an den Sternen anlag, zeigte das Instrument die Uhrzeit auf einem 24-Stunden-Zifferblatt an.

Solch eine Sternenuhr ist leicht selbst herzustellen. Wir benötigen dazu eine Pappscheibe von etwa 15 cm Durchmesser. Auf ihrem äußeren Rand markieren wir eine Skala, die mit dem 1. Januar beginnt und mit dem 31. Dezember endet. Innerhalb dieses Kreises zeichnen wir ein 24-Stunden-Zifferblatt, so daß die 24 genau gegenüber dem Datum des 7. März zu liegen kommt. (Siehe Abb. 9b.) Die Zahlen schreiten entgegen dem Uhrzeigersinne fort, die Monate werden im Uhrzeigersinne aufgetragen. Genau in den Mittelpunkt der Scheibe stechen wir ein kleines Loch, gerade groß genug, um eine kleine, hohle Niete aufnehmen zu können.

Der Griff wird aus starker Pappe angefertigt. Er bekommt an einem Ende auf seiner Mittellinie ein Loch. Entsprechend der Abbildung wird gegen das andere Ende zu ein Pfeil aufgetragen, der auf das jeweilige Datum zeigt. Die Niete wird nun von unten durch das Loch im Griff gesteckt, dann kommt die runde Pappscheibe darüber, und schließlich noch der Stundenzeiger. Mit einem Hammer wird die Niete vorsichtig umgekrempelt, so daß die drei Teile zusammengehalten werden, sich aber noch leicht um den Mittelpunkt drehen lassen.

Die Anwendung des Instruments ist einfach. Seine Genauigkeit hängt vor allem davon ab, wie genau man den Griff senkrecht hält. Selbst ein kleines Instrument zeigt die Zeit bis auf 10 Minuten genau an. Unsere Sternenuhr will eine genau gehende Uhr nicht ersetzen, sie macht uns aber klar, daß es die scheinbare Umdrehung der Himmelskugel ist, von der wir unsere Zeit ableiten.

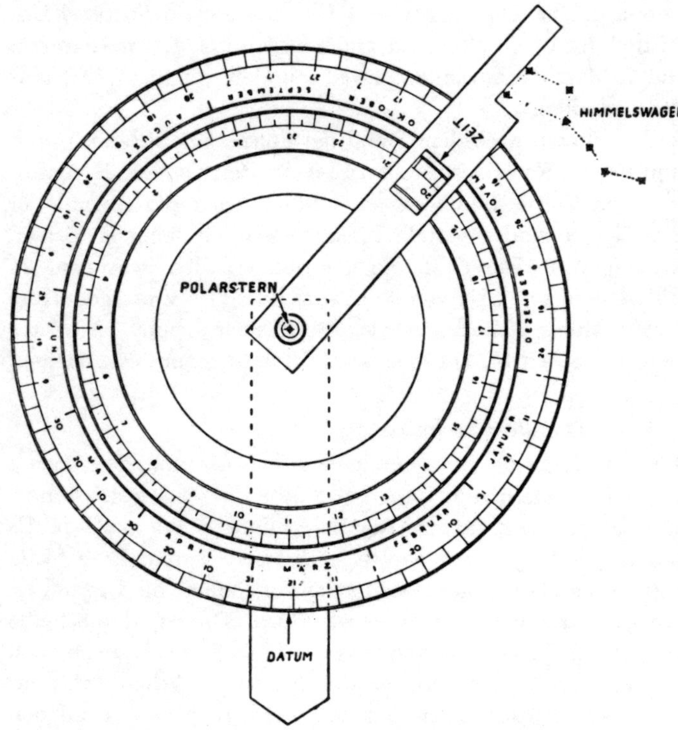

Abb. 9b. Einfache Sternuhr aus Pappe

Das Prinzip der Sternenuhr ist augenfällig. Von dem Anfangsdatum, Mitternacht am 7. März, geht die Himmelsuhr in 24 Stunden 4 Minuten vor. Da wir das Zifferblatt täglich neu auf das jeweilige Datum einstellen, wird diese tägliche Differenz ausgeglichen. Der Uhrzeiger legt, wie die Sterne am Himmel, in 24 Stunden etwas mehr als eine volle Umdrehung zurück, aber durch das Weiterdrehen der Scheibe erreicht er dieselbe Stellung auf dem Zifferblatt nach genau 24 Stunden. So soll es auch sein, da ja auch die Sterne etwas mehr als eine volle Umdrehung im Tag am Himmel zurücklegen.

5. WIR SUCHEN DIE STERNBILDER AM NACHTHIMMEL

Wenn wir die zirkumpolaren Sternbilder kennen, ist es leicht, uns am Himmel zurechtzufinden. Die Nordkreissterne sind die Wegweiser, die uns zu den anderen Sternbildern führen. In einer klaren, möglichst mondscheinlosen Nacht nehmen wir die Sternkarte auf Seite 23 mit ins Freie und vergleichen sie mit dem Anblick am Himmel, bis wir einige der Sternbilder erkennen können. Es wird zuerst etwas schwierig sein, aber wenn man den Großen Bären oder Himmelswagen gefunden hat, kann man die Karte so drehen, bis ihre Stellung mit der des Sternbildes am Himmel übereinstimmt. Die anderen Sternbilder sind dann leicht zu finden.

Mit Ausnahme der zirkumpolaren sind alle Sternbilder zu gewissen Zeiten unter dem Horizont, also unsichtbar. Aus diesem Grunde werden viele der ‚Sichtlinien', die auf den folgenden Seiten angegeben sind, nur zum Horizont führen. Um jedoch unnötiges Suchen zu vermeiden, ist für jedes Sternbild ein Datum angegeben. Zu der genannten Zeit ist das betreffende Sternbild über dem Horizont, sobald am Abend völlige Dunkelheit eingetreten ist.

Der Bärenführer

Wenn wir der gekrümmten Linie folgen, die von den drei Deichselsternen des Himmelswagens angedeutet wird, kommen wir zu einem hellen, goldgelb strahlenden Stern. Sein Name ist Arktur. Er gehört zum Sternbild Bootes oder auch Bärenhüter genannt (April bis Oktober).

Um Arktur finden wir eine Anzahl schwächerer Sterne. Der Hauptteil des Sternbildes zieht sich jedoch gegen den Himmelspol hin, mehr oder weniger in der Form eines Drachens. Der Stern ε (epsilon) ist ein Doppelstern: Im Fernrohr können wir hier zwei Sterne dicht beieinander erkennen, während mit dem bloßen Auge nur ein Stern zu sehen ist. Die beiden Komponenten dieses Doppelsterns zeigen einen überraschenden Farbkontrast: der hellere der beiden Sterne ist von goldener, der schwächere von blasser, blaugrüner Farbe. Dieser Kontrast ist auffallend. Man gab diesem Doppelstern darum den Namen Pulcherrima = Die Schönste.

Die Jungfrau

Wenn wir eine gedachte Kurve vom Himmelswagen über Arktur hinaus weiterverfolgen, kommen wir zu Spica, dem hellsten Stern des Sternbildes Virgo oder Jungfrau (April bis Juli). Das ausgedehnte Sternbild gehört zum Tierkreis. ε (epsilon) Virginis hat den schön klingenden Namen Vindemiatrix, das bedeutet „Herrin des Weingartens". Dieser Name stammt aus dem Altertum. Er wurde dem Stern gegeben, weil er kurz vor der Weinernte am Morgenhimmel sichtbar wird, nachdem er einige Zeit zuvor mit der Sonne über den Tageshimmel wanderte.

Der Name Spica bedeutet Kornähre. Mit ihr wurde die Jungfrau auf alten Sternkarten immer dargestellt. (Siehe Tafel III.)

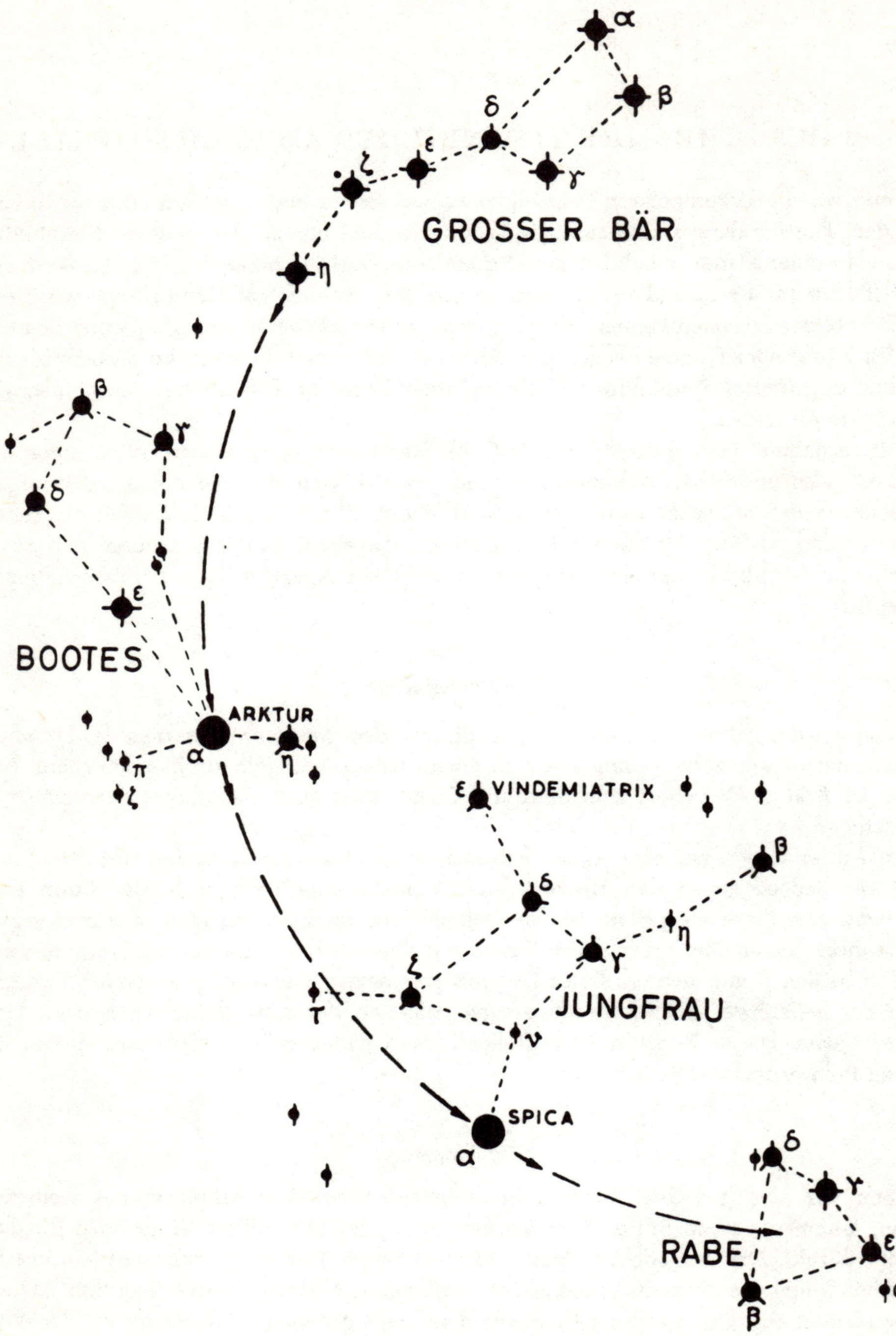

Sternkarte 2: Großer Bär, Bootes, Jungfrau und Rabe

Der Rabe

Auf derselben gedachten Linie weitergehend, kommen wir schließlich zu dem kleinen Sternbild Corvus = Rabe (April bis Mai).

Der Kleine Löwe

Eine Linie von der Mitte des Vierecks im Großen Bären über den Stern 3. Größe ψ (psi), senkrecht unter dem Viereck, bringt uns zum Stern 46 im Kleinen Löwen (Leo Minor) (Februar bis Juli). Nur vier seiner Sterne sind heller als Größe 5. Der Kleine Löwe besteht aus nur wenig auffallenden Sternen.

Der Löwe

Auf der anderen Seite vom Kleinen Löwen finden wir eine schöne Sterngruppe, die unter dem Namen Löwe = Leo (März bis Mai) zusammengefaßt wird. Besonders bemerkenswert ist hier die ‚Sichel' oder das ‚Fragezeichen', eine Gruppe von hellen Sternen dicht

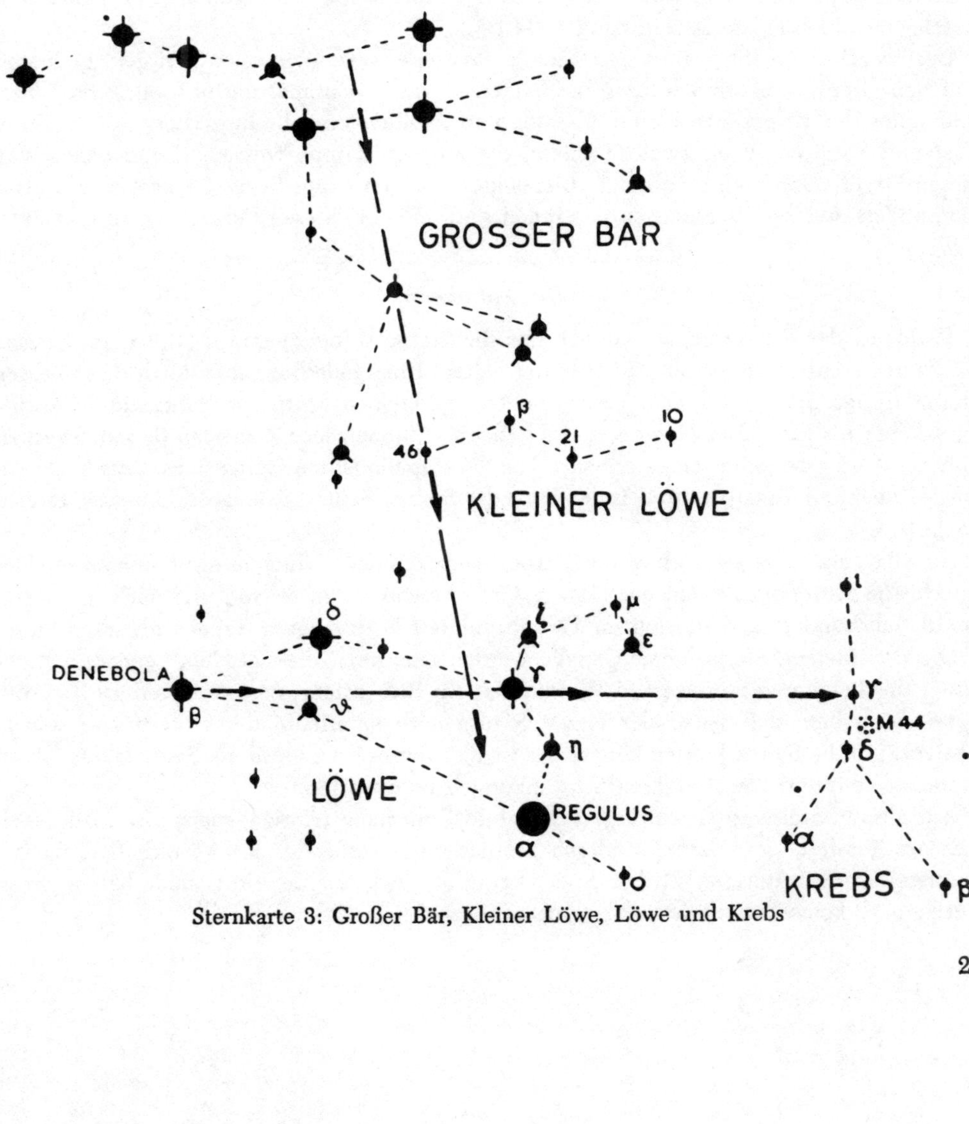

Sternkarte 3: Großer Bär, Kleiner Löwe, Löwe und Krebs

über Regulus, dem hellsten Stern des Sternbildes Löwe. Manchmal wird er auch Cor Leonis, das Herz des Löwen genannt.

Denebola (β [beta] Leonis) ist der letzte zum Sternbild des Löwen gehörende Stern. Der Name Denebola stammt aus dem Arabischen und bedeutet „Schwanz des Löwen".

Der Löwe gehört zu den Tierkreisbildern, und Regulus steht fast genau auf der Ekliptik. Es ist nicht schwer, sich aus der Form des Sternbildes einen liegenden Löwen vorzustellen.

Der Krebs

Wenn wir von β (beta) Leonis nach γ (gamma) eine Linie ziehen, und diese dann über γ hinaus um sich selbst verlängern, kommen wir zu einem Stern 4. Größe, dem Stern γ (gamma) im Sternbild Krebs = Cancer (Februar bis Mai). Die fünf hellsten Sterne dieses Sternbildes, alle von 4. Größe, sind in der Form eines auf den Kopf gestellten Y angeordnet. Das Sternbild zeigt zunächst nichts Bemerkenswertes. Bei genauerem Hinsehen findet man aber die kleine Gruppe von Sternen, die auf der Karte mit M 44 bezeichnet ist.

Für das bloße Auge erscheint dieser Sternhaufen als ein nebliger Fleck. In besonders klaren Nächten kann man einige Sterne 6. Größe erkennen. Der Astronom Messier stellte einen Katalog her, der alle diese Flecken aufzählte und beschrieb. Es handelt sich dabei um Sternhaufen oder Nebel. Der Sternhaufen im Krebs trägt die Nummer 44 in Messiers Katalog, weshalb er die Bezeichnung M 44 trägt.

Der Sternhaufen führt auch den Namen Praesepe, was soviel wie „Krippe" bedeutet. Auf den alten Sternkarten werden die beiden Sterne γ (gamma) und δ (delta) dicht über und unter der Krippe als Asellus Borealis und Asellus Australis bezeichnet = Nördlicher Esel und Südlicher Esel, zwei Tragtiere, die aus der Krippe fressen. Heute nennt man diesen Sternhaufen auch manchmal „Bienenkorb" wegen seiner Form. Er besteht aus etwa vierhundert Sternen. Die meisten von ihnen sind nur in größeren Fernrohren zu erkennen.

Der Fuhrmann

Während der Wintermonate können uns die Sterne δ (delta) und α (alpha) im Großen Bären beim Auffinden weiterer Sternbilder helfen. Eine gedachte Linie durch diese beiden Sterne bringt uns zu Capella, einem hellen, goldgelben Stern im Fuhrmann = Auriga (November bis Mai). Der Name Capella bedeutet „junge Ziege", aber an diesem Stern ist nichts, das an eine junge Ziege erinnern könnte. Capella ist ein Riesenstern, dessen Durchmesser ungefähr 16mal so groß ist wie der der Sonne. Seine Lichtausstrahlung ist 150mal so groß.

Capella zeigt eine deutlich gelbe Farbe. Aber das war offenbar nicht immer so. Der griechische Astronom Ptolemaeus (150 n. Chr.) beschrieb ihn als rot, und auch Al Fagani im 10. Jahrhundert und Riccioli im 17. Jahrhundert bezeichneten Capella als roten Stern.

Die drei kleinen Sterne unter Capella werden manchmal die „Zicklein" genannt. Einer dieser unscheinbaren Sterne ist in Wirklichkeit ein Riesenstern, und zwar von solch gewaltigen Ausmaßen, daß selbst der Planet Saturn noch innerhalb dieses Sternes in seinem Abstand um die Sonne kreisen könnte. Es ist dies der Stern ε (epsilon). Seine Helligkeit ist in einem Zeitraum von 27 Jahren Schwankungen unterworfen.

Auf älteren Sternkarten wurde das Sternbild Fuhrmann (Auriga) meist als ein unregelmäßiges Fünfeck gezeichnet. Moderne Sternatlanten stellen es als Viereck dar, da der unterste der fünf Sterne jetzt dem Stier zugezählt wird. Aus diesem Grunde haben wir in Auriga auch keinen Stern, der mit γ (gamma) bezeichnet wird.

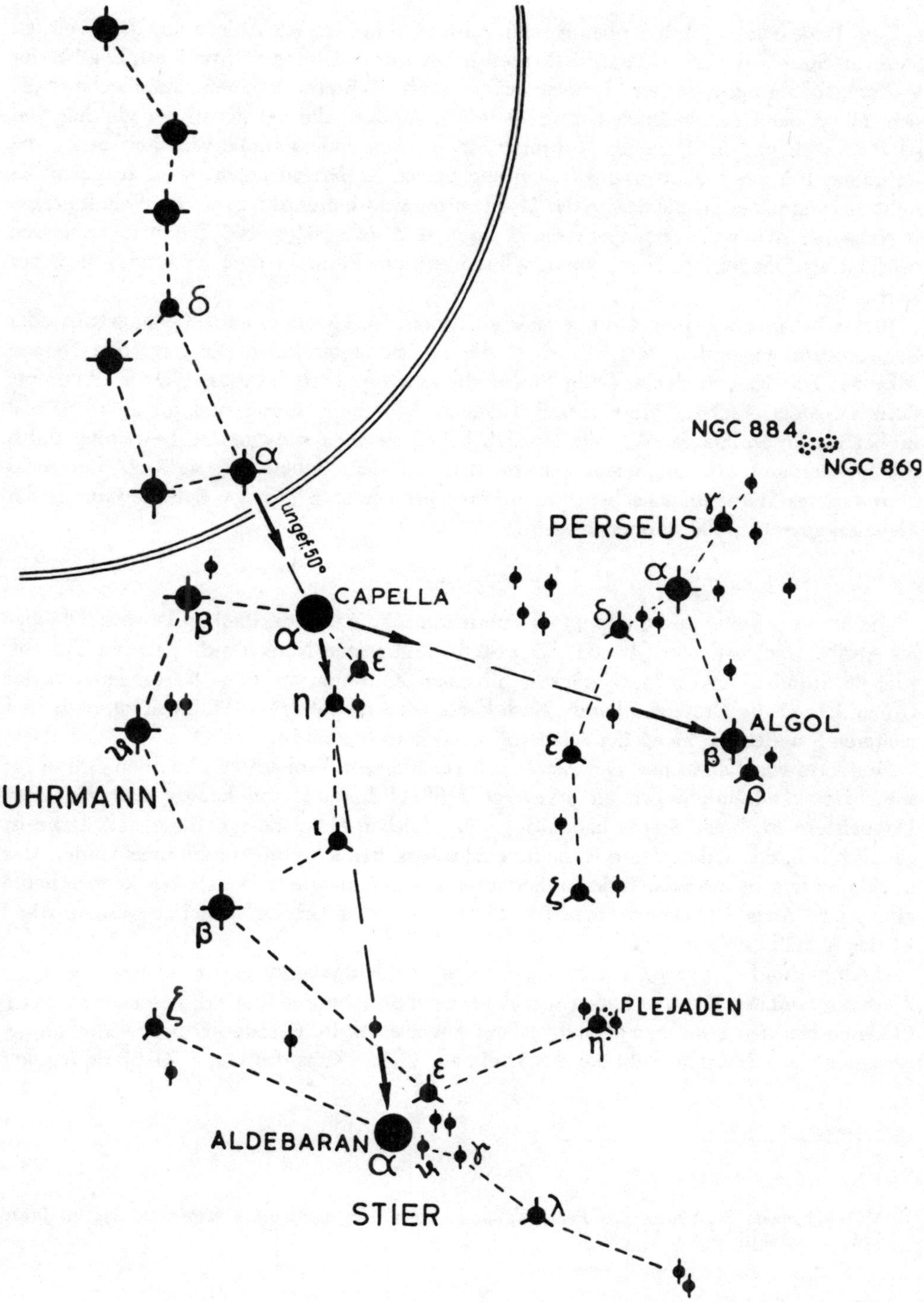

Sternkarte 4: Fuhrmann, Perseus und Stier

Der Stier

Eine Linie von α (alpha) über η (eta) Aurigae führt uns zu Aldebaran, dem hellsten Stern im Sternbild Stier = Taurus (Dezember bis April). Dieser rötliche Stern liegt in der V-förmigen Sterngruppe der Hyaden, zu der etwa 50 Sterne gehören. Sie alle bewegen sich mit großer Geschwindigkeit durch den Weltenraum, alle mit genau der gleichen Geschwindigkeit und in derselben Richtung. Sie gehören einer Familie von Sternen an, die wahrscheinlich einen gemeinsamen Ursprung haben. Aldebaran gehört nicht zu ihnen. Er steht uns viel näher als die Sterne der Hyaden, die weit hinter Aldebaran im Weltall liegen.

Nahe bei α (alpha) finden wir einen Stern 4. Größe, ϑ (theta), den man an klaren Nächten als Doppelstern sehen kann, selbst wenn ein Fernrohr oder Opernglas nicht zur Verfügung steht.

Besser bekannt als diese Gruppe sind allerdings die Plejaden, auch Siebengestirn oder Regengestirn genannt. η (eta) Tauri ist der Hellste unter ihnen. Er trägt den Namen Alkyone. Die Namen der anderen Sterne dieser Gruppe sind: Atlas, Pleione, Asterope, Celaeno, Maja, Elektra, Merope und Taygeta. Alle diese Sterne sind ungefähr 800mal größer als unsere Sonne. Wie die Hyaden haben sie eine gemeinsame Bewegung durch den Weltenraum. Im allgemeinen kann man mit dem unbewaffneten Auge nur sechs Sterne dieses Sternhaufens sehen; große Fernrohre zeigen allerdings, daß die Gruppe der Plejaden aus etwa 600 Sternen besteht.

Perseus

Die Sterne β (beta) und α (alpha) im Fuhrmann führen uns zu Algol im Perseus (Oktober bis April). Algol bedeutet „Teufel“. Der Stern trägt seinen Namen nicht ganz zu Unrecht. Alle 69 Stunden sinkt seine Helligkeit für einen Zeitraum von etwa 5 Stunden von der Größe 2,3 auf die Größe 3,5 herab. Nach kurzer Zeit nimmt seine Helligkeit zu, nach fünf weiteren Stunden hat er wieder seine volle Leuchtkraft erreicht.

Hunderte von Jahren hat man Algol, den Teufelsstern, beobachtet, ohne den Grund für seine Helligkeitsänderungen zu erkennen. Schließlich fand man heraus, daß Algol ein Doppelstern ist, beide Sterne haben ungefähr gleichen Durchmesser. Einer der Sterne ist ziemlich hell, der andere Stern ist nahezu erloschen. Beide Sterne kreisen umeinander. Der dunklere Stern bedeckt dabei den anderen bei jedem Umlaufe teilweise. Wir kennen heute eine ganze Anzahl solcher Sterne, die „Bedeckungsveränderliche“ genannt werden. Algol ist der Auffälligste von ihnen.

α (alpha) und γ (gamma) im Perseus zeigen uns den Weg zu einem weiteren nebligen Fleck am Himmel. Diesmal finden wir gleich zwei Sternhaufen, die sich beinahe berühren. In klaren Nächten kann man sie mit bloßem Auge sehen. Im Feldstecher beobachtet, bieten sie einen der schönsten Anblicke des Himmels. (Siehe Kunstdrucktafel XIII.) Es handelt

---

TAFEL III

a) Mittelalterliche Sternkarte aus Peter Apianus' Buch *Astronomicum Caesareum*, das im Jahre 1540 veröffentlicht wurde.

---

b) Holländisches Nokturnal des 16. Jahrhunderts. Mit Hilfe dieses Instruments kann man die Zeit aus der Stellung des Kleinen Bären bestimmen.

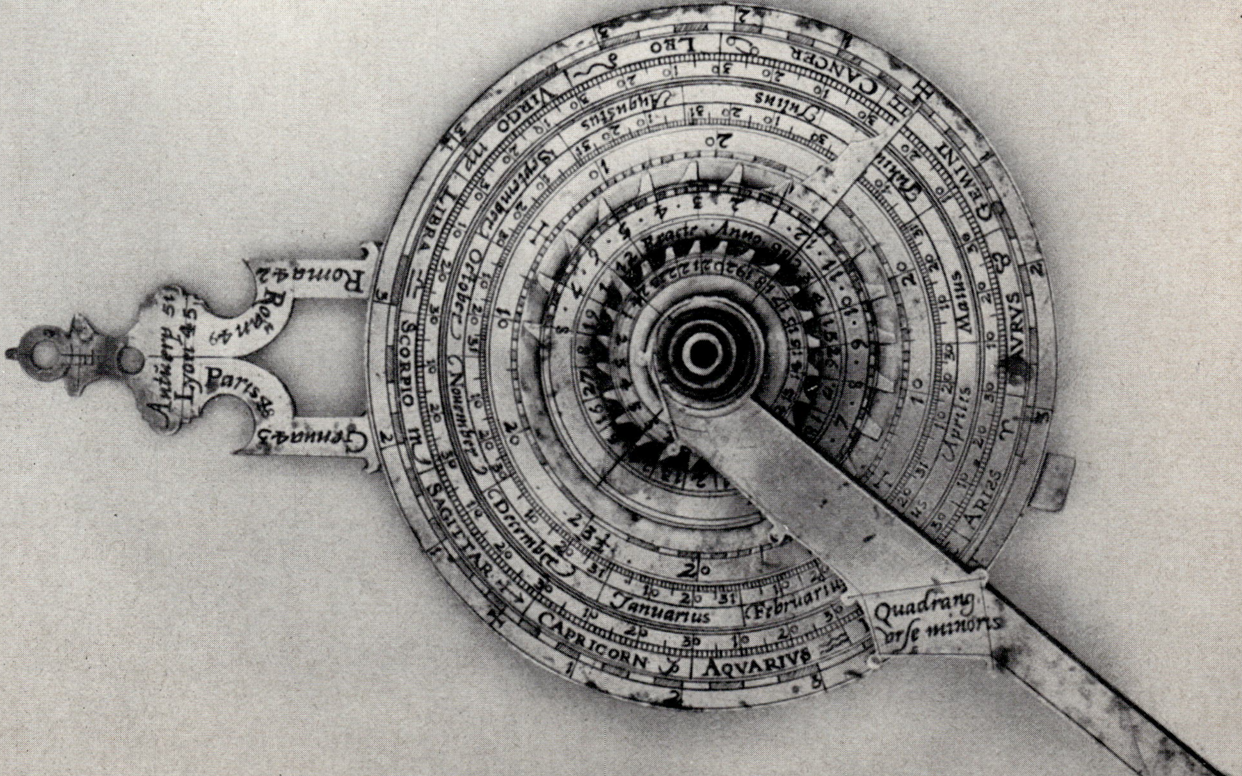
Quadrang. orse minoris
CAPRICORN
AQVARIVS
SAGITTAR
SCORPIO
LIBRA
VIRGO
LEO
CANCER
ARIES
Ianuarius
Februarius
Nouember
October
Aprilis
Maius
Iulius
Augustus
Paris
Roma
Genua
Antuerp
Lyon

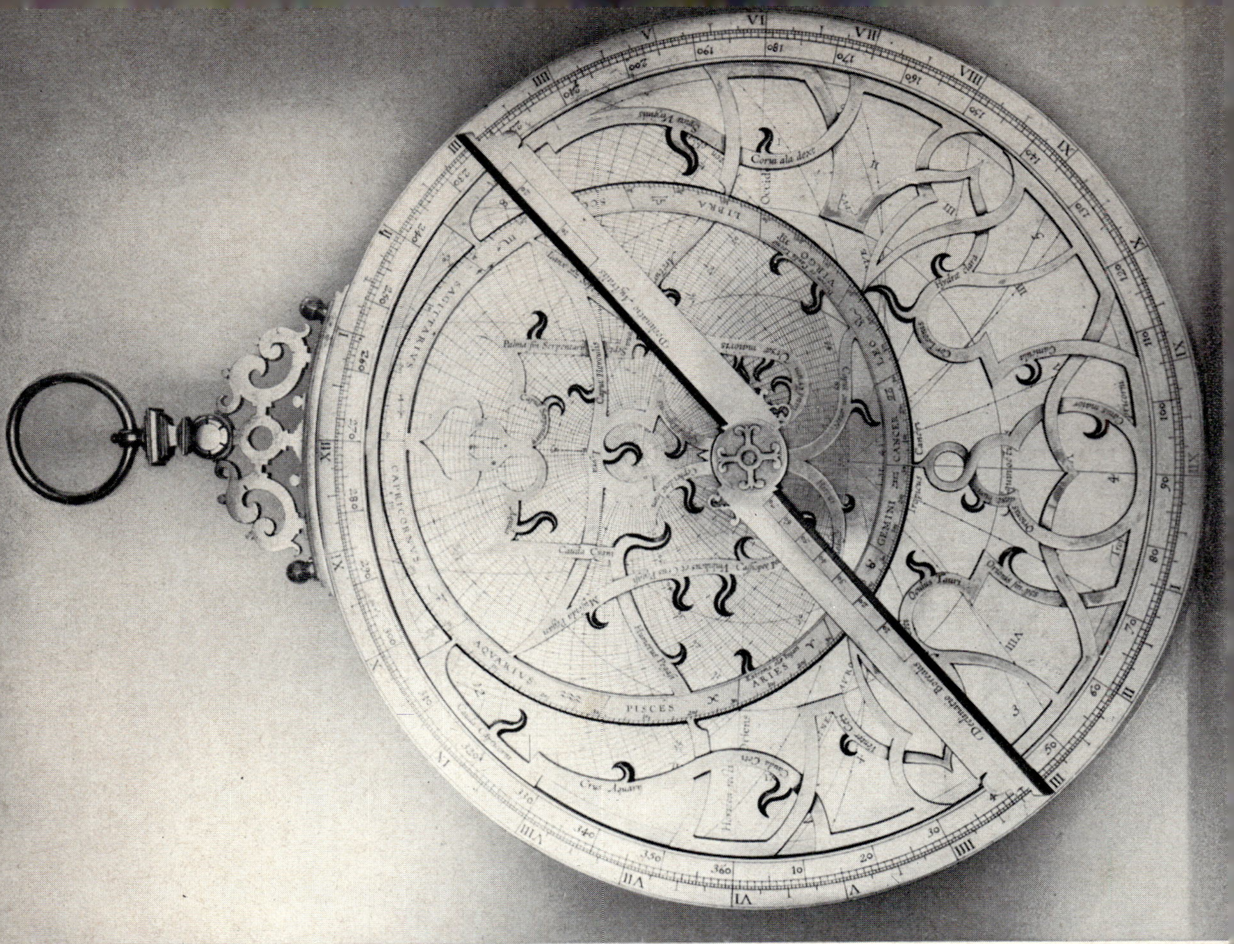

sich um zwei Sternhaufen. Diese „offenen Sternhaufen" bestehen aus mehreren hundert Sternen, die sich innerhalb unseres Milchstraßensystems befinden. Ihre Abstände liegen im allgemeinen zwischen 500 und 5000 Lichtjahren.

Die Leier

Die beiden vorderen Kastensterne des Himmelswagens, γ (gamma) und δ (delta) Ursae Majoris, geben uns die Richtung an, die uns zu Wega im Sternbild der Leier = Lyra (April bis Januar) führt. Wega selbst ist ein zirkumpolarer Stern, und darum in Norddeutschland immer zu sehen. Wega strahlt bläulich-weiß. Er ist der hellste Stern nördlich des Himmelsäquators. Wer scharfe Augen hat, wird vielleicht erkennen, daß der Stern ε (epsilon), links, dicht neben Wega, ein Doppelstern ist, dessen Komponenten die Größen 4,5 und 4,9 haben. Der Abstand der beiden Sterne voneinander beträgt 3′ 30″, das ist etwa ein Drittel des Abstandes zwischen Alkor und Mizar. Jeder dieser beiden Sterne ist wiederum ein enger Doppelstern. Das aber ist nur in einem größeren Fernrohr zu erkennen.

Ein anderer bemerkenswerter Stern ist β (beta). Hier umkreisen sich zwei helle Sterne. Gewöhnlich sehen wir sie als einen einzigen Stern von Größe 3,4. Diese Helligkeit ist die Summe der Gesamtstrahlung der beiden Sterne. Jeder der beiden bedeckt den anderen einmal während jeden Umlaufs. Zur Zeit der Bedeckung können wir nur das Licht von dem Stern wahrnehmen, der der Erde zugewendet ist. Die scheinbare Helligkeit nimmt also ab. Da die beiden Sterne in 12 Tagen 22 Stunden einmal umeinander kreisen, können wir ein Herabsinken der Helligkeit dieses Sternes zweimal innerhalb dieses Zeitraumes beobachten.

Wega gehört zum Großen Sommerdreieck, das während der Sommermonate von Mai bis August die ganze Nacht über dem Horizont steht. Die anderen beiden Sterne dieses Dreiecks sind Deneb im Schwan und Atair im Sternbild Adler. Alle drei sind Sterne 1. Größe. Man kann sie daher leicht finden, wenn man ihre ungefähre Stellung im Himmel kennt.

Der Schwan

Deneb steht östlich von Wega, etwas näher dem Himmelspol zu. Er ist der Hauptstern des Sternbildes Schwan = Cygnus (Mai bis Januar). Wie sein arabischer Name andeutet, stellt dieser Stern den Schwanz eines fliegenden Schwans dar. Der Kopf ist β (beta), genannt Albireo. Er ist ein besonders schöner Doppelstern, doch kann man die beiden Sterne nur in einem guten Feldstecher erkennen. Der Farbunterschied zwischen den beiden Einzelsternen ist eindrucksvoll. Ein Stern 3. Größe hat deutlich gelbe Färbung, sein Begleiter, von 6. Größe, zeigt einen satten bläulichen Ton.

TAFEL IV

a) Vorderseite eines Astrolabium des 16. Jahrhunderts, das für geographische Breiten von 42°—46° Nord konstruiert ist. Die Ekliptik und die Stellungen der Hauptsterne sind auf der beweglichen Rete dargestellt, während das darunterliegende Netzwerk den Horizont mit Höhen- und Azimutlinien darstellt.

---

b) Deutsche Sonnenuhr aus dem Jahre 1702. Dieses Instrument zeigt nicht nur die Tageszeit an, sondern auch die Deklination der Sonne.

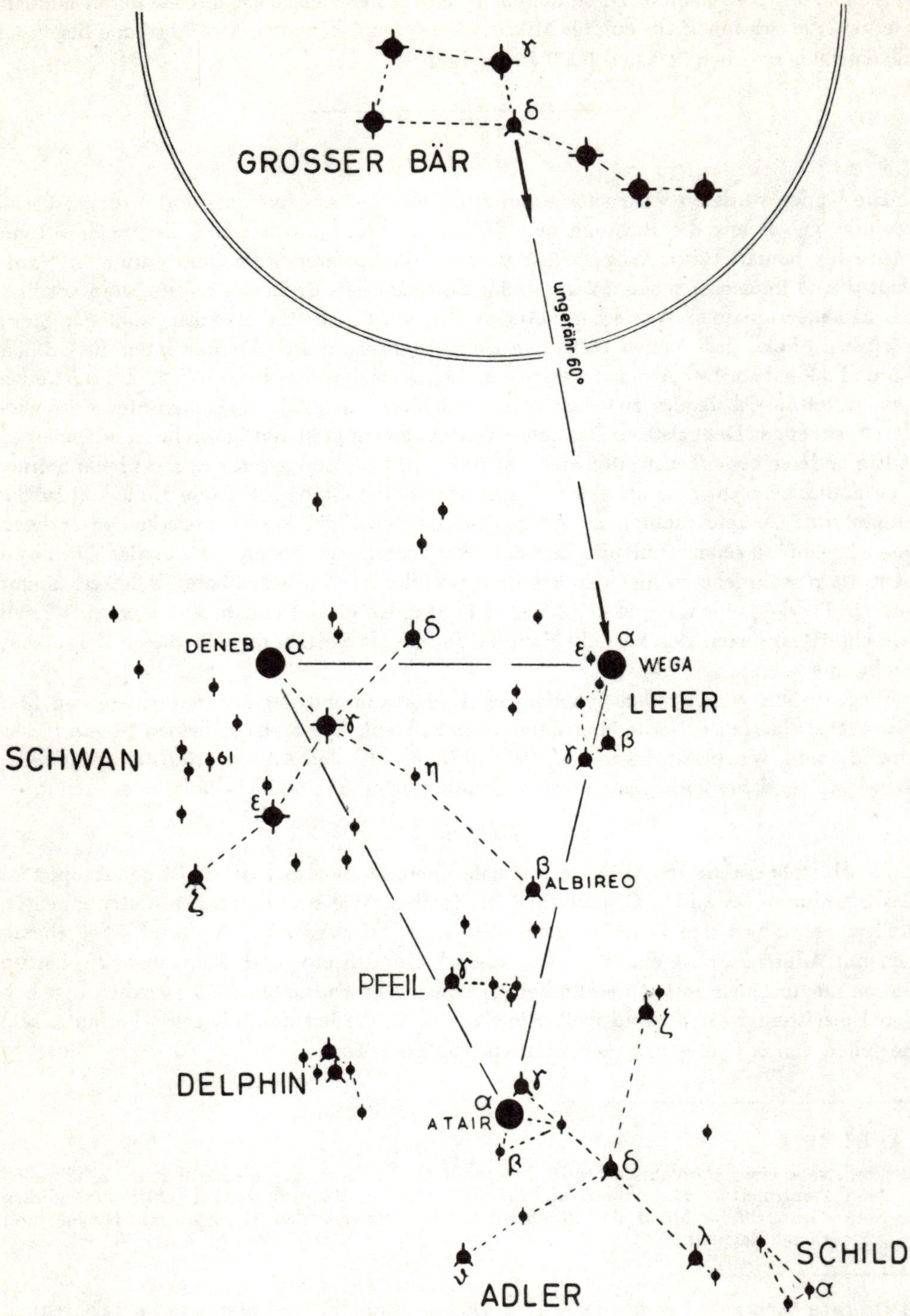

Sternkarte 5: Schwan, Leier, Adler, Pfeil, Delphin und Schild

Der Stern 61 im Schwan (Größe 4) ist ebenfalls ein Doppelstern, aber er ist auch noch aus einem ganz anderen Grunde interessant. 61 Cygni war der erste Stern, dessen Abstand von einem Forscher gemessen wurde. Im Jahre 1838 gelang es dem Königsberger Astronomen Bessel, eine kleine Verschiebung in der Stellung des Sternes festzustellen, während die anderen, schwächeren Sterne der Umgebung, die offenbar weiter entfernt sind, keine Verschiebung zeigten und darum als feststehend angenommen wurden. Die Verschiebung von Stern 61 war auf den jährlichen Umlauf der Erde um die Sonne zurückzuführen, eine Verschiebung, die nur bei verhältnismäßig nahen Sternen zu beobachten ist. Genaue Messungen und spätere Berechnungen ergaben, daß 61 Cygni von unserer Erde eine Entfernung von etwa 11 Lichtjahren hat.

Der Adler

Südlich von Deneb und Wega finden wir Atair, den hellsten Stern im Sternbild Adler = Aquila (Juni bis Dezember). Er vervollständigt das Sommerdreieck. Sein Licht ist rein weiß. Er hat eine 10mal größere Leuchtkraft als unsere Sonne.

η (eta) Aquilae ist wieder ein veränderlicher Stern, aber bei ihm finden wir keinen Begleiter, der ihn von Zeit zu Zeit verdunkelt. Es ist der Stern selbst, der seine Helligkeit verändert, und man könnte beinahe sagen, der Stern „atme". Etwa 40 Stunden lang scheint er als Stern von Größe 3,5, und dann wird er in 66 Stunden langsam schwächer und sinkt zu der Größe 4,5 herab. Diese Helligkeit behält er für ungefähr 30 Stunden, dann nimmt seine Leuchtkraft wieder zu. Der ganze Zyklus dauert genau 7 Tage, 4 Stunden und 14 Minuten.

Interessant ist es, die Farben von γ (gamma) und ζ (zeta) in diesem Sternbild zu vergleichen. Der erste Stern ist deutlich gelb, der andere von grünlicher Farbe.

In der Nähe von Aquila finden wir drei Miniatursternbilder, die alle aus verhältnismäßig schwachen Sternen bestehen. Keines dieser Sternbilder ist von besonderem Interesse. Ihre Namen seien jedoch vermerkt: Sie heißen Sagitta (der Pfeil), Delphinus (der Delphin) und Scutum (der Schild).

Andromeda

Die Sterne α (alpha) und β (beta) im Sternbild Cassiopeia weisen auf γ (gamma), den östlichsten Stern in der Andromeda (Juni bis März). Die Andromeda ist ein ziemlich ausgedehntes Sternbild, das drei Sterne 2. Größe enthält. Die beiden schwachen Sterne μ (my) und ν (ny) führen uns auf M 31, einen Nebelfleck besonderer Art.

M 31 ist der Große Andromedanebel. Man kann ihn in klaren, mondlosen Nächten mit dem bloßen Auge deutlich erkennen. Nirgendwo kann das bloße Auge tiefer in den Weltraum eindringen als hier, denn der Andromedanebel ist 2,25 Millionen Lichtjahre von uns entfernt.

Beim Andromedanebel handelt es sich um ein Milchstraßensystem ähnlich unserer Milchstraße. Wie diese ist auch der Andromedanebel aus Millionen und aber Millionen von Sternen zusammengesetzt. Unsere größten Fernrohre lassen in den Randgebieten dieser ungeheuren Spirale Einzelsterne gerade noch erkennen, aber unsere Sonne wäre in dieser Entfernung völlig unsichtbar. Obwohl dies der einzige Spiralnebel ist, den man mit bloßem Auge sehen kann, haben uns doch unsere astronomischen Fernrohre Millionen von weiteren derartigen Welteninseln aufgezeigt, und in jedem Jahr werden neue dazu entdeckt.

Unter dem östlichen Ende von Andromeda finden wir das kleine Sternbild Triangulum (das Dreieck). Darüber hinausgehend kommen wir zu einem weiteren Tierkreisbild:

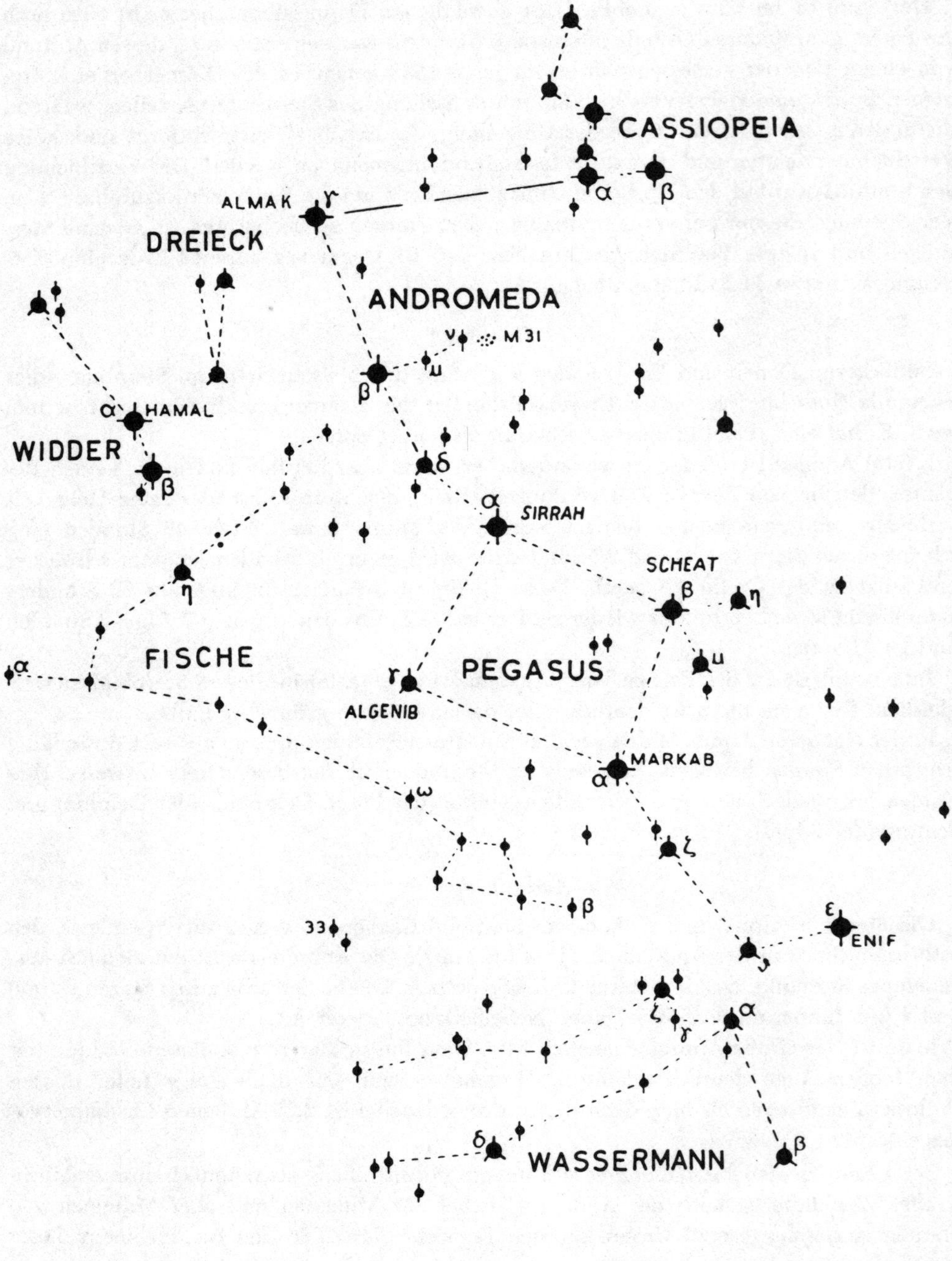

Sternkarte 6: Cassiopeia, Andromeda, Pegasus, Widder, Fische, Wassermann und Dreieck

Der Widder

Das Sternbild Widder ist leicht zu finden, da seine beiden Hauptsterne α (alpha), Hamal, und β (beta) die hellsten Sterne in der Umgebung sind. Vor etwas mehr als 2000 Jahren stand Aries (September bis März) an dem Punkt des Himmels, an dem die Sonne den Himmelsäquator von Süden nach Norden überschreitet und damit den Zeitpunkt des astronomischen Jahresbeginns festlegt. Das ist am 21. oder 22. März eines jeden Jahres der Fall. Der Widder gab seinen Namen auch dem ersten der zwölf 30-Grad-Teile des Tierkreises, die wir auch heute noch als die Tierkreiszeichen bezeichnen. Dieser Schnittpunkt des Himmelsäquators mit der Ekliptik wird auch Frühlingspunkt genannt. In den letzten 2000 Jahren hat die Präzessionsbewegung der Erde diesen Punkt in das Sternbild Fische (Pisces) verlagert, wo er sich heute auf halbem Wege zwischen den Sternen ω (omega) und 33 befindet.

Pegasus

Der Stern Sirrah (α Andromedae) vervollständigt das große Pegasusviereck (Juli bis Februar). Seine beiden Seiten zielen auf den Polarstern hin. Zusammen mit Andromeda sieht es beinahe wie eine vergrößerte Ausgabe des Himmelswagens aus. Das Innere des Pegasusvierecks erscheint im allgemeinen vollkommen leer, aber in besonders klaren Nächten kann man mit bloßem Auge über 30 Sterne innerhalb des Vierecks zählen.

Unterhalb des Pegasus finden wir das Tierkreisbild Aquarius, den Wassermann. Besonders auffällig ist hier die kleine Y-förmige Gruppe von Sternen, östlich von α (alpha), die auch der Wasserkrug genannt wird, und die genau auf dem Äquator liegt.

Orion

Während der Wintermonate werden die schönsten Sternbilder des Himmels sichtbar. Das auffälligste unter ihnen ist der Orion (Dezember bis März). In ihm finden wir gleich zwei Sterne 1. Größe und nicht weniger als vier Sterne 2. Größe.

Beteigeuze (α Orionis) ist ein rötlicher Riesenstern, dessen Durchmesser größer ist als der Durchmesser der Marsbahn. Beteigeuze ist ein veränderlicher Stern, dessen Helligkeit zwischen Größe 0,1 und 1,2 schwankt. Diese Veränderlichkeit können wir leicht feststellen, wenn wir Beteigeuze regelmäßig mit Rigel (β Orionis) vergleichen, der von Größe 0,3 ist. Im Maximum ist Beteigeuze ungefähr von derselben Helligkeit wie Rigel, aber im Minimum ist er über eine Größenklasse schwächer.

Unterhalb des Gürtels von Orion finden wir noch drei kleinere Sterne. Der mittelste von ihnen liegt ungefähr im Mittelpunkt des Großen Orionnebels. Diese riesige Wolke von leuchtendem Gas kann man schon mit bloßem Auge sehen. Seine von vielen Farbabbildungen bekannten Farben zeigen sich nur auf länger belichteten Sternwartefotos. Der Nebel erstreckt sich über den größten Teil des ganzen Sternbildes.

Der Große Hund

Die drei Gürtelsterne des Orion zeigen auf der einen Seite auf Aldebaran im Stier und auf der anderen Seite auf Sirius im Großen Hund (Februar bis April). Sirius ist der hellste Stern, den wir von unseren Breiten am Himmel sehen. Er ist außerdem auch einer der uns am nächsten stehenden Sterne, denn er ist nur achteinhalb Lichtjahre von uns entfernt.

Sirius hat einen Begleiter. Die beiden Sterne umkreisen sich gegenseitig. Die Entdeckung dieses Begleiters war eine der Großtaten der Astronomie. Man hatte festgestellt, daß Sirius um seinen mittleren Standort äußerst kleine Schwingungen ausführt. Aus dieser Beob-

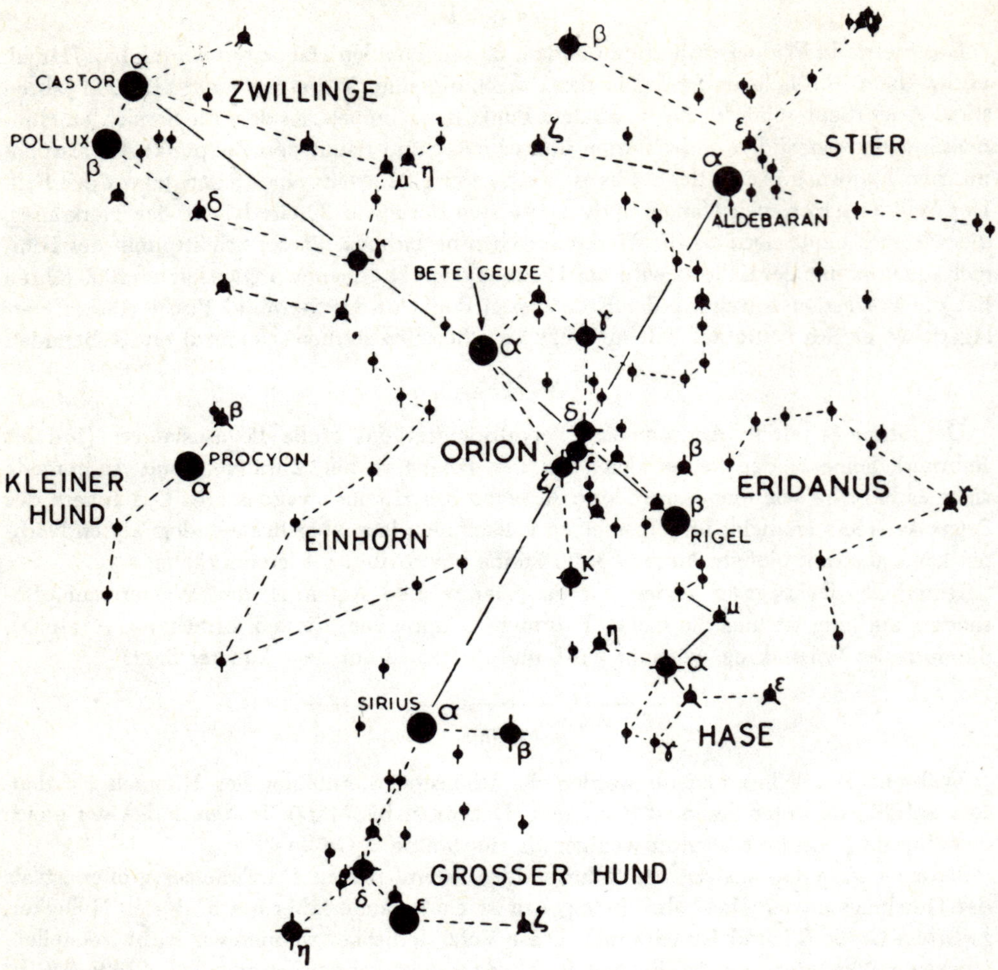

Sternkarte 7: Stier, Orion, Großer Hund, Kleiner Hund und Zwillinge

achtung schloß man auf einen zweiten Stern, der diese Bewegung verursachen muß. Aus diesen kleinen Bewegungen wurden dann die Stellung des Begleiters und die Bahnen der beiden Sterne berechnet. Zwölf Jahre später, im Jahre 1862, stellte Alvan Clark ein 18-Zoll-Fernrohr für die Sternwarte in Chicago her. Als er das Fernrohr auf Sirius richtete, entdeckte er den Begleitstern. Da ihm die Theorie über den Siriusbegleiter unbekannt war, nahm er zuerst einen Fehler in seinem Fernrohr an. Doch bald darauf erkannte er seinen Irrtum und gab seine Entdeckung bekannt. Der Begleiter des Sirius ist einer der bemerkenswertesten Sterne, die wir kennen. Er hat ungefähr dieselbe Masse wie unsere Sonne, sein Durchmesser ist aber nur dreimal so groß wie der der Erde. Ein Kubikzentimeter der Materie dieses Sternes wiegt darum nahezu 1½ Zentner.

Sirius kann in mondlosen Nächten einen deutlich wahrnehmbaren Schatten werfen. Da Sirius alljährlich in der Morgendämmerung des August zuerst sichtbar wird und diese Jahreszeit durch ein Hochwasser des Nil für Ägypten ein bedeutsames Ereignis war, brachte man schon früh in der Geschichte den Sirius mit den heißen Augusttagen in Verbindung. Noch heute bezeichnen wir diese Zeit des Jahres als „Hundstage“, genannt nach Sirius im Großen Hund.

Der Kleine Hund

Östlich vom Orion finden wir das Sternbild Kleiner Hund = Canis Minor (Januar bis Mai). Procyon ist der hellste Stern dieses Sternbildes, der mit Sirius und Rigel einen rechten Winkel bildet, dessen Scheitel von Sirius angedeutet wird.

Procyon ist ein tiefgelber Stern, dessen Farbe besonders auffällig wird, wenn man sie mit dem blendend weißen Licht von Sirius vergleicht. Im Kleinen Hund finden wir nur noch einen Stern, der heller als 4. Größe ist. Er ist nicht leicht zu übersehen, da die beiden Hauptsterne des Kleinen Hundes von einem Feld umgeben werden, in dem wir nur äußerst schwache Sterne finden.

Die Zwillinge

Eine gedachte Linie von β (beta) Orionis über α (alpha) bringt uns zu dem großen Rechteck der Zwillinge = Gemini (Dezember bis April). Das Sternbild zeichnet sich durch zwei besonders helle Sterne aus, die die Namen der Zwillinge aus der griechischen Mythologie tragen — Castor und Pollux (α und β). Castor ist besonders bemerkenswert: Im Fernrohr können wir erkennen, daß er aus drei Sternen besteht; zwei von ihnen stehen ziemlich dicht beieinander, der dritte ist etwas weiter entfernt. Alle drei kreisen um ihr gemeinsames Massenzentrum. Man hat jedoch herausgefunden, daß jeder dieser drei Sterne wiederum ein Doppelstern ist. Die einzelnen Sterne stehen jedoch so dicht beieinander, daß man sie in keinem Fernrohr einzeln erkennen kann. Castor besteht also aus sechs Sternen. Auch sein Zwillingsbruder Pollux besteht aus mindestens sechs Sternen. In seiner Nähe ist eine Anzahl anderer schwächerer Sterne zu sehen. Sie gehören nicht zum Sternsystem von Pollux, sondern liegen, von uns aus gesehen, nur zufällig in derselben Richtung.

Der Farbkontrast zwischen Castor und Pollux ist bemerkenswert, Castor leuchtet rein weiß, Pollux ist von deutlich orangener Färbung.

Am anderen Ende des Zwillings-Rechtecks finden wir die Sterne μ (my) und η (eta), und den Stern Nr. 1. Dieser Stern 4. Größe liegt fast genau auf dem nördlichsten Punkt der Ekliptik. Er bezeichnet die Stelle am Himmel, an der sich die Sonne am längsten Tag des Jahres aufhält.

Beinahe jeder Stern in den Zwillingen ist ein Doppelstern, aber die meisten von ihnen kann man nur in sehr großen Fernrohren als Doppelsterne erkennen. Es ist ein Zufall, daß gerade diesem Sternbild der Name „Zwillinge“ gegeben wurde.

Orion mit den beiden Hunden, der Stier und die Zwillinge bilden die „Wintersternbilder“. Sie sind die auffälligsten am ganzen Himmel. Ihr Glanz macht es leicht, die unscheinbaren Sternbilder in ihrer Umgebung zu übersehen. Wir finden da noch Eridanus (der Fluß) auf der westlichen Seite von Orion, Lepus (der Hase) im Süden, und Monoceros (das Einhorn) im Osten. Sie alle bestehen aus schwachen Sternen. Mit Ausnahme vom Hasen können sie nur schwer vom ungeübten Beobachter erkannt werden.

Die Krone

Östlich vom Bootes finden wir das kleine Sternbild Krone = Corona (April bis November). Seiner Form wegen ist es eines der auffälligsten Sternbilder des nördlichen Himmels, und doch ist keiner seiner Sterne, mit Ausnahme des Hauptsternes, der von Größe 2 ist, heller als 4. Größe. Es ist nicht schwer, sich in diesem Halbkreis von Sternen eine Krone vorzustellen. Der hellste Stern nimmt die Stelle des wertvollsten Edelsteins in der Krone ein, darum heißt er auch Gemma = Edelstein.

Herkules

Auf halbem Wege zwischen der Krone und der blau-weißen Wega, dem Hauptstern der Leier, finden wir ein kleines Viereck von Sternen, das zum Herkules gehört (Mai bis November). Der Herkules ist ein ausgedehntes Sternbild, das nicht ganz leicht zu finden ist, da es aus wenig auffallenden Sternen besteht.

Auf der Linie von η (eta) nach ζ (zeta) finden wir wieder einen Nebelfleck, den man an klaren, mondlosen Nächten gerade noch mit bloßem Auge sehen kann. Es ist M 13, der Kugelsternhaufen im Herkules, der auf der Tafel XIV abgebildet ist. Wenn man ihn im Feldstecher oder Fernrohr betrachtet, erscheint er wie eine riesige Kugel, die mit Tausenden von Sternen angefüllt ist. An anderen Stellen des Himmels finden wir ähnliche Ansammlungen von Sternen, die unter dem Namen Kugelsternhaufen zusammengefaßt werden. Sie umgeben unser Milchstraßensystem auf allen Seiten. Sie sind deshalb weiter von uns entfernt als die offenen Sternhaufen. M 13 besteht aus etwa 30 000 Sternen; seine Entfernung von der Erde beträgt 36 000 Lichtjahre. Der M 13-Kugelsternhaufen ist eins der schönsten Objekte seiner Art und es ist wirklich der Mühe wert, ihn aufzusuchen und im Fernrohr oder Feldstecher zu betrachten.

Schlange und Schlangenträger

Unterhalb des Herkules finden wir zwei Sternbilder, die ineinander verschlungen sind. Es sind dies Schlange (Serpens) und Schlangenträger (Ophiuchus) (Juni bis September). Die Schlange ist übrigens das einzige Sternbild, das aus zwei nicht miteinander verbundenen Teilen besteht. Auf der westlichen Seite des Schlangenträgers finden wir den Kopf und Hals der Schlange, auf der östlichen Seite den Schwanz. Die lateinischen Namen dieser beiden Teile sind Serpens Caput und Serpens Cauda. Der hellste Stern (α Serpentis) hat den arabischen Namen Unuk al Hay, was „Hals der Schlange" bedeutet.

α (alpha) Ophiuchii trägt ebenfalls einen ungewöhnlichen Namen: Der Stern heißt Ras Alhague. Man kann dabei an einen schwarzbärtigen Despoten des Ostens denken. Der bemerkenswerteste Stern im Schlangenträger ist 70 Ophiuchii, der östlichste der drei Sterne 4. Größe, südöstlich von α (alpha).

Schon ein kleines Fernrohr zeigt uns den Stern als Doppelstern, dessen Komponenten um den gemeinsamen Massenschwerpunkt kreisen. Aus ihren Bewegungen konnte man schließen, daß noch ein dritter, kleiner Stern vorhanden sein muß, der nicht strahlt und für uns daher unsichtbar ist. Hier haben wir einen Beweis dafür, daß es im Universum auch noch andere Weltkörper gibt, die mit den Planeten unserer Sonne verglichen werden können.

Schütze und Skorpion

Südlich vom Schlangenträger finden wir zwei auffallende Sternbilder, die zum Tierkreis gehören, und die eine ganze Anzahl von hellen Sternen enthalten. Es sind dies Sagittarius = der Schütze (August bis September) und Scorpius (= Skorpion) (Juni bis Juli). Da diese beiden Sternbilder stets nahe am Horizont stehen, sind sie im allgemeinen nicht besonders gut zu sehen, nur Antares (α Scorpii), ein rötlicher Riesenstern, bildet fast immer ein auffälliges Objekt am Himmel.

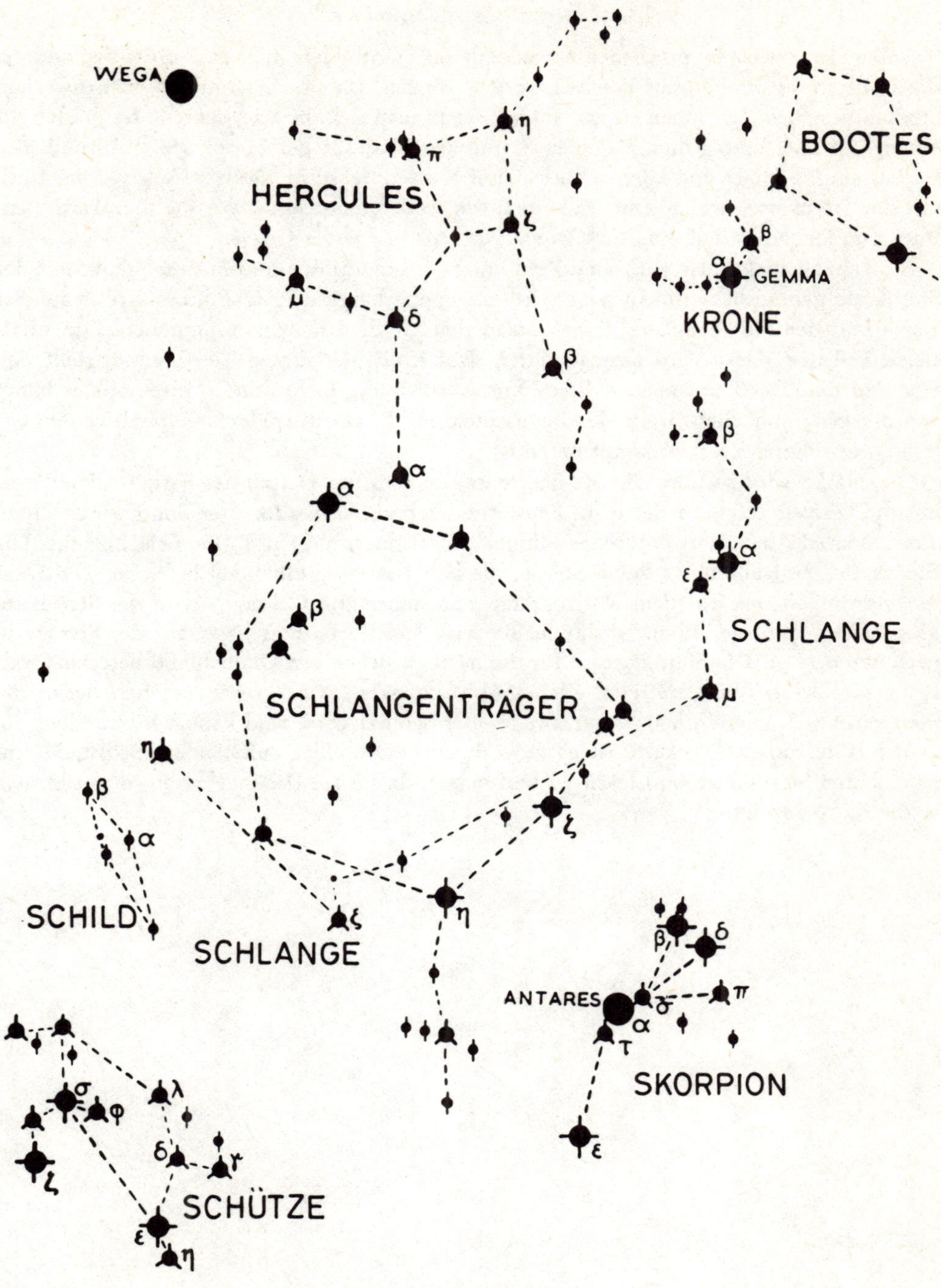

Sternkarte 8: Krone, Herkules, Schlangenträger, Schlange, Schütze und Skorpion

Die restlichen Sternbilder

Außer den bisher besprochenen auffallenderen Sternbildern gibt es noch einige andere, die von unseren Breiten aus gesehen werden können. Da sie aber nur aus lichtschwachen Sternen bestehen, kann man sie nur finden, wenn man sich die wichtigeren Sternbilder gut eingeprägt hat. Einige dieser kleinen Sternbilder sind auf der Sternkarte am Schluß des Buches eingezeichnet und können nach dieser Karte aufgesucht werden. Falls wir das Buch mit der Sternkarte nicht mit ins Freie nehmen wollen, entnehmen wir die Sternkarte dem Buch und kleben sie auf ein Stück Pappe von entsprechender Größe.

Im Anhang finden wir auch eine Zeichnung für eine Maske, die in Verbindung mit der Sternkarte gebraucht wird. Auch sie wird aus Pappe hergestellt. Die dicken Kreise auf der Karte und der Maske müssen dabei genau den gleichen Durchmesser haben. Der schattierte Teil der Maske wird ausgeschnitten. Der Kreis, der diesen Teil umgibt, stellt den Horizont dar. Der Durchmesser dieses Kreises sowie die Lage seines Mittelpunktes hängt von der geographischen Breite des Beobachters ab. In einem späteren Kapitel werden wir lernen, wie dieser Kreis zu konstruieren ist.

Die Maske wird so über die Sternkarte gelegt, daß das Datum des betreffenden Tages auf die Uhrzeit zeigt, zu der man die Sterne beobachten möchte. Der nun noch sichtbare Teil innerhalb des Horizontkreises stimmt mit dem Anblick des Himmels überein. Die Sternkarte zeigt allerdings keine Sterne, die sich tief am Südhimmel befinden. Die Himmelsrichtungen sind auf dem Horizontkreis angegeben. Im Gebrauch wird die Sternkarte so gehalten, daß die Himmelsrichtung, die vor dem Beobachter liegt, auf der Sternkarte nach unten zeigt. Die Sternkarte ist für die mittlere Breite von Deutschland berechnet, das heißt für 52° nördlicher Breite. Kleine Abweichungen, wie sie sich ergeben, wenn die Sternkarte z. B. in München (geogr. Breite 48°) benutzt wird, sind kaum festzustellen.

Mit Hilfe dieser Sternkarte ist es möglich, die Sternbilder aufzufinden. Selbst die unscheinbaren Sternbilder sind leicht zu bestimmen, da sie am Himmel genau so stehen, wie es die Karte anzeigt.

6. DAS HIMMELSGEWÖLBE STEHT NICHT STILL

Bisher haben wir von den Stellungen der Sterne und der Sonne am Himmel nur ganz allgemein gesprochen. Wenn wir die Stellung eines Sternes am Himmel genau angeben wollen, benötigen wir ein System von Koordinaten, wie wir es auf der Erde benutzen, um die Stellung eines Schiffes auf See oder einer Stadt mit Hilfe der geographischen Breite und Länge angeben zu können. Die Breite eines Orts ist sein Winkelabstand vom Äquator, in Graden ausgedrückt. Seine Länge ist der Abstand, wieder in Graden angegeben, vom Nullmeridian, auch Meridian von Greenwich genannt. Ein ähnliches System gibt uns die Stellung eines Sternes an der Himmelskugel an, von der Erde aus gesehen. Alle Abstände werden dabei in Graden (°) ausgedrückt. Die wirklichen Abstände der Sterne, angegeben in Kilometern, Lichtjahren usw. spielen hierbei keine Rolle.

Am einfachsten kann die Stellung eines Sterns am Himmel angegeben werden, wenn man sie auf den Horizont bezieht. Allerdings muß man dazu den mathematischen Horizont zu Hilfe nehmen, und nicht den natürlichen mit seinen Unregelmäßigkeiten, als da sind Häuser, Bäume, Hügel und Berge. Der mathematische Horizont besteht angenähert nur auf dem Meere, im allgemeinen ist aber der natürliche Horizont mehrere Grade über dem mathematischen.

Die Höhe des Sterns über dem Horizont kann nun in Graden angegeben werden. Diese Angabe entspricht der geographischen Breite auf der Erde. Man mißt sie entlang eines vertikalen Kreises, der durch den Zenit des Beobachters geht, aber auch durch den Stern, und schließlich den Horizont senkrecht unterhalb des Sternes schneidet.

Die andere Messung, der Azimut, entspricht der geographischen Länge auf der Erde. Der Azimut wird entlang des Horizonts gemessen, und zwar vom Südpunkt bis zum Schnittpunkt des Vertikalkreises durch den Stern mit dem Horizont. Der Südpunkt ist natürlich der Schnittpunkt des Horizontes mit dem Meridian des Beobachters. Ein Meridian geht auf der Erde durch die beiden Pole und den Ort des Beobachters, ein Himmelsmeridian ist ein Kreis, der ebenfalls durch die beiden Pole geht, aber auch durch den Zenit und nicht durch den Beobachtungsort. Beide Angaben sind aber gleichwertig. Der Himmelsmeridian schneidet den Horizont außerdem noch in den Nord- und Südpunkten.

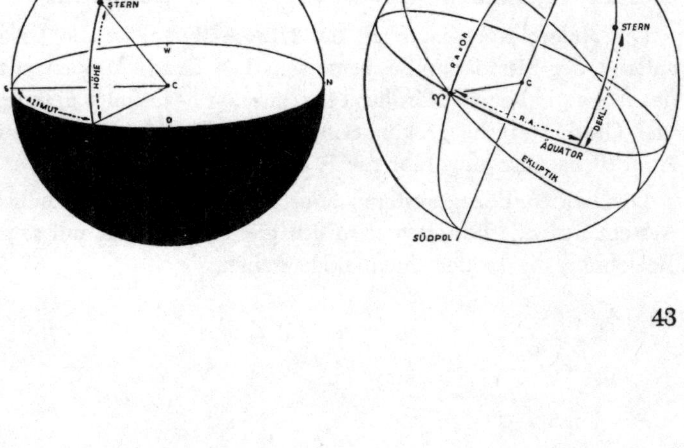

Abb. 10. Zwei in der Astronomie benutzte Koordinatensysteme

In der Astronomie wird der Azimut vom Südpunkt nach beiden Seiten nordwärts gerechnet. Den Azimut von z. B. 30° östlich vom Südpunkt schreibt man abgekürzt: S 30° O. In der Navigation wird der Azimut von 0 bis 360 Grad gerechnet, wobei man am Nordpunkt anfängt, über Ost nach Süd und West fortschreitet, bis man nach Norden zurückkommt.

So einfach und nützlich dieses Koordinatensystem auch erscheinen mag, so kann es jedoch nicht immer angewendet werden. Mit Hilfe dieses Systems kann man nämlich die Stellung eines Sterns nur für einen bestimmten Augenblick angeben. Durch die Umdrehung der Erde scheint sich für uns ja die Himmelskugel zu drehen. Jeder Stern wandert daher langsam weiter. Außerdem hängt die Stellung eines jeden Sterns noch vom Standort des Beobachters auf der Erde ab.

Wenn wir selbst eine Sternkarte herstellen wollen, müssen wir imstande sein, die Stellung eines Sternes im Vergleich mit anderen anzugeben. Zu diesem Zweck brauchen wir ein System, das sich gleichzeitig mit der Himmelskugel dreht.

Als Ausgangspunkte für dieses System können wir die beiden Himmelspole wählen. Wir müssen dann nur den Winkelabstand eines jeden Sternes von einem der Pole angeben. Um aber die Stellung des Sternes genau zu fixieren, brauchen wir noch eine andere Messung, die von einem willkürlich gewählten Kreis ausgeht, der dem Meridian von Greenwich auf der Erde entspricht.

Die Astronomen haben als diesen himmlischen Nullmeridian den Halbkreis gewählt, der von einem Pol zum anderen läuft und dabei durch den Schnittpunkt des Himmelsäquators mit der Ekliptik geht. Nun gibt es zwei solcher Schnittpunkte. Die Astronomen wählten den, an dem sich die Sonne am 21. März aufhält. Wir nennen ihn den „Frühlingspunkt“ und werden in Zukunft das Zeichen ♈ für ihn verwenden. Der Halbkreis, der von einem Himmelspol zum anderen durch diesen Punkt geht, ist also unser himmlischer Nullmeridian.

Zu einer bestimmten Stunde des Tages fällt dieser Nullmeridian mit dem Meridian des Beobachters zusammen. Da sich die Himmelskugel aber scheinbar dreht, wandert er nach Westen weiter. Nach Verlauf einer Stunde fällt ein anderer Himmelsmeridian mit dem Meridian des Beobachters zusammen. Der Abstand des neuen Meridians vom Nullmeridian, gemessen entlang des Äquators, beträgt 15 Grad. Da dieser Winkel mit dem Ablauf der Zeit verbunden ist, wird er aus Bequemlichkeitsgründen meist in Stunden und Minuten angegeben. Der Winkelabstand eines Sternes vom Frühlingspunkt bestimmt die Zeit, zu der der Stern aufgeht. Der Winkel trägt die Bezeichnung Rektaszension, abgekürzt R.A.

Der Halbkreis, der durch den Frühlingspunkt geht, hat die R.A. $0^h\,00^m$. Der Halbkreis, der eine Stunde nach dem Frühlingspunkt mit dem Beobachtermeridian übereinstimmt, hat die R.A. $1^h\,00^m$, usw. Infolge der Himmelsbewegung schreitet die R.A. entgegengesetzt dem Uhrzeigersinne weiter, das heißt von ♈ nach Osten.

Die andere Koordinate an der Himmelskugel ist die Deklination. Sie wird in Graden entlang der Stundenkreise gemessen. Die Grade können entweder nördlich oder südlich des Äquators liegen. Nördliche Deklination bezeichnet man im allgemeinen mit + soundso viel Grad, südliche Deklination — soundso viel Grad. Der Stern im rechten Teil der Abb. 10 hat also ungefähr die R.A. $3^h\,00^m$ und Dekl. +50°.

Die beiden Bezugssysteme (eins können wir das himmlische, das andere das irdische System nennen) bestehen natürlich gleichzeitig. Wir müssen nun untersuchen, in welcher Beziehung die beiden zueinander stehen.

Abb. 11. Das Verhältnis zwischen geographischer Breite und der Höhe des Himmelspols

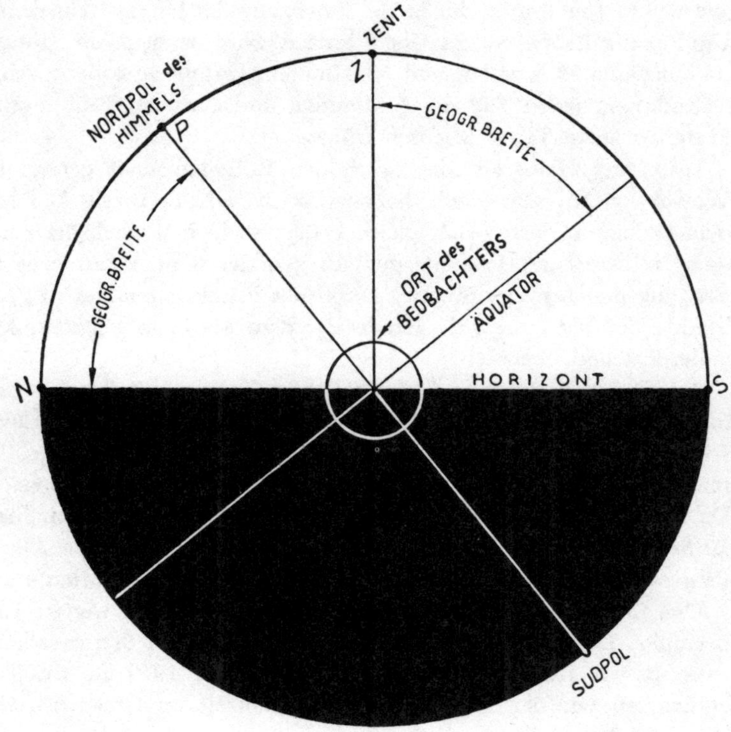

Denken wir uns an den Nordpol versetzt. Senkrecht über uns steht der Himmelspol. Nordpol und Zenit sind für uns dann derselbe Punkt am Himmel. Der Himmelsäquator stimmt dann auch mit unserem Horizont überein. Die Höhe eines Sternes oder der Sonne über dem Horizont ist gleich der Deklination. Wenn wir uns nun nach Süden zu bewegen, steigt der Himmelsäquator im Süden über den Horizont hinauf, der Himmelspol nähert sich dem Horizont im Norden.

Schließlich erreichen wir den Erdäquator. Nun liegt ein Punkt des Himmelsäquators im Zenit, die beiden Himmelspole dagegen liegen genau auf dem Horizont.

Die Stellung der Himmelspole und des Äquators hängt also von unserem Standpunkt auf der Erde ab, genauer gesagt, von der geographischen Breite unseres Beobachtungsortes. Wenn wir die Abb. 11 betrachten, werden wir leicht feststellen: Die Höhe des Himmelspols über dem Horizont ist immer gleich unserer geographischen Breite. Der gleiche Winkel erscheint auch wieder als der Abstand des Himmelsäquators vom Zenit, gemessen entlang des Meridians. Die Höhe des Äquators, gemessen im Meridian, wie auch der Abstand des Pols vom Zenit, ist immer gleich 90° minus der geographischen Breite.

Solange der Beobachtungsort auf der Erdoberfläche derselbe ist, bleibt auch ein gegebenes Verhältnis zwischen diesen beiden Systemen bestehen. Zwei Dinge haben wir aber hierbei noch nicht berücksichtigt; die tägliche Umdrehung der Himmelskugel, sowie die geographische Länge des Beobachtungsortes. Zuvor müssen wir noch etwas über zwei weitere Größen erfahren. Es sind dies Stundenwinkel und Sternzeit.

Wenn der Frühlingspunkt durch den Meridian des Beobachters geht, haben wir 0 Uhr Sternzeit. Wie die uns geläufige bürgerliche Zeit schreitet auch die Sternzeit weiter, und zwar jeweils um eine Stunde für je 15° Bewegung der Himmelskugel. Nach einer vollständigen Umdrehung haben wir 24 Uhr Sternzeit. Nun benötigt die Himmelskugel für eine Umdrehung nur 23 Stunden und 56 Minuten. Darum verschiebt sich der Beginn der Sternzeitrechnung jeden Tag um 4 Minuten, und auch der Frühlingspunkt überschreitet den Meridian jeden Tag 4 Minuten früher.

Wenn der Halbkreis, der durch den Frühlingspunkt geht, mit dem Meridian einen Winkel von 15° einschließt, haben wir 1.00 Uhr Sternzeit. Der Meridian liegt dabei auf dem Halbkreis, dessen R.A. gleich $1^h\,00^m$ ist. Den Winkel, der am Pol vom Meridian und dem Halbkreis des Frühlingspunktes gebildet wird, nennt man den Stundenwinkel des Frühlingspunktes. Der Stundenwinkel des Frühlingspunktes (♈) ist also immer gleich der Stunde der R.A., die sich gerade auf dem Meridian befindet. Man nennt diesen Wert außerdem noch Sternzeit.

Am Schluß des Buches finden wir eine Tabelle mit der Überschrift: „Sonnenlauf und Sternzeit im mittleren Greenwich-Mittag". Aus dieser Tabelle können wir den Stundenwinkel von ♈ am Mittag für jeden Tag des Jahres entnehmen. Für andere Tageszeiten müssen wir dazu noch die Anzahl der Stunden addieren, die seit Mittag verflossen sind. Da die Sternzeit jeden Tag vier Minuten vorgeht, addieren wir für jede volle Stunde noch 10 Sekunden hinzu, für jede sechs Minuten noch 1 Sekunde. Die Verbesserung wird vor dem Addieren erst in Minuten und Dezimalteilen einer Minute ausgedrückt.

Die Tabelle gibt die Werte allerdings nur für jeden vierten Tag. Für die dazwischenliegenden Daten sind 3,9 Minuten für jeden Tag zur Sternzeit hinzuzuzählen.

Wenn wir also die Sternzeit am 21. Oktober 1960 um 21.00 Uhr berechnen wollen, entnehmen wir der Tabelle, daß die Sternzeit im Greenwich-Mittag $13^h\,59{,}6^m$ betrug. Wir schreiben daher:

	h	min
Sternzeit im Mittag	13	59,6
Stunden verflossen	9	00
Berichtigung		1,5
Sternzeit um 21.00 Uhr	23	1,1

Wir wissen also damit, daß an diesem Tage um 21.00 Uhr der Halbkreis, dessen R.A. $23^h\,1{,}1^m$ ist, mit dem Meridian von Greenwich zusammenfällt. Aus einem Sternatlas oder aus der Sternkarte am Ende des Buches können wir ersehen, welche Sterne zu dieser Zeit im Süden sichtbar sind. Der Stundenwinkel des Frühlingspunktes (für den Nullmeridian) ist natürlich auch $23^h\,1{,}1^m$.

Der Stundenwinkel eines jeden Sternes hängt ebenfalls von der Sternzeit ab. Ein Stern, dessen R.A. $5^h\,00^m$ beträgt, wird den Meridian in etwas weniger als fünf Stunden nach dem Frühlingspunkt überschreiten. Sein Stundenwinkel ist immer genau 5 Stunden kleiner als der des Frühlingspunktes.

Wenn der Stundenwinkel (abgekürzt: S.W.) von ♈ kleiner ist als die R.A. des Sternes, addiert man zunächst 24 Stunden zum S.W., bevor die R.A. abgezogen wird.

In unserer Tabelle ist die Sternzeit für den Meridian von Greenwich angegeben. Sie trifft nur auf diesen Meridian zu. Unsere angegebenen Berechnungen gelten also nur für Orte, die auf dem Nullmeridian liegen. Für Beobachter westlich oder östlich vom Nullmeridian sind die S.W. vom Frühlingspunkt und Stern, wie auch die Sternzeit, entweder kleiner oder größer, und zwar für jeden Längengrad um 4 Minuten.

Abb. 12. Das Verhältnis zwischen geographischer Länge und dem Stundenwinkel

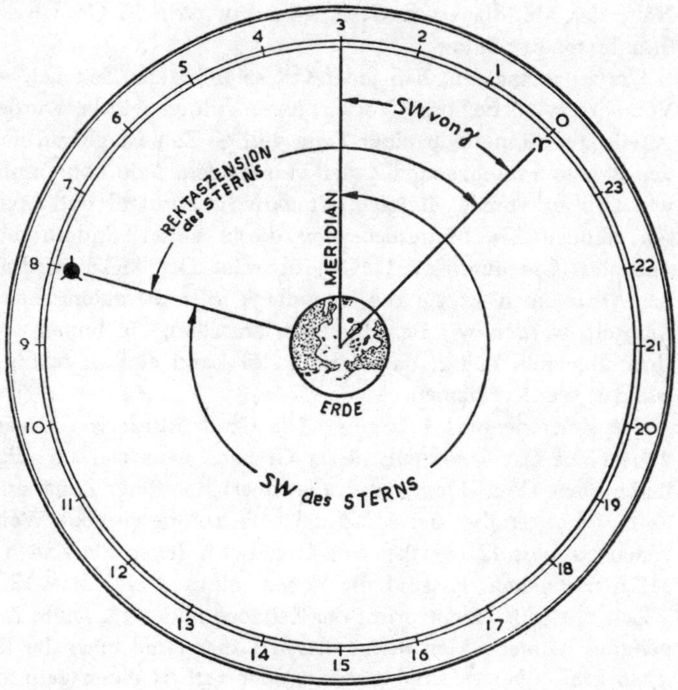

Der Meridian, der in Abb. 12 eingezeichnet ist, soll wieder den Nullmeridian darstellen. Die Sternzeit für diesen ist 3.00 Uhr. Ein Stern, dessen R.A. $8^h\,00^m$ beträgt, hat also den Stundenwinkel $19^h\,00^m$ ($3^h\,00^m$ plus $24^h\,00^m = 27^h\,00^m$ minus $8^h\,00^m = 19^h\,00^m$).

Für einen Ort 45° westlich von Greenwich liegt der Frühlingspunkt zu dieser Zeit genau auf dem Meridian des Beobachters. Da jede Stunde in R.A. einem Winkel von 15° entspricht, sind die Stundenwinkel vom Frühlingspunkt und Stern für diesen Beobachter um genau 3 Stunden kleiner als für den Beobachter in Greenwich. Sternzeit und Stundenwinkel von ♈ sind daher $00^h\,00^m$; der Stundenwinkel des Sterns beträgt $16^h\,00^m$. Für Orte östlich von Greenwich muß die geographische Länge, nachdem sie im Zeitmaß ausgedrückt wurde, den Stundenwinkeln und der Sternzeit zugezählt werden.

Nach diesen Betrachtungen sind wir nun imstande, den Stundenwinkel eines Sternes zu jeder Zeit und für jeden Ort zu berechnen. Hier ein Beispiel für eine solche Berechnung:

Greenwich Sternzeit:	$03^h\,00^m$	
(plus $24^h\,00^m$)	24 00	
	27 00	
minus R.A. des Sterns	08 00	
Greenwich S.W. des Sterns	19 00	
minus westl. Länge	03 00	(oder plus östl. Länge)
Stundenwinkel des Sterns	$16^h\,00^m$	

Da wir als Mittag die Zeit bezeichnen, zu der die Sonne im Süden steht, geht schon aus dem vorhergehenden hervor, daß für einen Ort in Deutschland, der 15 Grad östlich von Greenwich liegt, Mittag eine Stunde eher eintritt als für die Bewohner eines Orts in der

Nähe des Meridians von Greenwich. Für Orte 15 Grad westlich von Greenwich ist eine Stunde später Mittag.

Um zu vermeiden, daß jeder Ort seine eigene Zeit hat, was in unserem Zeitalter des Verkehrs ja zu heillosen Verwirrungen führen würde, wurde die Erde in 24 Zonen eingeteilt. Jede innerhalb einer Zone gültige Zeit ist genau eine Stunde von den Zeiten in den beiden angrenzenden Zonen verschieden. Jede Zone umfaßt 15 Längengrade, Länder wie Großbritannien, Belgien, Frankreich, Portugal und Spanien liegen in der Zeitzone plus minus 0. Die bürgerliche Zeit, die in diesen Ländern gebräuchlich ist, stimmt mit der mittleren Greenwichzeit (MGZ) überein. Die MGZ wird auch Weltzeit genannt. Für die Astronomen ist sie die Grundlage aller astronomischen Berechnungen. In späteren Kapiteln werden wir Berechnungen anstellen, die immer auf der Weltzeit beruhen. Sie sind allgemein gültig, da sie für jedes Land einfach in die dort gültige Ortszeit umgewandelt werden können.

Die Zeitzone plus 1 beginnt 7½ Grad östlich von Greenwich und erstreckt sich bis 22½ Grad Ost. Innerhalb dieser Grenzen benutzen im allgemeinen alle Länder, unter ihnen auch Deutschland, und alle innerhalb dieser Zone auf See befindlichen Schiffe eine Zeit, die gegenüber der MGZ um eine Stunde vorgeht. Weiter östlich finden wir die Zeitzonen bis plus 12, westlich von Greenwich liegen die Zonen, deren Zeiten gegenüber der MGZ nachgehen. Es sind die Zonen minus 1 bis minus 12.

Zeitzone plus 12 entspricht der Zeitzone minus 12. Diese Zone wird durch den 180. Längengrad halbiert. Man nennt diesen Längengrad auch die Datumslinie. Jedes Schiff, das diese Linie überschreitet, gewinnt oder verliert einen ganzen Tag, je nach der Richtung, in der es fährt. Die Tageszeit ist innerhalb dieser Zone gleich. Nehmen wir z. B. 03.00 Uhr an. Da die mittlere Greenwichzeit von dieser um 12 Stunden verschieden ist, ergibt sich auf dem Nullmeridian in diesem Augenblick 15.00 Uhr. Nehmen wir an, wir hätten als Datum den 12. März. Wir können nun nach Westen durch alle „Minus"-Zonen gehen, bis wir zur Zone 12 kommen. Als Datum haben wir hier ebenfalls den 12. März und als Zeit 03.00 Uhr. Gehen wir aber von Greenwich nach Osten, also durch alle „Plus"-Zonen, so werden wir schließlich zur Zone plus 9 kommen. Hier ist es nun schon Mitternacht des 12. März. Die restlichen Zonen, einschließlich der westlichen Hälfte von Zone 12, haben als Datum schon den 13. März. Obwohl es in der ganzen Zone 3 Uhr morgens ist, hat doch die östliche Hälfte das Datum 12. März, die westliche Hälfte das Datum 13. März.

Überschreiten wir diese Datumslinie, müssen wir entweder einen Tag zu dem bisher gebrauchten Datum addieren oder einen Tag abziehen. Dabei darf man nicht vergessen, auch den Wochentag entsprechend zu ändern.

Wie man durch die Datumslinie einen Tag gewinnen kann, ergibt sich aus einer lustigen Geschichte: Ein Missionar, der in der Gegend der Datumslinie lebte, soll diese Datumslinie

---

TAFEL V

Rückseite eines Astrolabium des 16. Jahrhunderts. Mit Hilfe der Skalen am Rande läßt sich die Stellung der Sonne am Himmel für jeden Tag des Jahres feststellen. Die obere Hälfte des inneren Teils ist eine Sonnenuhr, und die Skalen im unteren Teil werden benutzt, um die Höhe von Türmen oder Bergen zu messen. Mit Hilfe der „Libelle" und ihrer Zielvorrichtung kann man die Höhe eines Sternes über dem Horizont bestimmen.

Horæ æquales
Horæ post meridiem
Horæ ortus Solis
Horæ occasus Solis
HORÆ INÆQUALES
VMBRA VERSA
VMBRA VERSA
VMBRA RECTA
Iunius
Iulius
Maius
Aprilis
Martius
Februarius
Ianuarius
December
Nouember
October
September
CANCER
GEMINI
TAVRVS
ARIES
PISCES
CAPRICORNVS
SAGITTARIVS
SCORPIVS
LIBRA
VIRGO

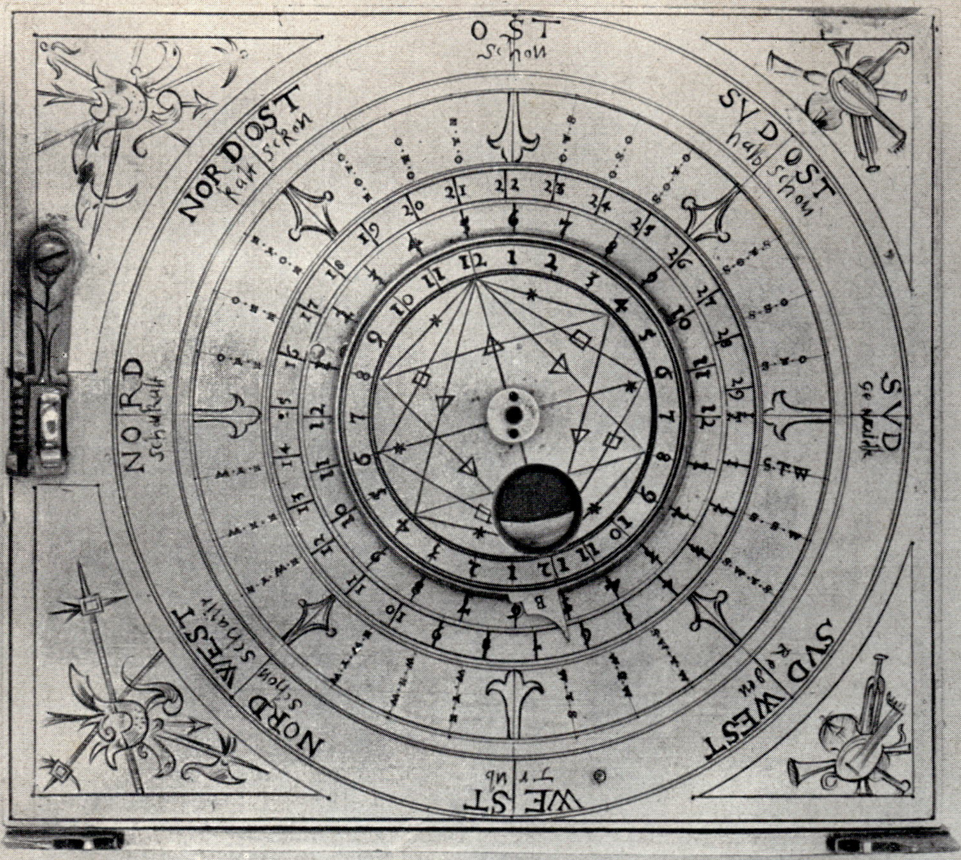
OST
NORDOST
SVDOST
NORD
SVD
NORDWEST
SVDWEST
WEST

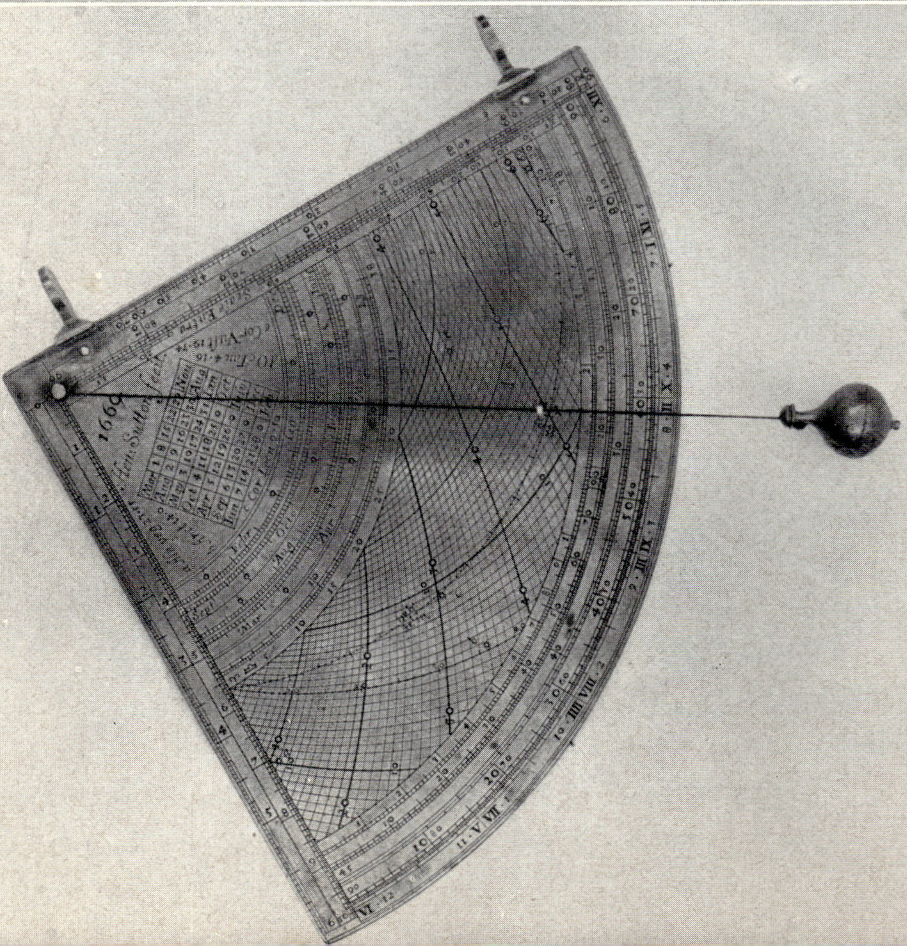

Abb. 13. Die geographische Länge und die Zeit. Der innere Kreis gibt die geogr. Länge östlich und westlich von Greenwich an, und im zweiten Kreis finden wir die Grenzen der Zeitzonen. Wenn diese beiden Kreise, zusammen mit der Karte in der Mitte so gedreht werden, daß der Meridian von Greenwich auf dem äußeren Kreis die augenblickliche Zeit anzeigt, dann kann man am Ende eines jeden Meridians die betreffende Zonenzeit direkt ablesen.

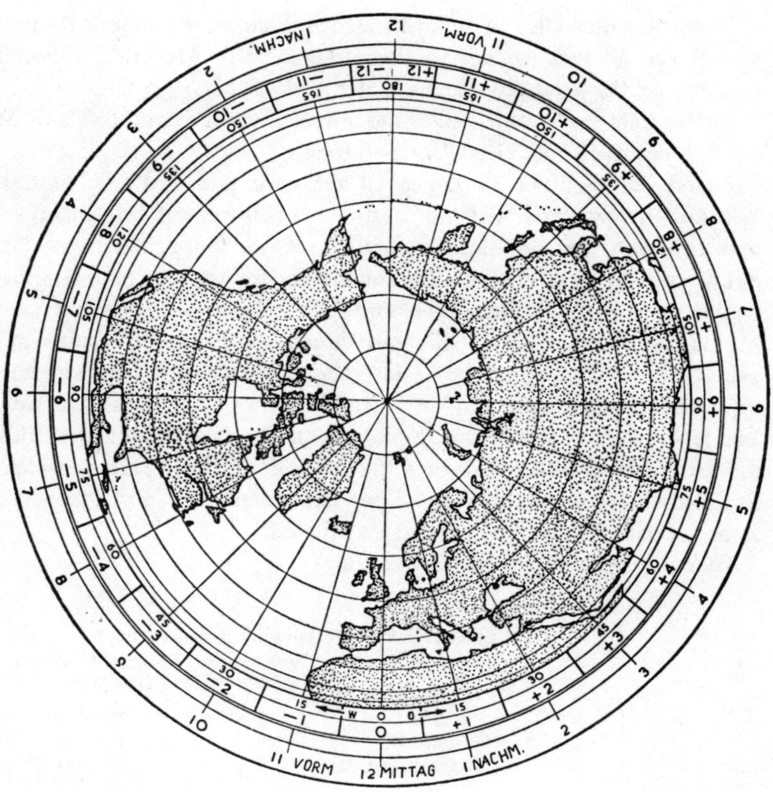

jede Woche zweimal überschritten haben. So gelang es ihm, im Jahr 104 Sonntage zu haben, während sein Nachbar, ein gerissener Händler, dasselbe in umgekehrter Richtung tat, mit dem Ergebnis, daß er überhaupt keine Sonntage hatte.

Die Zonenzeit kann bis zu einer halben Stunde von der wahren Sonnenzeit abweichen, gemäß dem Stundenwinkel der Sonne, wenn der Beobachter sich in der Nähe der Grenzen seiner Zone befindet. Wird die Zeit mit Hilfe einer Sonnenuhr oder nach den Sternen bestimmt, erhält man die mittlere Ortszeit. Sie ist von der Zonenzeit verschieden, und zwar um 4 Minuten für jeden Längengrad östlich oder westlich vom Zentralmeridian der Zone. Außerdem ist sie ebenfalls um 4 Minuten für jeden Längengrad von der Greenwichzeit verschieden, wenn geographische Länge und Zeit nur auf den Nullmeridian bezogen werden.

TAFEL VI

a) Deutsche Volvelle des Jahres 1613. Durch die Einstellung der drehbaren Scheibe zeigt das Instrument das Alter und die Phase des Mondes an.

---

b) Quadrant aus Henry Suttons Werkstatt (1696), mit der Projektion eines Teils der Himmelskugel, die es ermöglicht, das Instrument auch als Sonnen- oder Sternuhr zu benutzen. Auf ihm findet man, außer einer Anzahl von anderen Tabellen, auch einen immerwährenden Kalender.

Wenn wir dies alles in Betracht ziehen, können wir unsere Rechnung für den Stundenwinkel des Sternes wieder niederschreiben. Die Art und Weise, in der wir dies jetzt machen, ist für jeden Standort auf der Erde gültig.

Als Beispiel wollen wir den Stundenwinkel von Procyon (α Canis Minoris) für New York am 9. März 1958 um 21.30 Uhr berechnen.

Zuerst schreiben wir die Zonenzeit auf, dann addieren oder subtrahieren wir die Zonenzeitdifferenz, wodurch sich die mittlere Greenwichzeit (MGZ) ergibt. Damit kennen wir den Zeitraum, der seit dem letzten Greenwich-Mittag verflossen ist. Wir müssen diesen Zeitraum nun in Sternzeit umwandeln, indem wir für jede Stunde 10 Sekunden dazuzählen, für je 6 Minuten 1 Sekunde. Zu dem Ergebnis addieren wir die Sternzeit im Mittag, die wir aus der Tabelle entnehmen. Als Ergebnis erhalten wir Greenwicher Sternzeit (GSZ). Wir verwandeln sie in örtliche Sternzeit, indem wir die geographische Länge im Zeitmaß ausdrücken (15° = 1 Stunde, 1° = 4 Minuten). Da New York auf westlicher Länge liegt, ziehen wir das Ergebnis von der GSZ ab. (Für östliche Längengrade wird die geographische Länge dazugezählt.) Da die örtliche Sternzeit gleichbedeutend mit dem Stundenwinkel des Frühlingspunktes ist, müssen wir nur noch die R.A. des Sternes abziehen, um seinen Stundenwinkel zu erhalten.

Hier das Beispiel für die Berechnung:

Zu bestimmen:	Stundenwinkel von Procyon
Ort:	New York (geogr. Länge 74° West)
Zeit:	9. März 1976 21.30 Zonenzeit

		Std.	Min.
Zonenzeit:		21	30
Zonendifferenz:		5	00
		26	30
	minus	24	00
mittlere Greenwichzeit:		2	30

		Std.	Min.
Stunden seit Mittag:		14	30,0
Berichtigung für Sternzeit:			2,5
Sternstunden seit Mittag:		14	32,5
Sternzeit im Mittag:		23	5,5
		37	38,0
	minus	24	00,0
Greenwich-Sternzeit		13	38,0
74° westl. Länge:	minus	4	56,0
New York-Sternzeit:		8	42,0
Rektaszension von Procyon:		7	38,0
Stundenwinkel von Procyon:		1	4.0

In unserem Beispiel beträgt der Stundenwinkel 1 h 4,0 m. In Sternzeit gemessen, ist das die Zeit, die seit dem Meridiandurchgang des Sterns verflossen ist. Meist sind wir nur an dem Stundenwinkel interessiert. Wollen wir aber die bürgerliche Zeit wissen, die seit dem Meridiandurchgang verflossen ist, müssen wir das Ergebnis noch umrechnen. Wir ziehen dazu für jede Stunde 10 Sekunden ab, eine Sekunde für je 6 Minuten. Bevor wir die Rechnung ausführen, verwandeln wir die Sekunden in Dezimalteile einer Minute. In unserem Falle finden wir, daß der Meridiandurchgang des Sterns Procyon vor 1 Stunde und 3,83 Minuten stattfand.

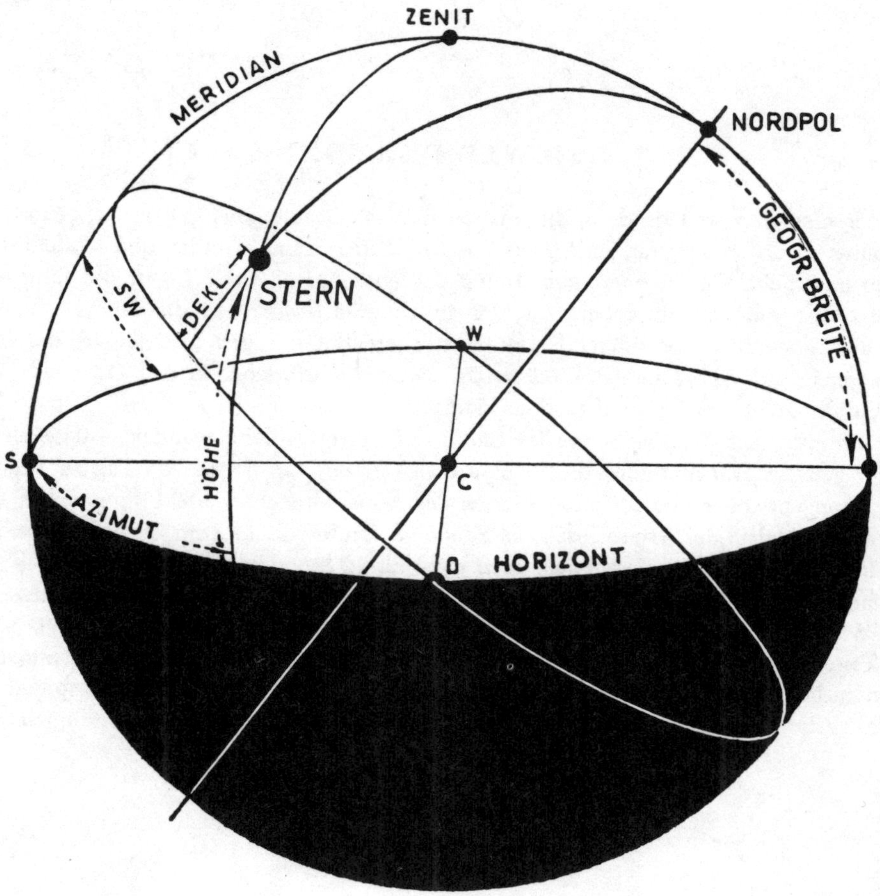

Abb. 14. Die Winkelgrößen auf der Himmelskugel

Der Stundenwinkel des Sternes kann natürlich auch in Graden angegeben werden (in unserem Falle wäre das 16°). Das ist der Winkel, den der Stundenkreis des Sterns Procyon und der Meridian von New York am Pol einschließt.

Damit haben wir alle Größen in Betracht gezogen, die das Verhältnis zwischen dem himmlischen und dem irdischen Bezugssystem bestimmen. Unsere geographische Breite legt, bezogen auf den Horizont, die Schiefe der Himmelsachse fest, ebenso die Höhe des Himmelspoles und des Äquators. Zeit und geographische Länge bestimmen zusammen mit der Jahreszeit die Stellung der Himmelskugel in bezug auf unseren Meridian, ebenso die Sternzeit und den Stundenwinkel der Sterne und des Frühlingspunkts.

Aus unserer Zeichnung (Abb. 14) können wir aber noch einen weiteren Schluß ziehen: Die Stellung des Beobachters auf der Erde findet ihr Spiegelbild auf der Himmelskugel im Zenitpunkt. Für alle Berechnungen und Zeichnungen brauchen wir eigentlich nur diesen einen Punkt zu betrachten. Wir können also die Tatsache vernachlässigen, daß die Erde, genaugenommen, im Zentrum der Himmelskugel durch eine winzig kleine Kugel dargestellt werden müßte. Diese Vereinfachung wird uns später sehr zunutze kommen.

7. DER WEG DER SONNE

Zu den elementaren Tatsachen, die uns schon in der Schule gelehrt wurden, gehört, daß die Sonne im Osten aufgeht, im Süden ihren höchsten Stand erreicht, und schließlich im Westen untergeht. Genaugenommen stimmt das aber nur an zwei Tagen des Jahres; am 21. März und am 23. September. An keinem anderen Tage geht die Sonne genau im Osten auf oder im Westen unter. An den beiden genannten Tagen befindet sich die Sonne jedoch genau auf dem Himmelsäquator. Da dieser den Horizont in den Ost- und Westpunkten schneidet, geht auch die Sonne dort auf und unter.

Die Ekliptik, auf der die Sonne im Laufe des Jahres entlang wandert, ist gegen den Äquator geneigt. Darum ändert sich auch die Deklination der Sonne von Tag zu Tag. Die Sonne kann entweder nördlich oder südlich des Äquators stehen. Steht sie nördlich, liegt mehr als die Hälfte des Kreises, den die Sonne im Laufe von 24 Stunden beschreibt, über dem Horizont. Wir haben demgemäß auch mehr als 12 Stunden Tag. In diesem Falle geht die Sonne in Richtung nach Nordosten zu auf. Der Untergangspunkt liegt im Nordwesten.

Im Winter ist es umgekehrt. Die Deklination der Sonne ist dann südlich. Wir haben kurze Tage, aber lange Nächte. Die Auf- und Untergangspunkte liegen mehr nach Süden zu.

Man rechnet die Bewegung der Sonne entlang der Ekliptik vom Frühlingspunkt aus. In ihm ist die R.A. der Sonne gleich 0 h 00 m. Die Deklination der Sonne beträgt hier 0°.

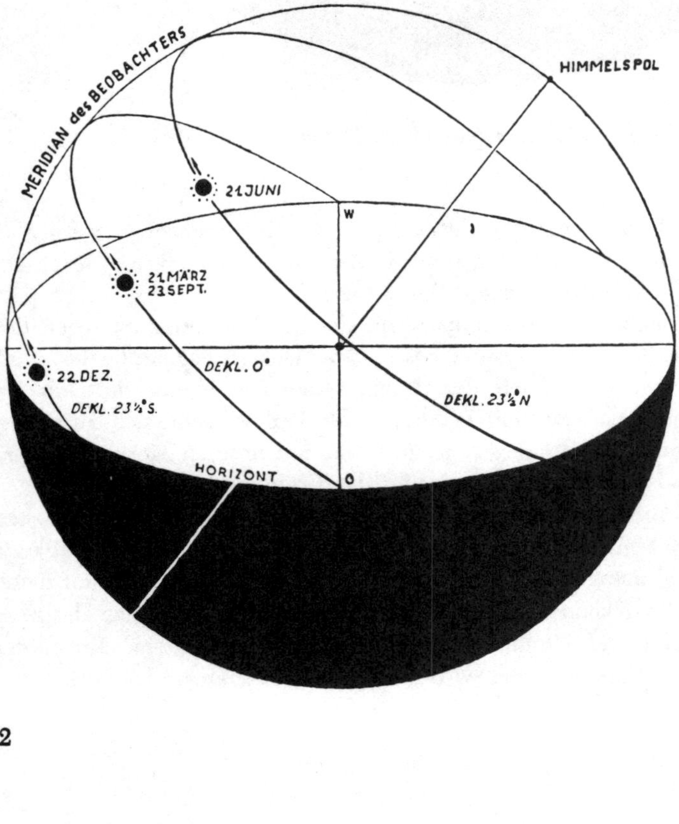

Abb. 15. Der tägliche Weg der Sonne

Der Beginn des Sonnenlaufes fällt, wie wir schon gesehen haben, im allgemeinen auf den 21. März. Von diesem Tage an wächst die R.A. der Sonne jeden Tag um ungefähr 4 Minuten. Die Deklination wächst ebenfalls, in nördlicher Richtung. Den höchsten Punkt der Ekliptik, 23 1/2° nördlich des Äquators, erreicht die Sonne am 21. Juni; ihre R.A. ist dann 6 h 00 m. Anschließend bewegt sich die Sonne langsam wieder nach Süden zu; sie überschreitet den Äquator zum zweiten Male am 23. September, am 22. Dezember steht sie 23 1/2° südlich des Äquators. Von da an wandert sie wieder nordwärts und kehrt am 21. März zum Äquator zurück.

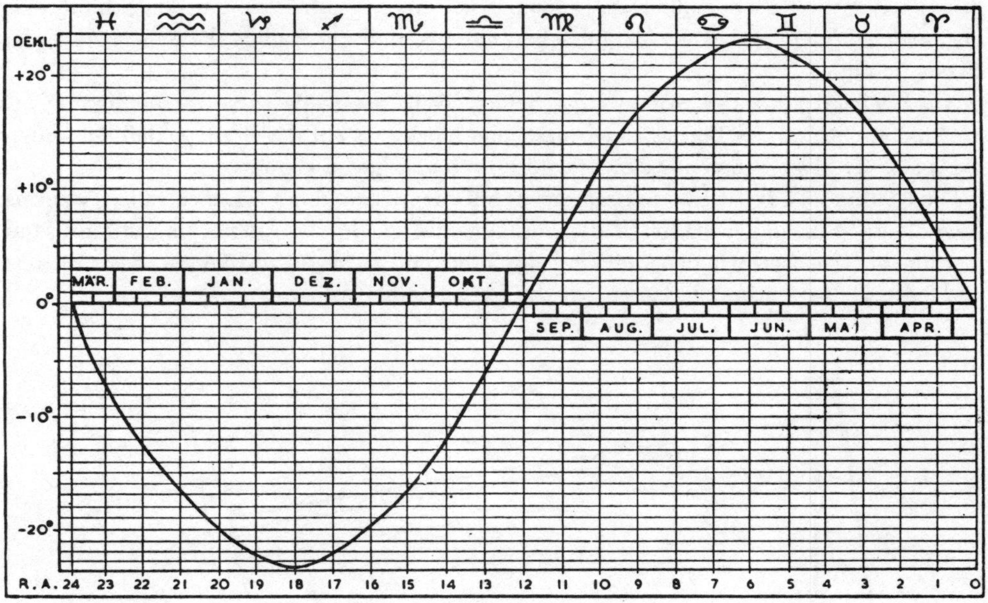

Abb. 16. Die Koordinaten der Ekliptik

Da die Sonne als einziger Himmelskörper während des Tages sichtbar ist, ist jede Änderung ihrer Deklination für die Navigation von großer Wichtigkeit. Das ist der Grund, warum äußerst genaue Berechnungen der Deklination der Sonne für jeden Tag des Jahres ausführlich in allen nautischen Tabellen enthalten sind.

Unser Quadrant

Schon vor 2000 Jahren hatten die Seefahrer keine Schwierigkeiten, ihre geographische Breite auf Grund des jeweiligen Sonnenstandes zu bestimmen; aber ohne genau gehende Uhren, die es selbst vor 200 Jahren noch nicht gab, war eine genaue Längenbestimmung unmöglich. Die geographische Länge kann ja nur durch einen Vergleich der Ortszeit mit der Zeit eines Standardmeridians, z. B. der mittleren Greenwichzeit, gefunden werden.

Um die geographische Breite unseres Beobachtungsorts festzustellen, müssen wir die Höhe der Sonne oder eines Sternes über dem Horizont messen. Da derartige Höhenmessungen für die Lösung vieler nautischer und astronomischer Probleme nötig sind, wollen wir uns nun zunächst mit einem Instrument ausrüsten, mit dem wir solche Messungen vornehmen können.

Die Seefahrer des Altertums waren zufrieden, wenn sie die geographische Breite ihres Schiffsorts bis auf zehn oder zwanzig Meilen genau feststellen konnten. Es wird dem Leser nach einiger Übung ohne weiteres gelingen, mit unserem selbstgebauten einfachen Instrument wesentlich bessere Ergebnisse zu erzielen.

Alles, was wir dazu benötigen ist ein Holzbrett, 30 cm im Quadrat, etwa 2 bis 3 cm dick. Das Brett sollte glatt gehobelt sein. Wir verwenden am besten ein Stück Sperrholz, da es völlig eben ist. Eine Seite des Brettes muß ganz gerade sein. Parallel zu dieser Seite ziehen wir auf dem Brett eine Linie, ungefähr $2^1/_2$ cm von der Kante entfernt. Ebenfalls $2^1/_2$ cm von einer der anliegenden Seiten ziehen wir eine zweite Linie, die auf der ersten Linie genau senkrecht stehen muß. Dann schlagen wir einen Viertelkreis um den Schnittpunkt der beiden Linien, wobei wir darauf sehen müssen, daß der Radius dieses Kreises genau 25 cm beträgt.

Anschließend schneiden wir uns die beiden Teile der Skala für den Quadranten aus (sie sind am Schluß des Buches abgedruckt) und leimen sie auf das Brett, so daß der äußere Kreis auf der Skala genau auf den Kreis des Bretts zu liegen kommt.

Die 0°- und 90°-Teilstriche müssen genau auf die beiden geraden Linien fallen, wodurch auch die 45°-Striche der beiden Skalen zusammenfallen. Bei der Anfertigung unseres Meßinstruments streichen wir den Leim auf das Brett und nicht auf das Papier, das sich sonst leicht streckt. Zum Schutz lackieren wir das Ganze noch.

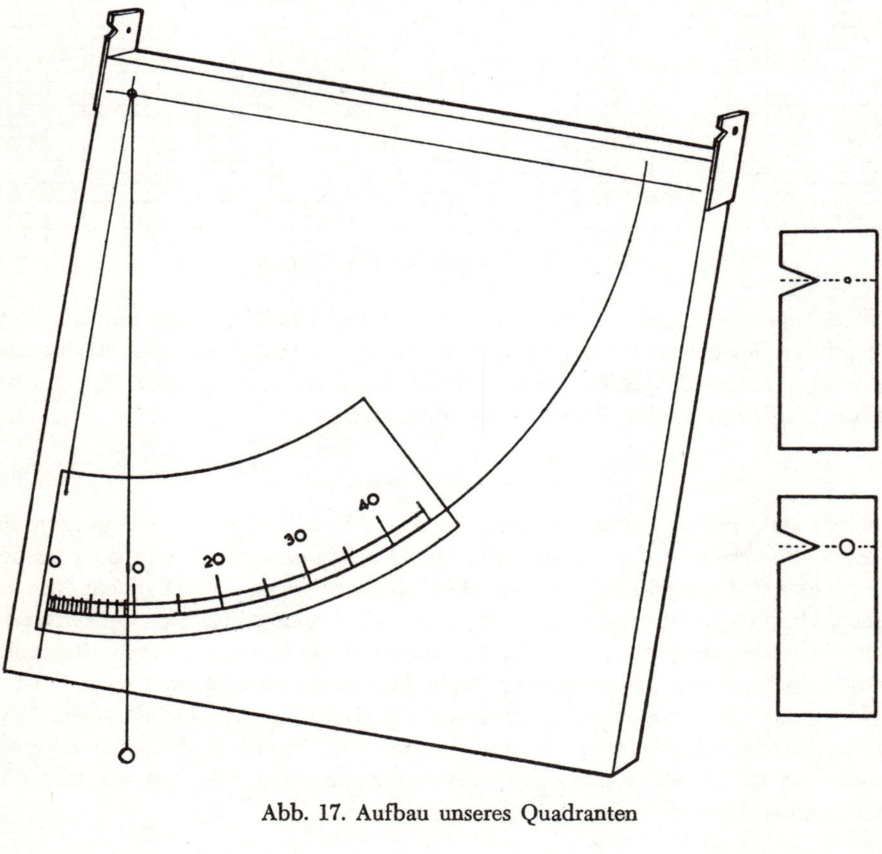

Abb. 17. Aufbau unseres Quadranten

Am Schnittpunkt der beiden geraden Linien schlagen wir eine dünne Nadel in das Holz, an der wir einen Zwirnsfaden mit einem kleinen Bleigewicht anbinden.

Zum Schluß bringen wir noch den Sucher an. Seine beiden Teile werden aus dünnem Blech hergestellt. In das eine Blechteil bohren wir ein Loch von 2 mm Durchmesser, das Loch im anderen Teil wird nur halb so groß gemacht. Beide Teile werden nun so an dem Brett befestigt, daß die Mittelpunkte der beiden Löcher sich in genau der gleichen Entfernung von der 90°-Linie befinden. Das größere Loch wird dabei an dem rechten Winkel unseres Quadranten befestigt, das kleinere bei der 90°-Teilung.

Da es verhältnismäßig schwierig ist, schwächere Sterne durch diese Löcher hindurch anzupeilen, machen wir noch zwei V-förmige Einschnitte in die beiden Teile unseres Suchers, so daß ihre Mittellinien wieder in genau der gleichen Entfernung von der 90°-Linie liegen.

Wenn wir nun mit diesem Quadranten eine Messung anstellen wollen, peilen wir den Stern oder Planeten durch die beiden Löcher des Suchers an, wobei wir darauf achten müssen, daß der Faden mit dem Bleigewicht sich frei bewegen kann. Wenn das Gewicht aufhört hin und her zu schwingen, drücken wir den Faden vorsichtig mit dem Daumen an das Brett. Dann drehen wir den Quadranten so um, daß wir die Höhe des Sternes auf der Skala ablesen können.

Da wir die Sonne auf gleiche Weise nicht beobachten können, werden wir einen anderen Weg einschlagen. Wir halten den Quadranten so, daß ein Lichtstrahl durch das größere Loch fällt und ein kleiner Lichtkreis um das andere Loch zu sehen ist. Ohne den Quadranten neigen zu müssen, können wir nun gleich die Höhe der Sonne auf der Skala ablesen.

Unsere geographische Breite

Im letzten Kapitel erfuhren wir, daß die Höhe des Äquators, wenn er den Meridian des Beobachters schneidet, gleich 90° minus geographische Breite des Beobachtungsortes ist. Leider ist der Himmelsäquator unsichtbar, aber wenn die Deklination der Sonne oder eines Sternes bekannt ist, kann die Stellung des Äquators leicht gefunden werden. Von seiner Höhe werden wir dann unsere geographische Breite finden.

Da die Sonne mittags im Meridian steht, wird es uns nun auch klar, warum die Navigatoren die Sonnenhöhe besonders zu dieser Zeit des Tages bestimmen: Es ist die genaueste und einfachste Methode zur Bestimmung der geographischen Breite.

Unser Quadrant ist so gut, daß wir unsere geographische Breite bis auf mindestens zehn Seemeilen genau feststellen können (1 Seemeile = 1852,01 m). Wir beobachten z. B. die Sonne am 22. April und finden ihre Mittagshöhe mit 50,8°. Mit Hilfe der Tabelle der Deklination der Sonne, die am Ende des Buches abgedruckt ist, stellen wir fest, daß die Deklination an diesem Tage 12,1° betrug. Mit Hilfe dieser beiden Zahlen können wir unsere Breite berechnen:

Beobachtete Sonnenhöhe:		50,8°
abgezogen von 90°		90,0°
Zenit-Abstand		39,2°
Deklination der Sonne	plus	12,1°
geographische Breite:		51,3°

Wenn wir unsere Beobachtungen mit dem Quadranten sorgfältig ausführen, können wir sogar eine Genauigkeit von einem Zehntelgrad erwarten. Da jeder Breitengrad 60 Seemeilen umfaßt, werden unsere Messungen um nicht mehr als 6 Seemeilen ungenau sein — obwohl wir verschiedene Dinge nicht beachten, die von den Navigatoren der Schiffe berücksichtigt werden, um eine größtmögliche Genauigkeit zu erzielen.

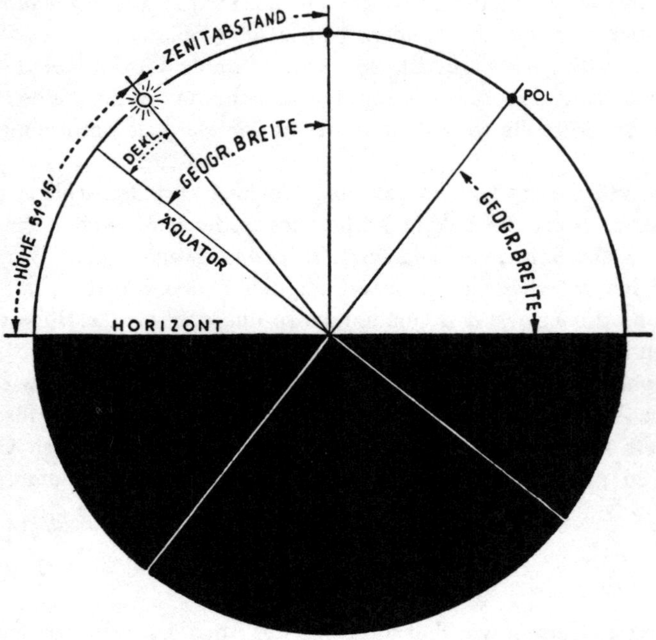

Abb. 18. Verhältnis zwischen geogr. Breite, Deklination und Höhe der Sonne

8. DIE ZEIT — UND WAS MIT IHR ZUSAMMENHÄNGT

Unsere Zeiteinteilung erscheint uns im allgemeinen als eine sehr einfache Angelegenheit, aber wir haben nun schon gesehen, daß vielerlei Probleme mit der Zeit zusammenhängen. Wir kennen den Unterschied von Sternzeit und unserer üblichen bürgerlichen Zeit, aber es überrascht, daß unsere bürgerliche Zeit wenig mit der Sonne zu tun hat, es sei denn, daß sie im großen und ganzen sich doch an den Sonnenlauf hält.

Auf ihrem Weg entlang der Ekliptik schreitet die Sonne nämlich nicht gleichmäßig fort. Sie bewegt sich im Winter etwas schneller und im Sommer etwas langsamer weiter.

Dieses seltsame Verhalten der Sonne ist auf die wirkliche Bewegung der Erde zurückzuführen, die sich nicht in einem Kreis, sondern auf einer elliptischen Bahn um die Sonne bewegt. Steht die Erde in Sonnennähe, läuft sie etwas schneller. Dies ist im Winter der Fall. Im Sommer ist die Erde weiter von der Sonne entfernt. Sie schreitet darum auch langsamer auf ihrer Bahn fort. Diese Unregelmäßigkeit ist die Ursache, daß eine nach dem Lauf der Erde gehende Sonnenuhr, wenn wir sie mit einer unserer gleichmäßig gehenden Werkuhren vergleichen, zu gewissen Zeiten vorgeht, zu anderen Zeiten nachgeht.

Ein anderer Grund für diese Unregelmäßigkeiten ist die Tatsache, daß die Sonne auf der Ekliptik entlangwandert. In den Monaten Juni und Dezember, wenn die Sonne sich im höchsten oder im tiefsten Teil der Ekliptik befindet, braucht sie nur 27° auf der Ekliptik zurücklegen, um eine um zwei Stunden größere Rektaszension zu erreichen. Im März und September jedoch muß die Sonne 33° zurücklegen, um, bezogen auf die Teilungen des Himmelsäquators, einen ähnlichen Fortschritt zu machen.

Um zu einer geregelten und immer gleichen Zeiteinteilung zu kommen, hat man sich entschlossen, unsere Uhren nicht nach dem genauen Lauf der Sonne zu regeln, sondern nach der „mittleren Sonne". Diese gedachte Sonne bewegt sich mit gleichmäßiger Geschwindigkeit entlang des Äquators weiter, im Gegensatz zur wahren Sonne, die sich mit ungleichmäßiger Geschwindigkeit entlang der Ekliptik bewegt.

Der Unterschied zwischen wahrer Sonnenzeit und mittlerer Zeit wird Zeitgleichung genannt. In ihrem Maximum, Anfang November, beträgt sie 16 Minuten. Zu dieser Zeit des Jahres gehen also alle Sonnenuhren 16 Minuten gegenüber unserer üblichen Uhrzeit vor. Das Minimum trifft Mitte Februar ein. Alle Sonnenuhren gehen dann 14 Minuten nach.

Wenn wir diese Zeitgleichung berücksichtigen, können wir durch eine Sonnenbeobachtung nicht nur unsere geographische Breite, sondern auch unsere geographische Länge feststellen.

Die Sonne kulminiert, das heißt, sie erreicht den höchsten Punkt ihres Tagesbogens, wenn es 12 Uhr wahrer Sonnenzeit ist. Die Sonne steht dann genau im Süden. Um die geographische Länge unseres Beobachtungsortes festzustellen, müssen wir nur die mittlere Greenwichzeit des beobachteten wahren Mittags bestimmen. Wir erhalten, nachdem die Zeitgleichung berücksichtigt ist, unsere geographische Länge, ausgedrückt in Stunden und Minuten, die wir dann in Grade umrechnen können.

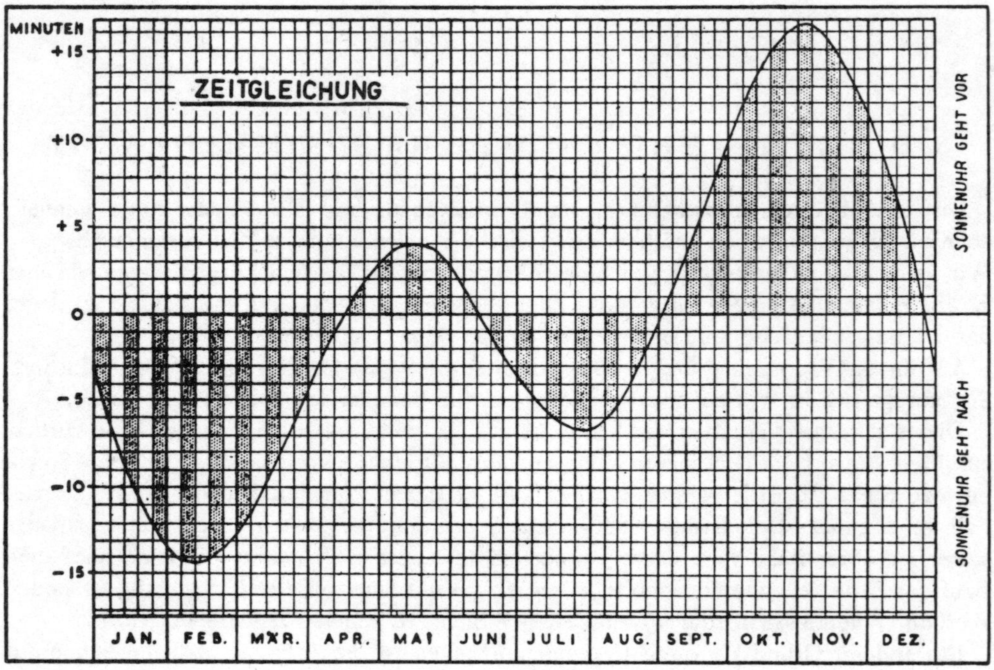

Abb. 19. Die Zeitgleichung

Unsere Stellung auf der Erde

Nehmen wir einmal an, wir machten eine Beobachtung am 15. Mai. Wir schätzen den Zeitpunkt des wahren Sonnenmittags. Einige Minuten vorher beginnen wir die Höhe der Sonne zu messen, wobei wir am besten alle 20 Sekunden eine Messung vornehmen. Jedes Ergebnis wird niedergeschrieben, daneben die jeweilige mittlere Greenwichzeit der Messung. Wir tun dies solange, bis die Sonne zu sinken beginnt, also der Augenblick des wahren Sonnenmittags vorüber ist.

Die mittlere Greenwichzeit des Meridiandurchgangs der Sonne sei als 11 Uhr 27,9 Minuten festgestellt worden, die beobachtete Sonnenhöhe war 58,1°. Zwei ganz einfache Rechnungen ermöglichen es, unseren Beobachtungsort zu bestimmen.

		h	m
Beobachtete mittlere Greenwichzeit des wahren Mittags:		11	27,9
Zeitgleichung	plus		3,7
wahre Sonnenzeit in Greenwich		11	31,6
wahre Sonnenzeit am Beobachtungsort		12	00,0
Zeitunterschied:		0	28,4

Den Zeitunterschied von 28,4 Minuten verwandeln wir in Grade (4 Minuten = 1°). Da unsere Ortszeit größer ist als die Greenwichzeit, befinden wir uns östlich von Greenwich. Das Ergebnis ist also: Geographische Länge: 7,1° Ost. Die Breite wird genauso berechnet, wie wir es schon einmal gemacht haben:

Beobachtete Sonnenhöhe		58,1°
Abgezogen von 90°		90,0°
Zenitabstand der Sonne		31,9°
Deklination der Sonne	plus	18,8°
geographische Breite:		50,7°

Wir haben hiermit unseren geographischen Standort mit einer einzigen Sonnenbeobachtung und einer Uhr, die Greenwichzeit anzeigt, festgestellt. Wenn wir auf einem Atlas nachsehen, werden wir feststellen, daß die Beobachtung in Bonn gemacht wurde.

Sonnenuhren

Da sich die Deklination der Sonne in sehr weiten Grenzen ändert, ist die Himmelsrichtung, in der sie sich zu einer bestimmten Stunde befindet, kein allzu genauer Hinweis auf die Tageszeit. Und doch haben die ersten Menschen wahrscheinlich versucht, eine Zeiteinteilung zu finden, indem sie einen Stab in die Erde steckten und einen darum gezogenen Kreis in gleiche Abschnitte unterteilten. Der Schatten des Stabes gab dann eine ungefähre Zeitangabe. Ein sorgfältiger Beobachter wird aber hierbei bald feststellen, daß die Zeit, die der Schatten braucht, um von einem Teilstrich zum nächsten zu wandern, nicht immer gleichbleibt, sondern sich mit den Jahreszeiten ändert.

Man entdeckte aber schon vor mehr als 3000 Jahren, daß ein schräg in die Erde gesteckter Stab, der parallel zur Erdachse steht, einen Schatten wirft, der immer die gleiche Zeit benötigt, um von einem Teilstrich zum nächsten zu gelangen. Dabei ist die Deklination der Sonne ohne irgendwelchen Einfluß. Das ist das ganze Geheimnis, das hinter der Konstruktion einer Sonnenuhr steckt.

Natürlich müssen wir auch noch die Lage der Teilstriche finden, die die einzelnen Stunden bezeichnen. Das ist jedoch einfach. Nehmen wir an, wir hätten einen Stab oder eine lange Stricknadel genau parallel zur Erdachse aufgestellt. An diesem Schattenzeiger soll nun ein Zifferblatt befestigt sein, dessen Ebene mit dem Stab einen rechten Winkel bildet. Dieses Zifferblatt liegt dann genau in der Ebene des Himmelsäquators, und da es mit gleich-

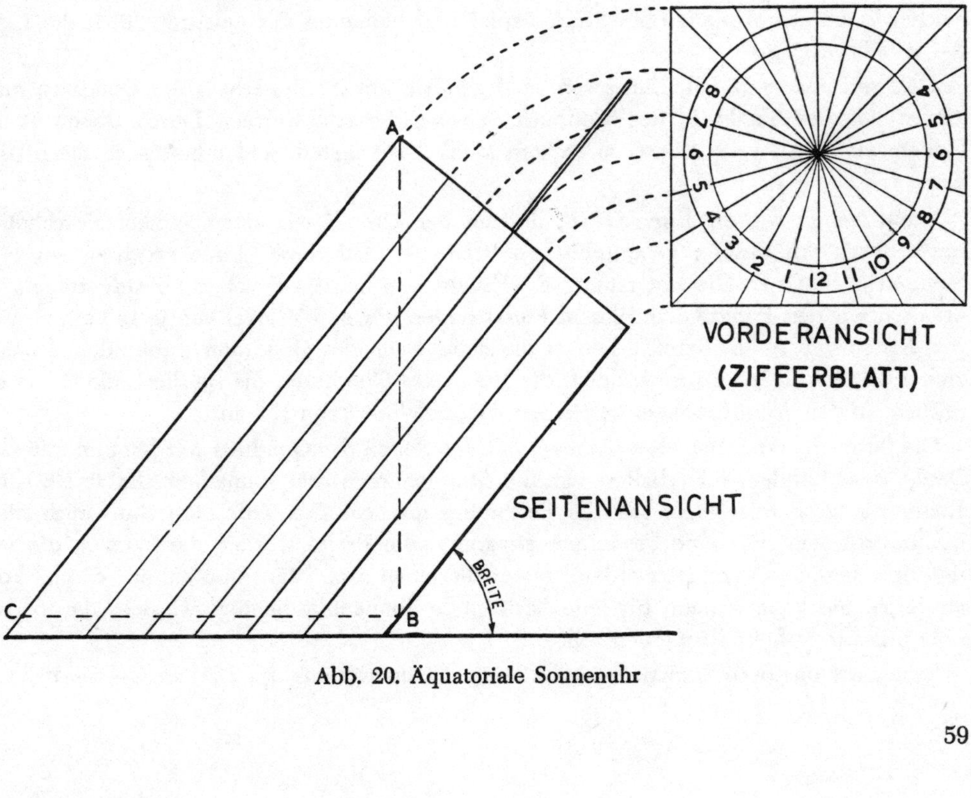

Abb. 20. Äquatoriale Sonnenuhr

förmiger Geschwindigkeit rotiert, muß auch der Schatten des Stabes in gleichen Zeiten gleiche Winkel überstreichen.

Eine Sonnenuhr dieser Bauart nennt man „äquatoriale Sonnenuhr“. Die Herkunft des Namens ist offensichtlich. Eine solche Sonnenuhr hat aber einen Nachteil. Da das Zifferblatt in der Ebene des Äquators liegt, ist die Sonnenuhr nur dann zu gebrauchen, wenn die Sonne nördlich des Äquators steht, also im Sommer. Für den Rest des Jahres wirft der Stab keinen Schatten auf das Zifferblatt, es sei denn, wir zeichnen ein zweites Zifferblatt auf der Unterseite des Zifferblatts auf.

Unsere äquatoriale Sonnenuhr soll auf dem Ende eines Holzblocks aufgemalt sein, der so montiert ist, daß er mit der Waagerechten einen Winkel bildet, der gleich unserer geographischen Breite ist. Der Schattenzeiger wird dann parallel zur Erdachse stehen, wenn der Block in der Nord-Süd-Richtung ausgerichtet ist. Die Stundenlinien auf dem Zifferblatt werden jetzt bis zum Rand des Holzblocks verlängert (Abb. 20). Von den Schnittpunkten ziehen wir auf den langen Seiten des Blocks Linien, die parallel zu den Seiten verlaufen. Dann schneiden wir den Block entlang der Linie B—C, so daß eine horizontale Fläche entsteht, deren Mittelpunkt wir nun mit den Punkten verbinden, in denen die Linien auf den Seitenflächen auf die Kanten treffen. So erhalten wir das Zifferblatt einer Horizontal-Sonnenuhr. Wir müssen nur noch einen Schattenstab im Mittelpunkt montieren, der wieder parallel zur Erdachse steht, um die Sonnenuhr benutzen zu können.

Eigentlich ist es unpraktisch, den Schattenstab im Mittelpunkt des Zifferblattes zu haben. Wir benötigen ja nur etwas mehr als die Hälfte des Zifferblattes, um die Stundenlinien aufzutragen, da die Sonnenuhr während der Nacht ja nicht benutzt werden kann. Wir wollen uns darum jetzt die Konstruktion einer Sonnenuhr ansehen, die mehr den praktischen Bedürfnissen entspricht.

Für unser Beispiel wollen wir das Zifferblatt quadratisch machen. Wir zeichnen ein solches Quadrat auf ein großes Stück Papier und halbieren das Quadrat durch die Linie A—B (Abb. 21).

Dies soll unsere 12-Uhr-Linie werden. Irgendwo auf ihr, innerhalb des Quadrats, markieren wir den Punkt 0, den Fußpunkt unseres Schattenwerfers. Durch diesen Punkt ziehen wir eine zweite Linie, im rechten Winkel zur ersten, und erhalten so die 6-Uhr-Linie C—D.

Dann ziehen wir die Linie O—F, die mit der Linie A—B einen Winkel einschließen muß, der gleich unserer geographischen Breite ist. Auf dieser Linie errichten wir eine Senkrechte durch E. Die Entfernung E—F wird nun auf A—B von E ab aufgetragen. So erhalten wir den Punkt G. In diesem Punkt tragen wir nun Winkel von je 15° an, zu beiden Seiten von A—B, deren Schenkel die obere Seite des Quadrates unterteilen. Danach ziehen wir von G zwei Linien durch die Ecken des Quadrates, bis sie die Linie C—D erreichen. In den Schnittpunkten tragen wir wieder Winkel von 15° an.

Die Schnittpunkte aller dieser Winkel mit den Seiten des Quadrats werden nun mit dem Punkt 0 verbunden. So erhalten wir die Stundenlinien der Sonnenuhr. Es spielt keine Rolle, wie groß oder klein wir die Zeichnung machen. Das Zifferblatt muß auch nicht quadratisch sein. Für eine bestimmte geographische Breite werden die Winkel, die von den Stundenlinien gebildet werden, immer dieselben sein. Man muß sie nur einmal konstruieren. Sie können dann für jede horizontale Sonnenuhr benutzt werden, die in derselben Breite aufgestellt werden soll.

Sehen wir uns noch einmal die Abb. 21 an. Wenn wir uns das Dreieck O—E—F hoch-

Abb. 21. Die Konstruktion von Sonnenuhren

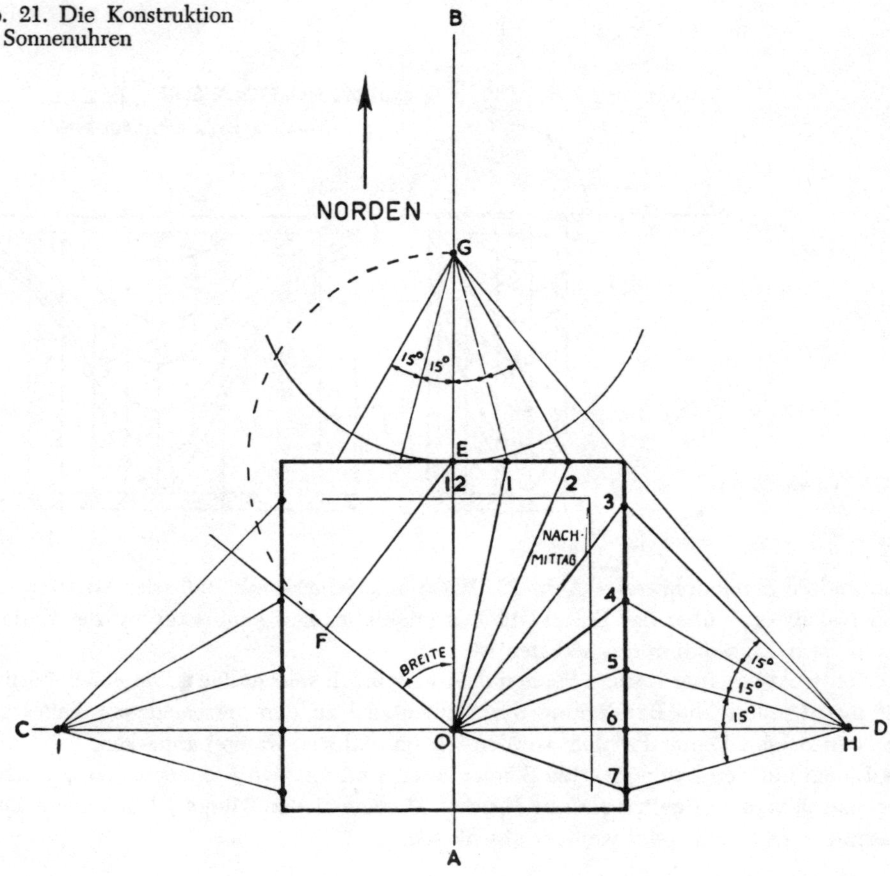

geklappt denken, so daß es auf der Seite O—E steht, dann läuft O—F parallel zur Erdachse, um die die Sonne mit gleichförmiger Geschwindigkeit rotiert. Wenn wir nun E—G so umklappen, daß G auf F zu liegen kommt, können wir sofort sehen, warum die gleichförmigen 15°-Abschnitte als ungleiche Winkel auf dem Zifferblatt wiedergegeben werden.

Hätten wir unseren Holzblock von Abb. 20 entlang der Linie A—B durchgeschnitten, dann wäre eine vertikale Sonnenuhr entstanden, wie wir sie oft an den Südwänden von alten Häusern finden.

Die Konstruktion einer solchen vertikalen Sonnenuhr erfolgt ähnlich der vorher beschriebenen, nur müssen wir dazu die Zeichnung auf den Kopf stellen. Der Winkel des Schattenzeigers, das ist der Winkel E—O—F, wird nicht gleich der geographischen Breite, sondern gleich 90° minus geographischer Breite gemacht. Im übrigen bleibt die Konstruktion die gleiche.

Taschen-Sonnenuhren waren früher einmal große Mode, aber sie zeigten die Zeit nicht gemäß dem Stundenwinkel, beziehungsweise der Richtung der Sonne an, sondern benutzten dazu lediglich die Höhe der Sonne über dem Horizont. Abb. 22 zeigt eine solche Sonnenuhr, die als zylindrische Sonnenuhr bekannt ist. Der obere Teil mit dem Schattenzeiger kann so gedreht werden, daß der Zeiger über dem Datum steht. Die Länge des Schattens zeigt dann die Zeit an. Meistens konnte man den Zeiger umklappen, um die Sonnenuhr bequem in die Tasche stecken zu können.

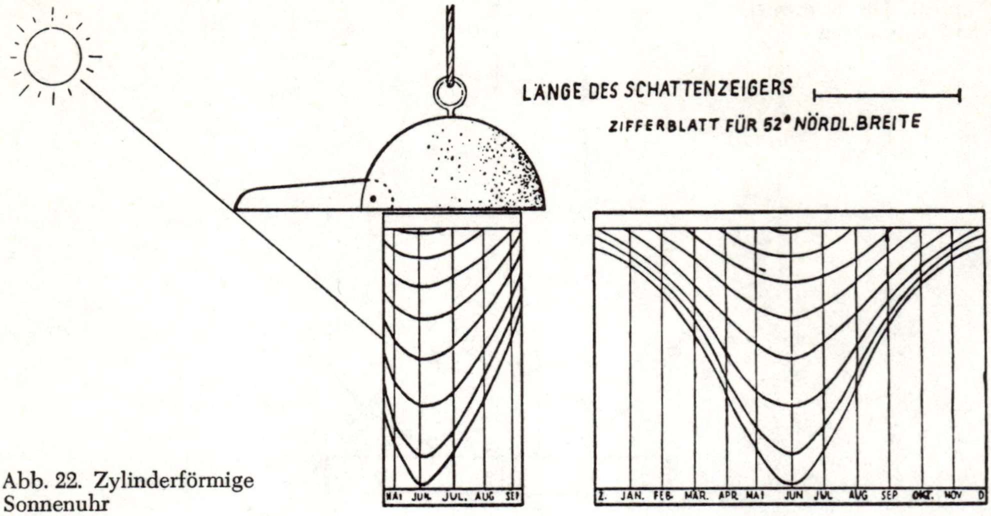

Abb. 22. Zylinderförmige Sonnenuhr

Eine andere Sonnenuhr zeigt Abb. 23. Bei dieser Scheibenuhr fällt der Schatten eines kleinen Nagels quer über das Zifferblatt. Die ungefähre Zeit kann man auf der Linie ablesen, die dem Tagesdatum am nächsten ist.

Die Konstruktion einer solchen Sonnenuhr ist natürlich sehr einfach. Die einzige Schwierigkeit macht jedoch die Berechnung der Sonnenhöhe zu den verschiedenen Tageszeiten für das ganze Jahr. Dieses Problem werden wir im nächsten Kapitel anpacken.

Die Linien auf den beiden letzten Sonnenuhren sind mit den Monatsnamen bezeichnet, aber genau genommen gelten sie nur für den 21. eines jeden Monats. Für andere Daten muß man die Zeit mehr oder weniger abschätzen.

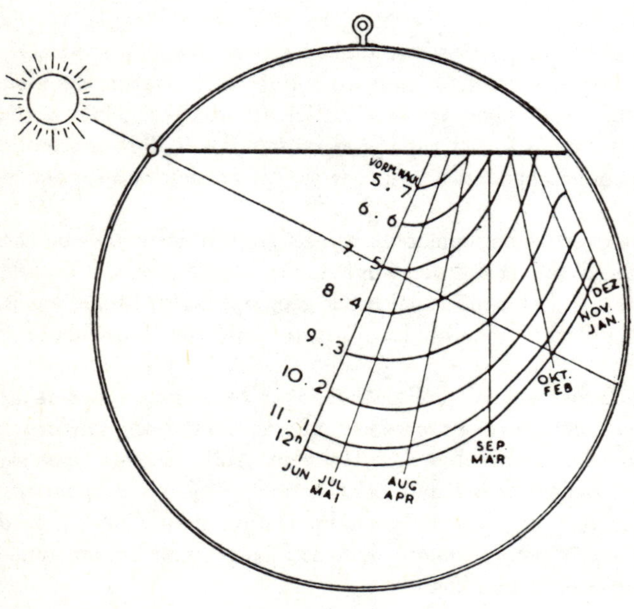

Abb. 23. Scheibenförmige Sonnenuhr

9. WIR LÖSEN MANCHERLEI PROBLEME

Die Berechnung der Sonnenauf- und Untergangszeiten, der Tageslänge, der Dämmerungsdauer, die Richtungsbestimmung nach den Sternen, die Navigation und die Bestimmung der Zeit nach den Sternen, das alles sind Probleme der mathematischen Astronomie. Zu ihrer Lösung sind viele Rechnungen nötig. Allerdings wurden solche Probleme auch schon von Astronomen in einer Zeit gelöst, als die Mathematik noch nicht so weit war, um die Aufgaben rechnerisch zu lösen. Wir wollen jetzt diese Probleme wie die Astronomen des Altertums lösen, ohne die Mathematik zu Hilfe zu nehmen.

Alle diese Berechnungen führen im Grunde auf ein einziges Problem zurück: die Berechnung der Stellung eines Sternes oder der Sonne am Himmel. In jeder astronomischen Aufgabe kommen fünf verschiedene Größen vor:

1. Die Höhe der Sonne oder des Sternes.
2. Der Azimut der Sonne oder des Sternes.
3. Der Stundenwinkel der Sonne oder des Sternes.
4. Die Deklination der Sonne oder des Sternes.
5. Die geographische Breite des Beobachtungsorts.

Wenn wir nur drei dieser Größen kennen, sind wir imstande, die restlichen berechnen zu können.

Der einfachste Weg zur Lösung eines Problems, sei es in der Astronomie oder in irgendeiner anderen Wissenschaft, ist die Anfertigung eines Modells, an dem wir Messungen und Versuche anstellen. Die alten Astronomen haben es ebenso gemacht, als sie ihre ersten Himmelsgloben anfertigten. Die Seefahrer bis ins 19. Jahrhundert hinein haben solche Globen für die Lösung von nautischen und astronomischen Problemen benutzt.

Die Anfertigung eines solchen Modells ist nicht so kompliziert wie die Anfertigung des Himmelsglobus, der auf Kunstdrucktafel I abgebildet ist. Das Modell erfüllt seinen Zweck um so besser, je einfacher es ist.

Ein schwarzer Gummiball genügt für unsere Versuche. Seine Größe spielt keine Rolle, doch sollte der Ball einen Durchmesser von mindestens 15 cm haben. Auf diesem Ball markieren wir die beiden Himmelspole. Wir verbinden sie mit einigen Rektaszensionslinien. Der Äquator wird auch aufgezeichnet. Mit einiger Geschicklichkeit wird es auch möglich sein, die Ekliptik einzuzeichnen, wobei uns die Abb. 16 behilflich sein kann.

Als nächstes schneiden wir uns einen Ring aus starker Pappe, dessen Innendurchmesser ein klein wenig größer ist als der des Balls. Diesen Ring versehen wir mit einer Gradeinteilung, und zwar so, daß zwei sich gegenüberliegende Punkte mit 0° bezeichnet werden. Von jedem dieser Punkte gehen wir zu beiden Seiten bis 90° nach oben. Der ganze Kreis wird dadurch in vier Viertelkreise von je 90° eingeteilt.

In den beiden 90°-Punkten treiben wir je eine Nadel durch die ganze Breite des Papprringes, so daß sie auf der Innenseite heraussehen. Über jede dieser beiden Nadeln legen wir ein kleines Metallscheibchen. Dann setzen wir den Ball so in den Ring ein, daß wir die beiden Nadeln in die Pole stechen können. Wenn wir genau gearbeitet haben, wird es möglich sein, den Ball zu drehen, ohne daß er an dem Pappring streift.

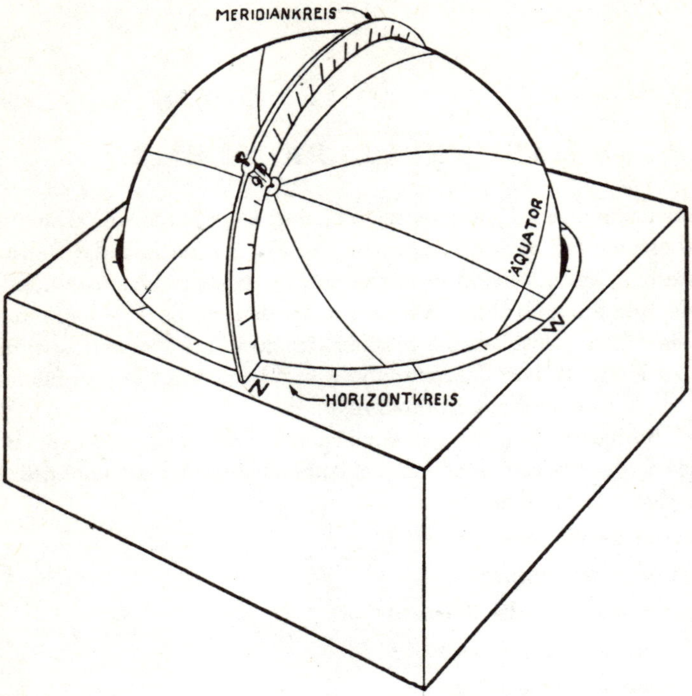

Abb. 24. Himmelsglobus

Nun brauchen wir noch einen Pappkarton, in dessen Boden wir ein rundes Loch schneiden, wieder ein wenig größer als der Durchmesser des Balles. An zwei gegenüberliegenden Punkten schneiden wir noch Schlitze ein, in die wir den Meridiankreis einsetzen können, wie es in Abb. 24 angedeutet ist. Der Ball muß dabei mit dem Meridiankreis so eingesetzt werden, daß genau die Hälfte über den Karton hinausragt, die andere Hälfte darunter ist. Den Rand des kreisförmigen Loches im Karton versehen wir mit Angaben der vier Himmelsrichtungen. Damit ist unser Himmelsglobus fertig.

Damit wir mit diesem Globus wirklich Probleme lösen können, brauchen wir noch ein Hilfsmittel. Es ist dies ein aus Pappe geschnittener Viertelkreis, dessen Innendurchmesser wieder nur ein klein wenig größer als der Durchmesser des Balles sein soll. Die Innenkante dieses Viertelkreises teilen wir ebenfalls in 90° ein. Wir können das Instrument so an den Globus legen, daß sein 0°-Teilstrich auf den Horizontkreis zu liegen kommt, und der 90°-Strich den Meridiankreis in seinem höchsten Punkt berührt. Der Viertelkreis bildet dann mit dem Horizont einen rechten Winkel. Er ermöglicht es uns, die Höhe über dem Horizont eines jeden Punktes auf der Kugel abzulesen.

Die Arbeitsweise eines Himmelsglobus werden wir am besten an Hand eines Beispiels erklären. Wir wollen die Zeiten des Sonnenauf- und Untergangs feststellen, wobei wir annehmen, daß die Deklination der Sonne an diesem Tage 20° Nord sein soll, die geographische Breite unseres Beobachtungsorts 52° Nord ist. Wir wollen außerdem wissen, zu welcher Zeit die Sonne genau 40° über dem Horizont steht.

TAFEL VII

Der 30-Zoll Reflektor des Observatoriums in Greenwich (Royal Observatory, Greenwich)

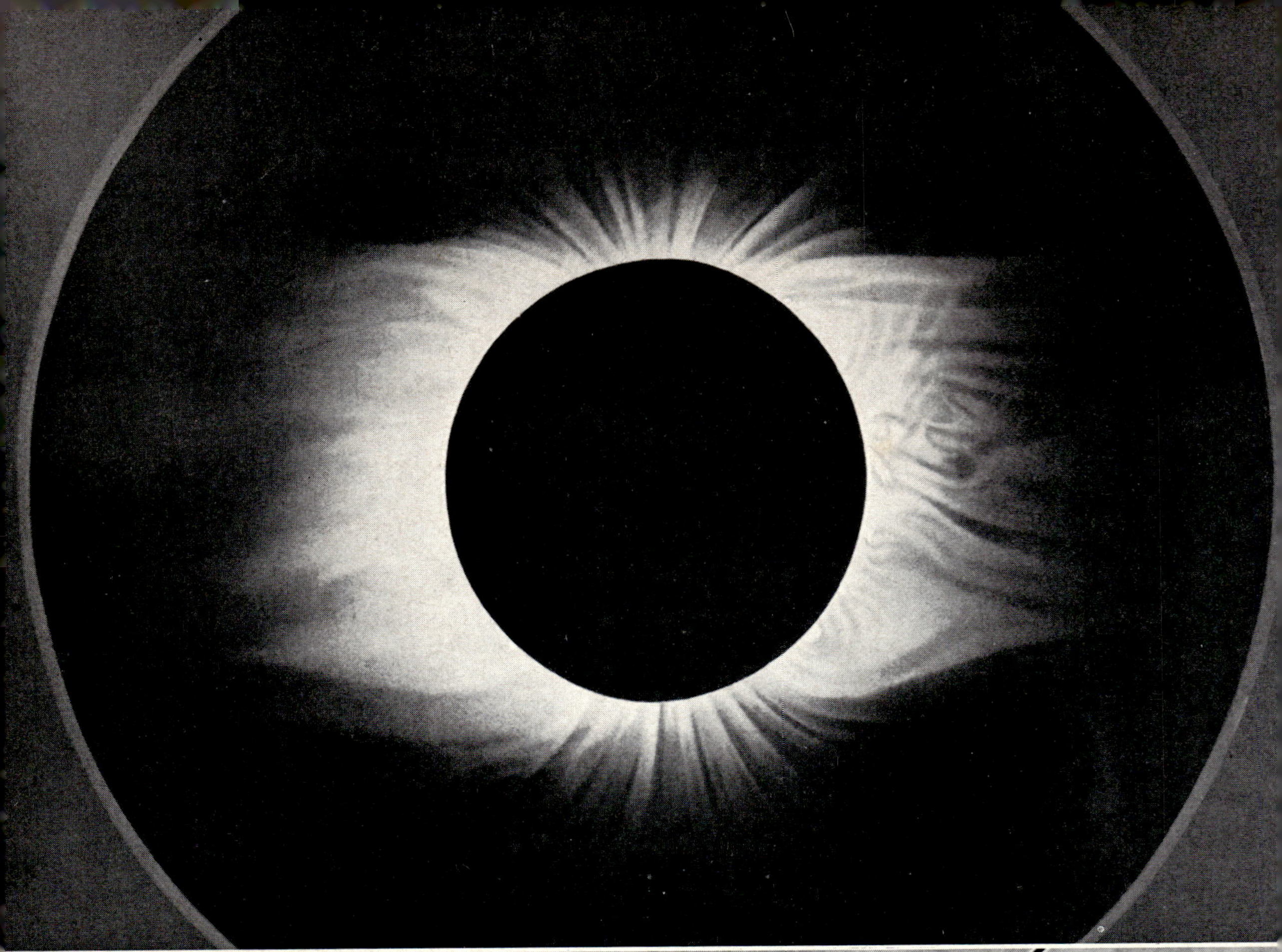

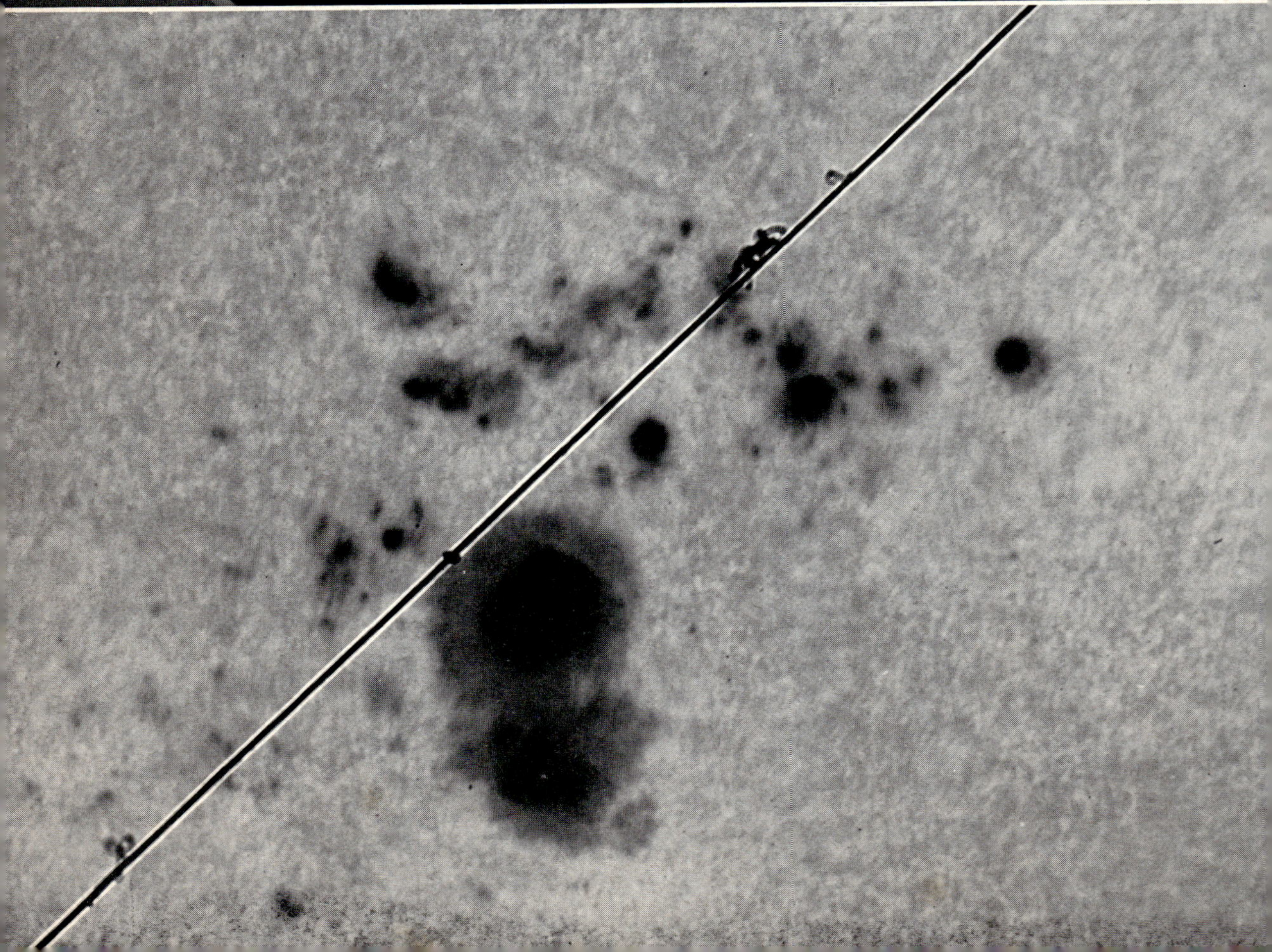

Zuerst halten wir ein Stück Kreide an die 20°-Teilung des Meridiankreises und drehen den Ball, so daß die Kreide auf seiner Oberfläche einen Kreis zeichnet. Dieser Kreis ist die Bahn der Sonne für diesen Tag. Auf diesem Kreis können wir auch noch einen bestimmten Punkt markieren, der die tatsächliche Stellung der Sonne darstellen soll. Nun setzen wir den Globus so in den Pappkarton, daß der Himmelspol genau 52° über dem Horizont steht. Dann drehen wir den Ball so, daß die Sonne auf den Horizont zu liegen kommt. Nun halten wir den Ball fest, ziehen eine Linie vom Pol entlang des Meridiankreises nach Süden. Danach drehen wir den Ball so weit, bis die Sonne unter den Meridiankreis zu liegen kommt und messen den Winkel, den die Linie, die wir gezogen haben, mit dem Meridian einschließt. Unser Ergebnis wird 115° sein. Wenn wir dies im Zeitmaß ausdrücken, erhalten wir $7^h\ 40^m$. Sonnenuntergang an diesem Tage ist also 7 Stunden und 40 Minuten nach Mittag, und Sonnenaufgang $7^h\ 40^m$ vor Mittag. Diese Zeiten werden wir dann als 04.20 Uhr und 19.40 Uhr angeben.

Diese beiden Zeiten sind jedoch wahre Sonnenzeit für unseren Beobachtungsort. Wenn wir sie in bürgerlicher Zeit angeben wollen, müssen wir noch die Zeitgleichung und auch den Unterschied in geographischer Länge zwischen dem Beobachtungsort und dem Standardmeridian unserer Zeitzone berücksichtigen.

Für das zweite Problem benötigen wir den Viertelkreis. Wir halten ihn so an den Globus, daß sein 90°-Teilstrich am höchsten Punkt des Meridiankreises liegt. Das ist der 38°-Teilstrich, wenn der Globus für die geographische Breite von 52° gesetzt wurde. Um diesen Punkt lassen wir nun den Viertelkreis schwingen, so daß sein anderes Ende verschiedene Himmelsrichtungen anzeigt. In einer bestimmten Stellung wird der Kreis, der die Sonnenbahn für den Tag darstellt, genau unter den 40°-Teilstrich kommen. Wir können nun wieder, wie vorher, den Stundenwinkel der Sonne bestimmen. Außerdem können wir den Azimut der Sonne ablesen, der vom unteren Ende des Viertelkreises auf dem Horizont angezeigt wird. Der Stundenwinkel beträgt in unserem Fall $3^h\ 20^m$, so daß die wirkliche Tageszeit (wahre Ortszeit) 08.40 Uhr oder 15.20 Uhr ist. Der Azimut der Sonne kann dabei entweder S 70° O oder S 70° W sein, je nachdem wir den Vormittag oder den Nachmittag in Betracht ziehen.

Einige Experimente mit diesem Globus werden uns bald davon überzeugen, daß wir wirklich nur drei der im Anfang des Kapitels erwähnten Größen benötigen, um die anderen beiden feststellen zu können. Außerdem gibt uns der Globus ein so klares Bild von den Vorgängen am Himmel, wie dies kein anderes astronomisches Gerät kann. Darum sollte jeder Sternfreund die Anfertigung der beschriebenen Instrumente nicht scheuen und die angegebenen Versuche unbedingt durchführen.

TAFEL VIII

a) Die Sonne während einer totalen Finsternis. Die kleinen Protuberanzen und die Korona der Sonne, die hier deutlich sichtbar sind, können nur während der totalen Phase einer Finsternis beobachtet werden. (Royal Observatory, Greenwich)

---

b) Teil der Sonnenoberfläche mit einer Gruppe von Sonnenflecken. Auch die eigentümliche „Granulation“ der Oberfläche ist deutlich sichtbar.

Der Himmelsglobus hat allerdings einen großen Nachteil: Die Genauigkeit der mit ihm zu erzielenden Ergebnisse läßt viel zu wünschen übrig, es sei denn, sein Durchmesser ist größer als 1 Meter.

Sehen wir uns also deshalb nach einer anderen Methode um, die es uns ermöglicht, unsere astronomischen Probleme zu lösen, ohne daß wir irgendwelche umfangreichen Instrumente dazu benötigen.

Eine Karte des Himmels kann uns der Lösung näher bringen. Es ist verhältnismäßig einfach, Kartenprojektionen mit bestimmten Eigenschaften herzustellen. Bei einigem Überlegen werden wir eine Projektion finden, die nicht nur einfach zu zeichnen, sondern auch zur Lösung unserer Probleme geeignet ist. Auch die Navigatoren benutzen Karten der Erdoberfläche, auf denen sie geometrische Konstruktionen ausführen, ohne einen Erdglobus mitzuführen.

Die verschiedenen Kartenprojektionen, die wir in jedem Atlas finden, haben ihre besonderen Zwecke. Einige geben gleiche Flächen auf der gekrümmten Erdoberfläche durch gleiche Flächen auf der ebenen Karte wieder, wobei aber die Winkel verzerrt werden. Auf anderen sind alle Meridiane einander parallel. Aus diesem Grunde werden die äquatornahen Gebiete viel kleiner abgebildet als die Gegenden in der Nähe der Pole.

Für unsere Zwecke ist eine Projektion am besten, in der alle Winkel erhalten bleiben, und in der auch alle Kreise auf der Himmelskugel als Kreise in der Projektion erscheinen. Andere Erwägungen, wie z. B. der Größenmaßstab oder eine flächentreue Darstellung spielen keine Rolle, da wir ja nur Kreise und Winkel darstellen wollen, und keine unregelmäßigen Gebilde wie Länder und Kontinente.

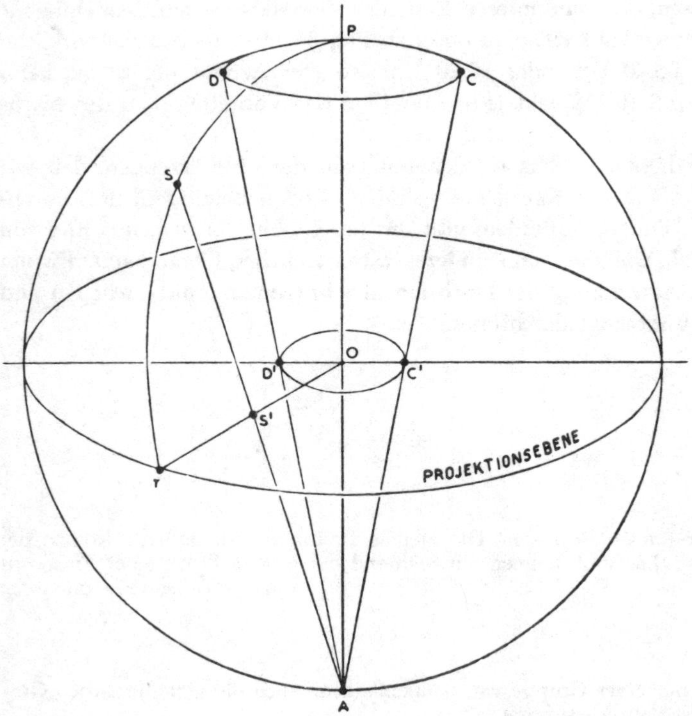

Abb. 25. Die stereographische Projektion

Die von uns erwünschten Bedingungen werden von der stereographischen Projektion erfüllt. Schon im Jahre 150 v. Chr. hat der griechische Astronom Hipparch sie dazu benutzt, um ein sogenanntes Astrolabium herzustellen, ein astronomisches Instrument, mit dessen Hilfe es möglich ist, alle Probleme zu lösen, die bisher erwähnt wurden. Auch heute noch werden Astrolaben, allerdings in einer modernisierten Form benutzt, so z. B. in der Flugnavigation. Das Astrolabium gehört zu den ältesten wissenschaftlichen Instrumenten und verdient eine eingehendere Behandlung.

Betrachten wir einmal die stereographische Projektion. In Abb. 25 sehen wir die Himmelskugel mit den beiden Polen, dem Äquator, einem Deklinationskreis und einem Stundenkreis. Die Punkte und Kreise auf dieser Kugel sollen auf eine Ebene projiziert werden. Wir wählen dazu die Ebene des Äquators. Jeder Punkt auf der Kugeloberfläche kann nun mit dem Punkt A durch eine gerade Linie verbunden werden. A ist der Südpol der Himmelskugel. Wir wählen ihn als Projektionspunkt, weil der kleine Teil der Kugeloberfläche, der in der Nähe des Projektionspunktes liegt, der einzige Teil ist, den man nicht projizieren kann. Da uns aber nur am nördlichen Teil der Himmelskugel gelegen ist, wählen wir den Südpol als Projektionspunkt. Für uns hat dies außerdem noch den Vorteil, daß wir hierdurch den Himmelsnordpol genau ins Zentrum unserer Projektion bekommen.

Die Linie, die nun einen zu projizierenden Punkt auf der Kugeloberfläche mit dem Punkt A verbindet, schneidet die Äquatorebene irgendwo. Dieser Schnittpunkt ist die Projektion des Punktes. Der Punkt S auf der Kugel erscheint also als S′ in der Projektion.

Aus der Abbildung wird nun klar, daß der kleine Kreis C—D, der Deklinationskreis, wieder als Kreis C′—D′ in der Projektion erscheint, der Bogen P—S—T, der ein Teil eines Stundenkreises ist, wird als gerade Linie O—S′—T projiziert.

Alle Kreise auf der Kugel erscheinen auch in der Projektion als Kreise, obwohl die Durchmesser sehr verschieden sein können. Die Kreise, die durch die Punkte A und P gehen, das heißt durch den Projektionspunkt und den ihm gegenüber liegenden Punkt, erscheinen als gerade Linien. Die Konstruktion einer Kartenprojektion ist also verhältnismäßig einfach, da wir nur Zirkel und Lineal benötigen, um alle Kurven zu zeichnen. Wir erhalten keine so kompliziert aussehenden Linien, durch die in vielen Kartenprojektionen die Meridiane dargestellt werden, und wie wir sie auf den Karten in jedem Atlas finden können. Die Projektion der Himmelskugel mit den Deklinationskreisen, Stundenbögen und der Ekliptik ist also gar nicht schwierig, sobald man das Prinzip verstanden hat.

Der obere Kreis in der Abb. 26 soll die Kugel darstellen, die wir auf eine Ebene projizieren wollen. Wir sehen sie von der Seite, so daß der Äquator und die Deklinationskreise als gerade Linien erscheinen.

Die Punkte, in denen diese Linien auf den Kreisumfang treffen, verbinden wir mit dem Projektionspunkt C. Diese Verbindungslinien schneiden den Äquator; die Strecke vom Mittelpunkt des Kreises zum Schnittpunkt ist der Radius des projizierten Kreises, den wir nun darunter zeichnen.

In der Projektion erscheint der Pol als P′. Er ist umgeben von den Deklinationskreisen, die Stundenbögen (nur die für 0^h, 6^h, 12^h und 18^h sind eingezeichnet) schneiden sich im Pol. Man konstruiert sie nicht, sondern zeichnet sie zuerst ein, um den Mittelpunkt der Projektion festzulegen.

Die Projektion der Ekliptik ist allerdings nicht so einfach wie die der Deklinationskreise. Da sie nicht parallel zum Äquator läuft, liegen die Projektionen ihrer beiden Endpunkte nicht in gleicher Entfernung vom Projektionszentrum. Die projizierten Punkte können aber auf dieselbe Weise wie bei den Deklinationskreisen gefunden werden. Man sucht dann den

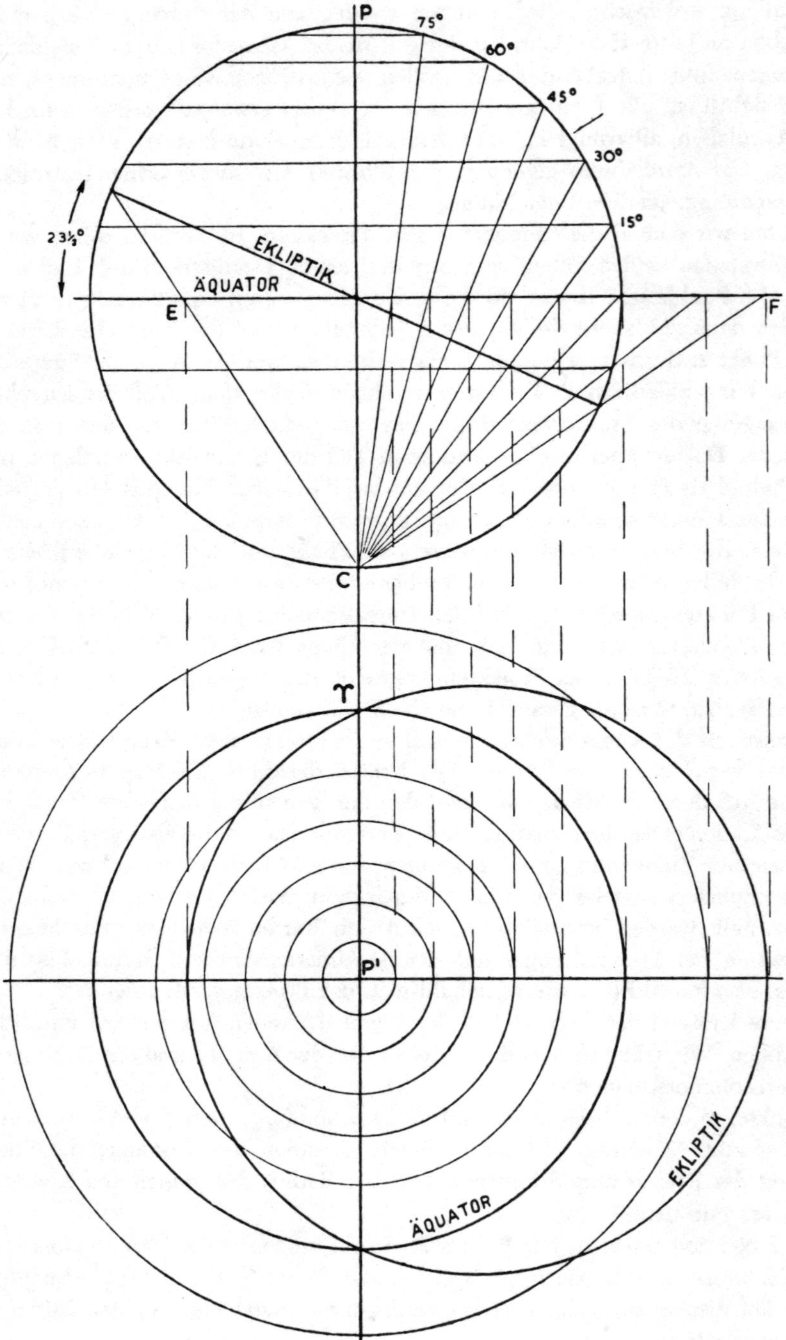

Abb. 26. Projektion der Himmelskugel

Punkt, der die Entfernung zwischen den beiden projizierten Enden halbiert. Um diesen Punkt schlägt man einen Kreis, der durch die beiden projizierten Endpunkte geht. Dieser Kreis ist die Projektion der Ekliptik. Für alle solche schief liegenden Kreise müssen wir erst die Projektionen *beider* Endpunkte finden, bevor der Kreis geschlagen werden kann, der ihre Projektion darstellt. Im Falle unserer Ekliptik sind dies die Punkte E und F in Abb. 26.

Wenn wir uns unsere Projektion näher ansehen, finden wir, daß der nördlichste Punkt der Ekliptik 23¹/₂° nördlich des Äquators liegt, der südlichste 23¹/₂° südlich des Äquators. Außerdem schneidet die Projektion der Ekliptik den Äquator genau in den Punkten, in denen er schon von den Stundenlinien 0^h und 12^h durchschnitten wird. Wir sehen also, daß die Projektion alles so wiedergibt, wie es uns tatsächlich am Himmel erscheint.

Der eine Schnittpunkt ist mit dem Zeichen des Frühlingspunktes bezeichnet. Von ihm aus rechnet man die Rektaszension von 0^h bis 24^h entgegengesetzt dem Uhrzeigersinne.

Wir haben damit schon das Skelett einer Sternkarte und können auf ihm die hellsten Sterne einzeichnen, jeden mit seiner richtigen Deklination und seiner Rektaszension. Da die Projektion den Himmel so zeigt, wie die Kugel von außen gesehen erscheint, sind bei allen Sternbildern Rechts und Links vertauscht. Von der Erde aus sehen wir die Himmelskugel von innen, in unserem Modell aber von außen. Die meisten alten Sternkarten sind so gezeichnet. Auch auf dem Himmelsglobus, der auf Kunstdrucktafel I abgebildet ist, sind bei allen Sternbildern Rechts und Links vertauscht.

Die kleine Sternkarte am Ende des Buches ist ebenfalls eine stereographische Projektion des Himmels. Da aber auf ihr alle Sternbilder so abgebildet sind, wie sie uns am Himmel erscheinen, mußte hier die Rektaszension gemäß dem Uhrzeigersinne angetragen werden. Die auf der Maske aufgetragenen Himmelsrichtungen liegen nur dann richtig, wenn Karte und Maske über den Kopf des Beobachters gehalten werden.

Die Projektion der Himmelskugel genügt nicht, um Probleme zu lösen. Wir brauchen noch eine Projektion unseres Horizontes mit Kreisen gleicher Höhe (man nennt sie Almukantarate) und Azimutbögen. Eine solche Projektion erscheint etwas schwieriger, aber das Prinzip bleibt das gleiche.

Zuerst zeichnen wir wieder die Himmelskugel mit den beiden Polen und dem Äquator (Abb. 27) auf. Unser Horizont wird durch die Linie H—H dargestellt. Die Linie ist so gegen den Äquator geneigt, daß die Höhe des Poles über dem Horizont unserer geographischen Breite entspricht. Eine zweite Linie, senkrecht auf dem Horizont, und im Mittelpunkt des Kreises errichtet, schneidet diesen im Zenitpunkt Z.

Vom Punkt C aus projizieren wir die beiden Endpunkte des Horizontes auf die Äquatorebene. Wir erhalten dadurch die Enden des Durchmessers des projizierten Horizontes; das sind die beiden Punkte, die mit H′ bezeichnet sind. Der Zenit wird als Z′ projiziert. Er liegt nicht im Mittelpunkt des projizierten Horizontes, dessen Zentrum der Punkt C′ ist, der die Entfernung H′—H′ halbiert. Die stereographische Projektion dehnt sich sehr schnell aus, wenn man über den Äquator hinausgeht, aber die wesentlichen Eigenschaften der Himmelskugel werden immer noch getreu wiedergegeben, wie wir es auch hier wieder sehen, da der Horizont, wie auch in Wirklichkeit, durch die beiden Punkte des Äquators geht, die genau im Osten und im Westen liegen.

Wenn wir uns einen Kreis vorstellen, der überall genau 20° über dem Horizont liegt, könnten wir diesen als gerade Linie parallel zum Horizont in Abb. 27 eintragen. Diese Linie wäre dann der 20°-Almukantarat. Wie beim Horizont müssen wir auch hier beide Endpunkte projizieren, um den Mittelpunkt D′ seiner Projektion zu finden, bevor wir den projizierten Kreis selbst einzeichnen können. Weitere Almukantarate können nun hinzu-

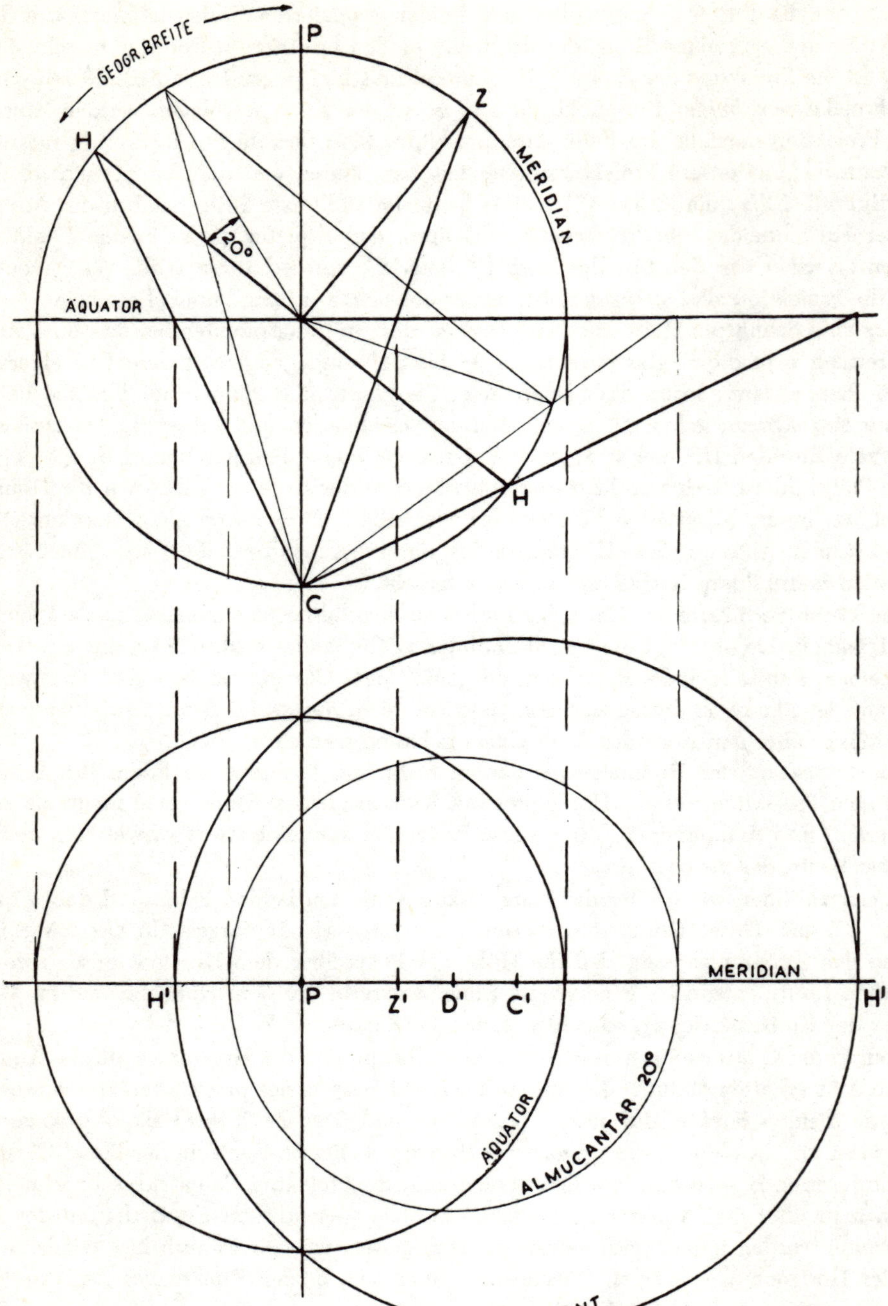

Abb. 27. Projektion des Horizonts und der Höhenkreise

gefügt werden, so daß der ganze sichtbare Himmel, oder besser gesagt seine Projektion vom Horizont bis zum Zenit mit diesen Höhenkreisen angefüllt ist. Man kann dann die Höhe eines Himmelskörpers von diesen Kreisen mit genügender Genauigkeit ablesen. Ein Kreis von 25 cm Durchmesser läßt sich leicht auf einzelne Grade unterteilen. Wir erhalten dann eine Genauigkeit, wie sie nur ein verhältnismäßig großer Globus aufweist. Damit haben wir schon einen schönen Beweis für die Überlegenheit der stereographischen Projektion.

Schließlich müssen wir noch die Azimutbögen projizieren, die senkrecht auf dem Horizont stehen und sich im Zenit schneiden. Sie sollten eigentlich in derselben Projektion wie die Almukantarate erscheinen, der Übersichtlichkeit halber wollen wir aber hier eine gesonderte Zeichnung anfertigen.

Im oberen Teil der Abb. 28 sehen wir die Himmelskugel mit Teilen von drei Azimutbögen, die mit A, B und C bezeichnet sind. Zunächst scheint es keine Möglichkeit zu geben, diese Kreise zu projizieren. Wir müssen hier ein wenig mogeln. Es ist nicht ganz offensichtlich, daß auch die Linie Z—O—X einen Azimutbogen darstellt, der allerdings senkrecht zur Ebene des Papiers steht. Er verbindet also alle die Punkte am Himmel, die genau im Osten oder genau im Westen liegen, allerdings in verschiedenen Höhen. Die Enden seines Durchmessers werden als die Punkte Z′ und X′ projiziert. Der Mittelpunkt des projizierten Kreises ist der Punkt D. Um D schlagen wir jetzt einen Kreis, der durch X′ und Z′ geht, wobei es genügt, wenn wir den Teil des Kreises, der innerhalb des Horizontes zu liegen kommt, einzeichnen. Dieser Kreis trifft genau in den Ost- und Westpunkten auf den Horizont, nämlich dort, wo Äquator und Horizont sich schneiden. Die beiden anderen Himmelsrichtungen, Norden und Süden, sind schon dargestellt, und zwar durch die Schnittpunkte des Horizontes mit dem Meridian.

Alle Azimutbögen gehen auf der Himmelskugel durch die beiden Punkte Z und X hindurch. Sie müssen deshalb in der Projektion auch durch die Punkte Z′ und X′ gehen. Dies ist aber nur möglich, wenn alle ihre Mittelpunkte auf einer Linie liegen, die senkrecht auf X′—Z′ steht und halbwegs zwischen X′ und Z′, also in D errichtet wird. Die Radien dieser Kreise werden natürlich alle verschieden sein. Wir müssen versuchen, auch diese zu finden. Wenn wir Azimute für alle 10° eintragen wollen, müssen auch die Projektionen der Azimutbögen in den Punkten X′ und Z′, wo sie sich alle schneiden, miteinander Winkel von 10° einschließen. Da jeder Radius eines Kreises auf dem Kreisumfang senkrecht steht, müssen auch die Radien der gesuchten Kreise in diesem Punkt miteinander Winkel von je 10° einschließen.

Nun können wir endlich unsere Azimutbögen konstruieren. Entweder von X′ oder von Z′ aus ziehen wir Linien, die mit dem Meridian 10, 20, 30 usw. Grad einschließen. Es sind dies die Radien der gesuchten Kreise. Sie schneiden die Senkrechte, die auf dem Meridian in D errichtet worden ist, in den Mittelpunkten der gesuchten Kreise. Um diese Punkte schlagen wir Kreise, die durch Z′ und X′ gehen, wobei wir aber wieder nur den Teil ziehen, der in den Horizontkreis fällt. Damit haben wir unsere stereographische Projektion vervollständigt.

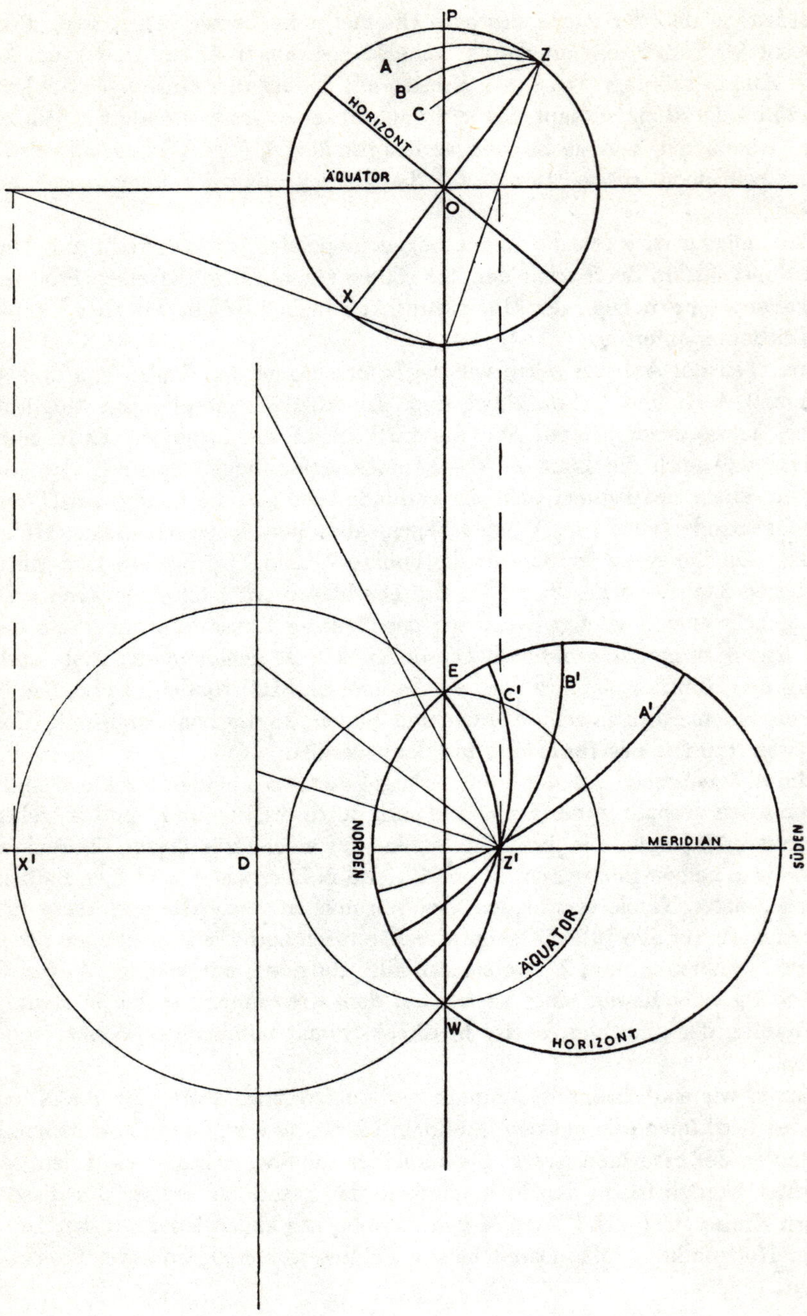

Abb. 28. Projektion der Azimutbögen

Damit sind wir nun in der Lage, ein Astrolabium herzustellen. Mit diesem vielseitigen Instrument können wir viele Probleme lösen, so daß es sich wirklich lohnt, einige Stunden für die Herstellung eines solchen Instruments zu verwenden.

Zuerst stellen wir eine Projektion der Himmelskugel her, mit dem Nordpol im Zentrum. Dann tragen wir den Äquator, die Ekliptik, und die hauptsächlichsten Sterne darauf ein. Den Rand der Projektion teilen wir in die 24 Stunden der Rektaszension ein, wobei wir beim Frühlingspunkt mit dem Zählen anfangen und dann entgegengesetzt dem Uhrzeigersinne fortschreiten. Es ist nicht unbedingt notwendig, die Stundenkreise zu projizieren. Auch die Deklinationskreise können fortgelassen werden. Es ist aber angebracht, eine Skala der Deklination entlang einer Stundenlinie anzutragen, wie in Abb. 29 gezeigt ist.

In den mittelalterlichen Astrolaben wurde dieser Teil als Rete bezeichnet. Er bestand im allgemeinen aus einer verzierten Laubsägearbeit, die aus einem dünnen Messingblech angefertigt wurde. Wir benutzen hierfür am besten durchsichtiges Zeichenpapier, wie es oft für Lichtpausenoriginale verwandt wird, oder wir kratzen die Linien vorsichtig auf ein dickeres Blatt Zelluloid oder Plexiglas, wobei wir die Linien nachher mit schwarzer Tusche sichtbar machen.

Das Tablett des Astrolabium, mit der Projektion des Horizontes und der Azimut- und Höhenlinien, zeichnen wir auf gutes Zeichenpapier und kleben es dann auf ein Holzbrett. Der Horizont muß für die geographische Breite unseres Wohnorts konstruiert werden. Auf dem Rand tragen wir die Uhrzeiten von 0 Uhr bis 24 Uhr an.

Der Himmelsäquator, der in beiden Projektionen erscheint, muß auf dem Tablett ganz genauso groß wie auf der Rete sein, andernfalls wäre die Astrolabe nutzlos.

Schließlich schneiden wir uns noch einen Zelluloidstreifen aus und ziehen entlang seiner Mitte eine gerade Linie. Nahe dem Ende dieses Streifens drücken wir einen kleinen Nagel genau durch diese Linie, ebenso durch das Zentrum der Rete, schließlich hämmern wir ihn in das Brett, so daß Tablett und Rete konzentrisch sind. (Siehe Kunstdrucktafel IV.)

Die Probleme, die wir mit dem Astrolabium lösen können, sind so verschiedenartig, daß wir nun einige von ihnen näher betrachten wollen.

Welchen Anblick bietet der Himmel am 12. Februar um 20.00 Uhr?

Zuerst berechnen wir die Sternzeit, wie es in einem früheren Kapitel schon gezeigt wurde. Dann drehen wir die Rete des Astrolabium so, daß der Meridian auf dem Tablett die Sternzeit auf der Stundeneinteilung der Rete anzeigt. Nun drehen wir den Zeiger des Astrolabium so, daß er auf der äußeren Stundeneinteilung die Uhrzeit angibt. Der Schnittpunkt der Linie auf dem Zeiger mit der Ekliptik bezeichnet die augenblickliche Stellung der Sonne am Himmel. Wir sehen, daß die Sonne schon weit unter dem Horizont steht. Es ist deshalb völlig dunkel. Die Sterne, die nun innerhalb des Horizontkreises liegen, stehen jetzt tatsächlich am Himmel. Wir sehen Orion genau im Süden stehen, Capella ist fast im Zenit, und im Osten geht der Große Löwe gerade auf. Das große Viereck des Pegasus schickt sich gerade zum Untergehen an, und zwar ziemlich genau im Westen, der Himmelswagen steht im Nord-Osten, wobei seine Deichsel auf den Horizont zeigt.

In einer wolkenreichen Nacht können wir einen einzigen Stern sehen, der genau im Westen steht und ziemlich hoch über dem Horizont ist. Es ist der 2. November, 19.00 Uhr. Welchen Stern haben wir beobachtet?

Wir stellen unser Astrolabium wieder gemäß dem Datum und der Zeit ein und sehen,

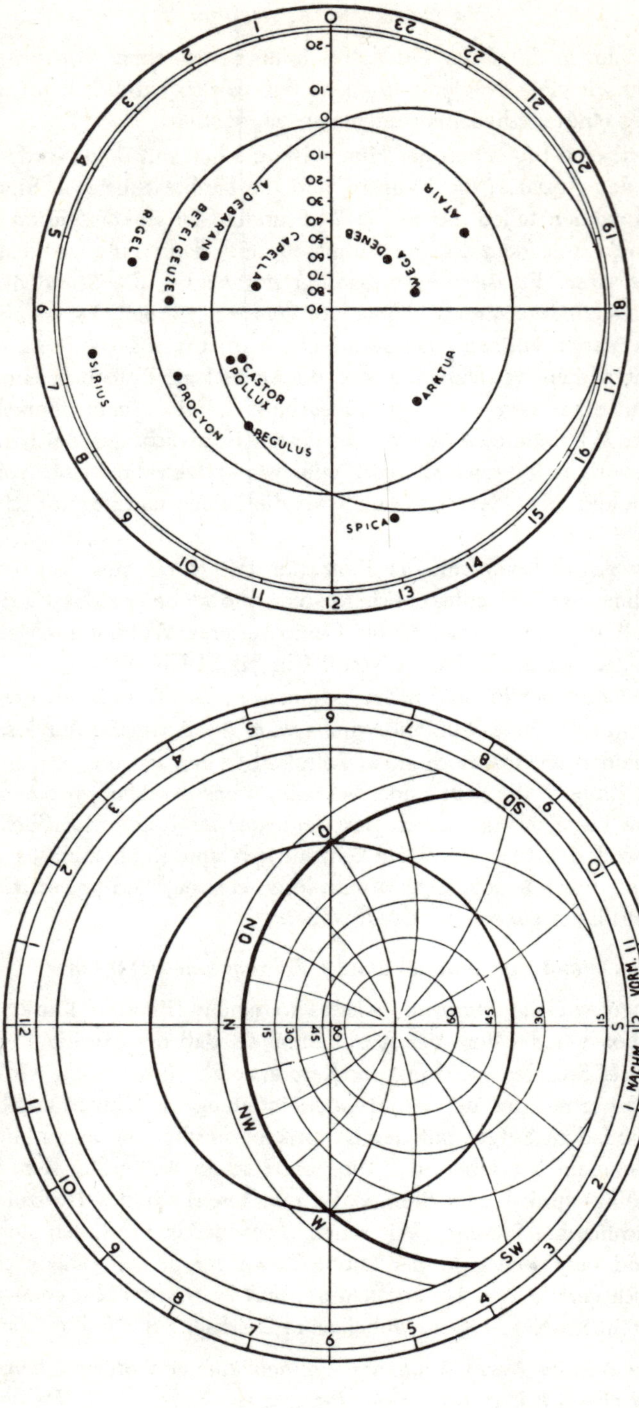

Abb. 29. Rete und Tablett des Astrolabium

welche Sterne nun im Westen sein müssen. Der einzige wirklich helle Stern in dieser Himmelsgegend ist Wega, in der Leier. Er ist es, den wir gesehen haben.

Wann geht die Sonne am 1. November auf?

Zuerst drehen wir die Rete so, daß der Meridian die Sternzeit im Mittag anzeigt. Dann verstellen wir den Zeiger, bis seine Mittellinie mit dem Meridian zusammenfällt. Der Schnittpunkt der Mittellinie mit der Ekliptik ist nun wieder die Stellung der Sonne unter den Sternen für diesen Tag. Nun drehen wir die Rete zusammen mit dem Zeiger, bis die Sonnenposition genau auf den Horizont zu liegen kommt, und zwar im östlichen Teil der Astrolabe. Der Zeiger gibt nun auf der äußeren Stundeneinteilung die Zeit des Sonnenaufgangs an.

Wir finden als Ergebnis 07.05 Uhr. In einem Kalender ist der Sonnenaufgang aber schon eine Viertelstunde früher angegeben. Diese Unstimmigkeit erklärt sich aus einer Vernachlässigung der Zeitgleichung. Unser Astrolabium gibt uns nämlich immer wahre Sonnenzeit an. Für genaue Ergebnisse müssen wir wieder die Zeitgleichung und unsere geographische Länge bei allen Sonnenbeobachtungen berücksichtigen.

Da die Zeitgleichung für diesen Tag +16,4 Minuten beträgt, ist dieser Betrag von der wahren Sonnenzeit, wie sie uns von dem Astrolabium angezeigt wird, abzuziehen, um mittlere Ortszeit zu bekommen. Dieses Ergebnis ist nun wieder für unsere Länge zu korrigieren, um die gebräuchliche bürgerliche Zeit oder mittlere Greenwichzeit zu erhalten.

Zu welcher Zeit erreicht Spica ihre höchste Höhe über dem Horizont am 1. März?

Alle Sterne unseres Nordhimmels erreichen ihre größte Höhe im Süden, wenn sie den Meridian überschreiten. Mit Hilfe der Stundenskala auf der Rete stellen wir den Zeiger auf die Sternzeit im Mittag, dann drehen wir Rete und Zeiger zusammen solange, bis Spica auf den Meridian zu liegen kommt. Der Zeiger gibt nun auf der äußeren Stundeneinteilung die Zeit des Meridiandurchgangs an: 02.45 Uhr. Außerdem können wir auch die Höhe über dem Horizont ablesen. Ist unser Astrolabium für 50° nördl. Breite konstruiert, so wird das Ergebnis 29° sein.

Am 1. April beobachteten wir Arktur über dem östlichen Horizont in einer Höhe von 30°. Zu welcher Zeit wurde die Beobachtung gemacht?

Zuerst bringen wir wieder den Zeiger und die Rete in ihre Stellung gemäß der Sternzeit im Mittag. Dann drehen wir beide zusammen, bis Arktur im östlichen Teil des Astrolabium über den 30° Almukantarat zu liegen kommt. (Einige Stunden später wird der Stern natürlich wieder zu derselben Höhe im Westen herabsteigen.) Der Zeiger gibt jetzt auf der äußeren Stundeneinteilung die Uhrzeit der Beobachtung an. Es war 21.05 Uhr.

Wie lange dauert die Morgen- oder Abenddämmerung?

Man unterscheidet drei verschiedene Arten von Dämmerung. Die bürgerliche Dämmerung ist der Zeitraum nach Sonnenuntergang oder vor Sonnenaufgang, währenddessen es noch hell genug ist, um Arbeiten auszuführen, die Tageslicht erfordern. Die bürgerliche Dämmerung beginnt oder endet, wenn das Zentrum der Sonne 6° unter dem Horizont steht.

Die nautische Dämmerung ist für den Seefahrer besonders wichtig, da während dieser die für die Navigation wichtigen Sterne schon zu sehen sind, aber auch der Horizont noch sichtbar ist. Das ist in der Seefahrt besonders wichtig, da zur Ortsbestimmung auf dem Meer Sextanten benutzt werden, mit denen die Höhe eines Sternes oder die Höhe der Sonne zu messen ist. Diese Messungen können nur gemacht werden, wenn der Horizont sichtbar ist. Die nautische Dämmerung endet, wenn der Horizont unsichtbar wird. Im allgemeinen ist das der Fall, wenn die Sonne 12° unter dem Horizont steht.

Schließlich gibt es noch die **astronomische Dämmerung**, die erst dann zu Ende geht, wenn wirklich die letzten Reste des Tageslichtes vom Himmel verschwunden sind. Dazu muß die Sonne 18° unter dem Horizont stehen.

Um die Dämmerungszeiten mit unserem Astrolabium feststellen zu können, müssen wir noch drei weitere Almukantarate einzeichnen, die 6°, 12° und 18° unterhalb des Horizontes liegen.

Um nun z. B. das Ende der bürgerlichen Dämmerung zu bestimmen, drehen wir den Zeiger zusammen mit der Rete so, daß die Position der Sonne auf die erste dieser drei neuen Höhenlinien zu liegen kommt. Die dazugehörende Zeit können wir unter dem Zeiger auf der äußeren Stundenteilung ablesen.

Wie finden wir die Sternzeit?

Die Sternzeit kann mit Hilfe des Astrolabium ziemlich genau bestimmt werden. Zuerst stellen wir den Zeiger auf den Meridian und drehen die Rete so, daß die Sternzeit im Mittag des betreffenden Tages auf der Rete unter dem Zeiger liegt. Nun drehen wir Rete und Zeiger zusammen, bis der Zeiger auf der äußeren Skala die Beobachtungszeit anzeigt. Auf der Skala der Rete können wir nun die Sternzeit ablesen, die durch den Meridian angezeigt wird.

Wo finden wir die Planeten am Himmel?

Da sich die Planeten unter den anderen Sternen weiterbewegen, können sie auch nicht auf einer Sternkarte eingezeichnet werden. In einem späteren Kapitel werden wir sehen, wie wir die R.A. und Deklination eines Planeten für einen jeden Tag berechnen können. Diese Zahlen lassen sich natürlich auch einem Jahrbuch entnehmen.

Zuerst bringen wir die Rete in die Stellung, die dem Datum und der Zeit entspricht. Dann drehen wir den Zeiger allein, bis er auf der Rete die R.A. des Planeten anzeigt. Im allgemeinen genügt es, den Schnittpunkt der Ekliptik mit der Mittellinie des Zeigers als die Stellung des Planeten anzusehen, da die Planeten ja doch meistens sehr hell sind. Für genauere Messungen müssen wir allerdings auch die Deklination berücksichtigen. Wir machen also auf dem Zeiger einen kleinen Strich, der der Deklination des Planeten entspricht, bevor wir den Zeiger auf die R.A. stellen. Die Höhe und der Azimut, den wir jetzt ablesen können, sind die genauen Koordinaten des Planeten.

Bei der Benutzung unseres Astrolabium müssen wir uns immer einige Tatsachen vergegenwärtigen. Die Ablesungen können nur dann genau sein, wenn das Tablett des Astrolabium für die geographische Breite des Beobachters konstruiert wurde. Die Zeiten, die von dem Astrolabium angegeben werden, sind immer mittlere Ortszeit, also nicht mitteleuropäische Zeit oder mittlere Greenwichzeit. Bei Beobachtungen der Sonne müssen wir auch die Zeitgleichung noch berücksichtigen.

Wir dürfen den Unterschied zwischen mittlerer Ortszeit und mittlerer Standardzeit unserer Zeitzone nicht vernachlässigen, da im Westen von Deutschland der Unterschied schon 36 Minuten beträgt, das heißt, alle Sonnenuhren gehen gegenüber der mitteleuropäischen Zeit um diesen Betrag nach (nachdem die Zeitgleichung berücksichtigt wurde). Dieser Betrag ist zu groß, um ihn zu vernachlässigen, wenn wir genaue Ergebnisse haben wollen.

10. DAS ASTRONOMISCHE DREIECK KANN UNS VIELERLEI SAGEN

So kompliziert die Berechnung zunächst auch erscheinen mag, so haben wir doch sicher erkannt, daß die Lösung aller astronomischen Probleme im Grunde auf die Konstruktion eines einfachen Dreiecks zurückzuführen ist. Man nennt es das astronomische Dreieck. Seine drei Ecken werden vom Himmelspol, dem Zenit und der Sonne (oder einem Stern) gebildet. Wie jedes andere Dreieck hat auch das astronomische Dreieck drei Seiten, die entweder bekannt sind oder berechnet werden müssen. Es scheint zur Lösung eines astronomischen Problems viel einfacher zu sein, nur dieses Dreieck zu zeichnen, ohne eine Projektion des ganzen Himmels vor sich zu haben, wie es mit der Astrolabe der Fall ist.

Die Seiten des Dreiecks sind uns schon in der einen oder der anderen Form bekannt. Die Entfernung von P nach Z (siehe Abb. 30) ist, wie wir schon wissen, gleich 90° minus der geographischen Breite des Orts. Der Kürze halber wollen wir diese Entfernung in Zukunft Kobreite nennen, da der Winkel ja der Komplementärwinkel der Breite ist. Die Entfernung von P nach S ist gleich 90° minus Deklination der Sonne oder des Sternes (+ im Falle einer südlichen Deklination), und aus offensichtlichen Gründen nennen wir diese Seite den Polabstand. Die dritte Seite, Z—S, ist gleich 90° minus Höhe des Sternes. Wir wollen sie den Zenitabstand nennen.

Von den drei Winkeln im astronomischen Dreieck sind nur zwei für uns von Interesse. Der eine von ihnen, dessen Scheitel am Himmelspol liegt, ist der Stundenwinkel des Sternes oder der Sonne, der Winkel im Zenit ist der Azimut des Himmelskörpers. Der dritte Winkel, der beim Stern liegt, tritt in unseren Berechnungen niemals in Erscheinung, so daß sich eine besondere Bezeichnung für ihn erübrigt.

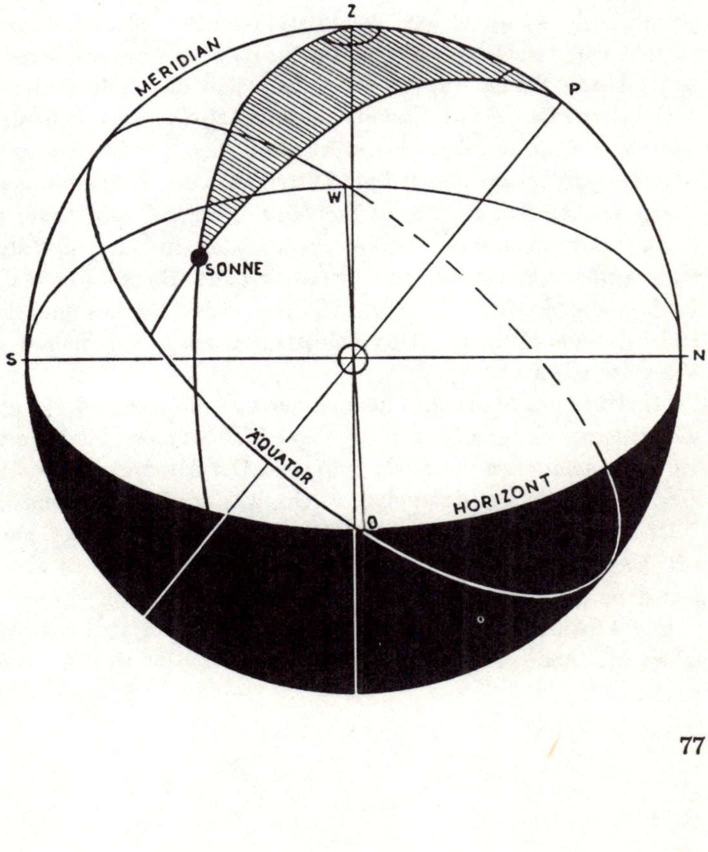

Abb. 30. Das astronomische Dreieck

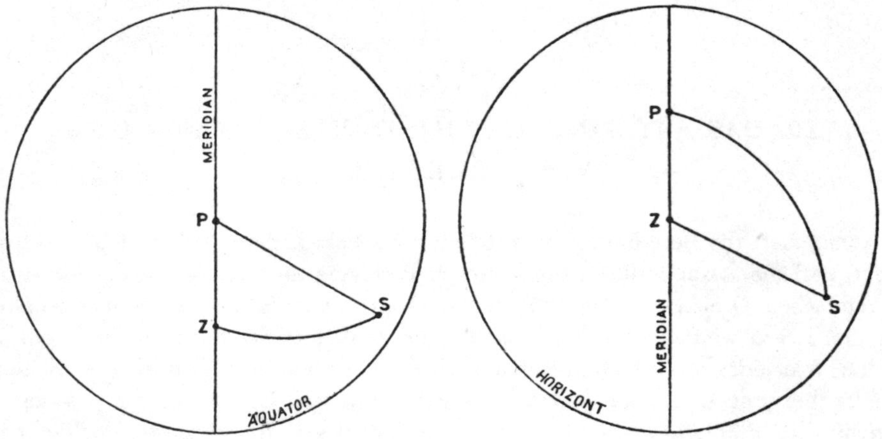

Abb. 31. Pol- und Zenitanblick des astronomischen Dreiecks

Dieses Dreieck ist ein Teil der Kugeloberfläche. Um es auf einem ebenen Blatt Papier wiederzugeben, müssen wir wieder unsere stereographische Projektion anwenden. Wir haben jetzt zwei Möglichkeiten, dieses Dreieck zu zeichnen. Entweder geben wir es so wieder, daß der Himmelspol im Zentrum der Projektion liegt oder der Zenit. Im ersten Fall erscheinen der Meridian und der Polarabstand als gerade Linien, im zweiten Fall werden Meridian und Zenitabstand als Gerade wiedergegeben. Die dritte Seite eines jeden Dreiecks erscheint als Kreisbogen.

Bei jedem Problem müssen wir uns nun überlegen, welche der beiden Projektionen günstiger ist. Wenn wir den Polabstand oder Zenitabstand eines Sternes berechnen wollen, müssen wir das Dreieck so projizieren, daß die gesuchte Strecke als Gerade erscheint. In den meisten Fällen werden wir finden, daß die Projektion mit dem Zenit im Zentrum praktischer ist, und nicht, wie es bei der Astrolabe der Fall ist, mit dem Pol als Zentrum. Nur wenn wir einen Stern identifizieren wollen, das heißt, seinen Polabstand berechnen zu müssen, werden wir den Pol als Mittelpunkt der Projektion wählen.

Zur Lösung astronomischer Probleme benötigen wir Zirkel und Lineal, einen Winkelmesser und einen stereographischen Maßstab, mit dessen Hilfe wir die Seitenlängen unseres astronomischen Dreiecks messen können. Ein solcher Maßstab ist im Anhang dieses Buches abgedruckt. Wir schneiden ihn vorsichtig aus und leimen ihn auf ein flaches Holzbrettchen. Um die Skala haltbarer zu machen, lackieren wir unseren Maßstab noch ein- oder zweimal.

Mit Hilfe des Maßstabes können wir nun die Länge derjenigen Seiten unseres Dreiecks messen, die als gerade Linien abgebildet werden. Eine Seite, die 90° lang ist, wird 10 Längeneinheiten der Skala lang sein. Der Abstand des Zenits vom Horizont in unseren Zeichnungen beträgt dann etwa 17 cm, was der Länge unseres Maßstabes entspricht.

Ist unser Zeichenpapier nicht groß genug, oder spielt die Genauigkeit keine Rolle, können wir die Längen auch in Zentimetern antragen. Wollen wir eine besonders große Genauigkeit erzielen, dann nehmen wir eine größere Maßeinheit.

Die Arbeitsmethode der Lösung astronomischer Probleme mit Hilfe des stereographischen Maßstabes ist verhältnismäßig einfach. Wir wollen sie an einem Beispiel kennenlernen.

Die Deklination der Sonne betrage 20° Nord. Zu welcher Tageszeit erreicht sie eine Höhe von 40° über dem Horizont, wenn sich der Beobachter in 52° nördlicher Breite befindet, und was ist der Azimut der Sonne zu dieser Zeit?

Zuerst ziehen wir eine gerade Linie, die unseren Meridian darstellen soll, und auf ihr markieren wir einen Punkt Z, unseren Zenit. Wir beschreiben einen kleinen Kreis um diesen Punkt als Zeichen dafür, daß wir diesen Punkt zum Zentrum unserer Projektion erwählt haben. Direkte Messungen mit dem stereographischen Maßstab dürfen wir nur

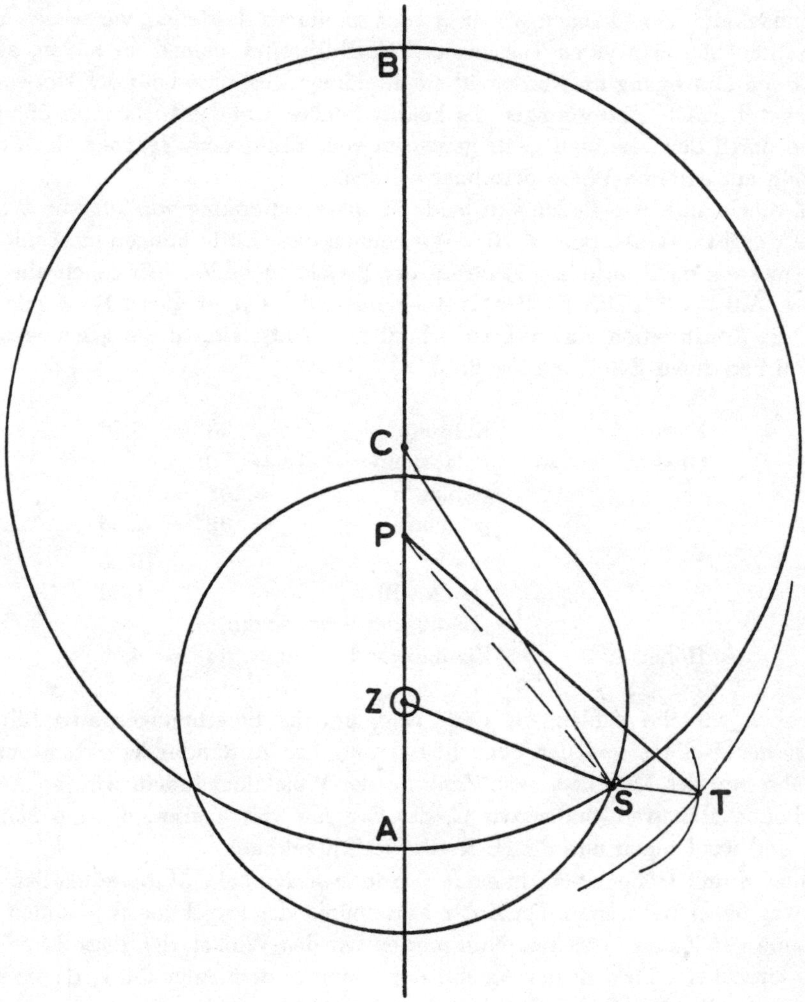

Abb. 32. Breite 52° Kobreite c = 38° = 3,43
Dekl. 20° Polabstand p = 70°
p plus c = 108° = 13,8
p minus c = 32° = 2,86
16,66 : 2 =
Radius = 8,33
Höhe 40° Zenitabstand z = 50° = 4,65
Azimut: S 69° O
Stundenwinkel: 49° = $3^h\,16^m$

von diesem Punkt aus machen. Der Himmelspol P liegt nun 90° minus 52° = 38° nördlich vom Zenit. Unsere Skala sagt uns, daß sein Abstand von Z 3,43 Längeneinheiten betragen muß; in dieser Entfernung zeichnen wir nun P ein.

Die Höhe der Sonne soll 40° betragen. Daraus folgt, daß der Zenitabstand 50° sein muß; 50° entspricht 4,65 Längeneinheiten auf unserem Maßstab. Wir können nun um Z einen Kreis schlagen, dessen Radius gleich 4,65 Einheiten ist. Dies ist der 40° Almukantarat, der Kreis, der alle die Punkte am Himmel verbindet, die sich genau 40° über dem Horizont befinden.

Die Sonnenbahn selbst können wir nicht ganz so einfach darstellen, wir wissen aber, daß die Sonne den Meridian jeden Tag zweimal durchschreitet, einmal im Süden, einmal im Norden. Beim Durchgang im Norden ist sie allerdings weit unterhalb des Horizontes und darum unsichtbar. Die Entfernungen der beiden Punkte A und B (siehe Abb. 32), in denen die Sonne durch den Meridian geht, gemessen vom Zenit, dem Zentrum der Projektion, können nun auf einfache Weise berechnet werden.

Sowohl A wie auch B befinden sich beide in einer Entfernung von 70° von P (Deklination = 20°, deshalb: Polabstand = 70°). Wir können diese Entfernungen nicht mit unserem Maßstab messen, da P nicht das Zentrum der Projektion bildet. Wir sehen aber aus der Zeichnung, daß Z—B gleich P—B plus Z—P ist, und Z—A ist gleich P—A minus Z—P. Um nun die Konstruktion auszuführen, schreiben wir erst einmal die gegebenen Größen nieder und berechnen Z—A und Z—B.

Breite: 52°	Kobreite	c = 38° =	3,43
Deklination: 20°	Polabstand	p = 70°	
	p plus c	= 108° =	13,8
	p minus c	= 32° =	2,86
	A—B	=	16,66
	½ (A—B)	=	8,33
	(Radius der Sonnenbahn)		
Höhe: 40°	Zenitabstand	z = 50° =	4,65

Hier haben wir alle Zahlen, die nötig sind, um die Berechnungen auszuführen, einschließlich des Halbmessers der Sonnenbahn und der Abstände der Schnittpunkte der Sonnenbahn und des Meridians vom Zentrum der Projektion. Indem wir von A (oder B) 8,33 Einheiten abmessen, finden wir C, das Zentrum des Kreises, der die Sonnenbahn darstellt, und wir können nun diesen Kreis wirklich zeichnen.

Sonnenbahn und Höhenkreis schneiden sich in zwei Punkten. Wir werden den östlichen Punkt etwas näher betrachten. Da Z der Mittelpunkt der Projektion ist, können wir eine gerade Linie von Z nach S ziehen. Nun messen wir den Winkel, den diese Linie mit dem Meridian einschließt. Dies ist der Azimut der Sonne in dem Augenblick, da sie 40° über dem Horizont steht. Wir finden den Azimut zu S 69° O.

TAFEL IX

Der Mond im Alter von 7½ Tagen. Die überraschende Anzahl von Einzelheiten die auf diesem Photo sichtbar sind, wird selbst von kleinen Fernrohren noch weit übertroffen. (Pariser Observatorium)

Der Stundenwinkel ist etwas schwieriger zu bestimmen, da er vom Meridian und der dritten, gekrümmten Seite des Dreiecks eingeschlossen wird, die P mit S verbindet. Alles, was wir über diesen Bogen wissen, ist, daß er die Sonnenbahn im rechten Winkel in S schneiden muß (alle Stundenbögen schneiden den Himmelsäquator und die Deklinationskreise im rechten Winkel, und die stereographische Projektion gibt dies getreu wieder). Wir wissen ebenfalls, daß die Linie C—S eine Tangente zu diesem Kreisbogen im Punkt S sein muß, da diese Linie ja auch, wie der Kreisbogen, durch S geht, und auf der Sonnenbahn senkrecht steht.

Wenn wir nun annehmen, wir hätten diesen Kreisbogen schon gefunden, dann könnten wir eine ähnliche Tangente zeichnen, die diesen Bogen im Punkt P berührt. Wenn wir jetzt die Länge dieser Tangente gleich C—S machen, erhalten wir den Punkt T, den wir mit S verbinden. Verbinden wir nun auch noch P mit S durch eine Gerade, so erhalten wir zwei Dreiecke, P—S—T und P—S—C. Diese Dreiecke haben eine Seite, P—S, gemeinsam, die Seiten P—T und S—C sind gleich, da wir sie ja gerade so gezeichnet haben. Die Winkel in den Punkten P und S sind ebenfalls gleich, da sie von zwei Tangenten desselben Kreises und einer Sehne gebildet werden. Die beiden Dreiecke sind daher spiegelbildlich kongruent, das heißt, daß auch die Seiten P—C und S—T einander gleich sein müssen.

Um nun die Tangente P—T zu finden, schlagen wir einen Kreis um P, dessen Radius gleich C—S ist, und dann einen zweiten Kreis um S mit dem Radius P—C. Der Schnittpunkt dieser beiden Kreise ist unser gesuchter Punkt T, den wir mit P verbinden. Nun können wir den Winkel Z—P—T messen, der der Stundenwinkel der Sonne ist. In unserem Beispiel beträgt er 49° oder, wenn wir ihn im Zeitmaß ausdrücken, $3^h\,16^m$. Die Sonne erreicht diesen Punkt also um 08.44 Uhr wahrer Sonnenzeit, ihr Azimut beträgt in diesem Augenblick, wie wir schon gesehen haben, S 69° O.

Die beiden Hilfskreise, die wir schlagen mußten, um den Punkt T zu finden, schneiden sich in zwei verschiedenen Punkten. Wir müssen immer überlegen, welcher von ihnen der richtige ist. Wenn wir aber daran denken, daß sich die beiden Tangenten auf halbem Wege zwischen S und P schneiden müssen, wird es uns nicht schwerfallen zu entscheiden, welcher der beiden Punkte diese Bedingung erfüllt.

Ein Problem, das in der Praxis häufig vorkommt, ist die Bestimmung der Höhe und des Azimutes der Sonne oder eines Sternes, wobei Breite, Deklination und Stundenwinkel gegeben sind.

Wieder beginnen wir damit, den Meridian zu zeichnen. Auf ihm tragen wir die Punkte Z und P ein. Dann berechnen wir wieder die Entfernungen Z—A (p minus c) und Z—B (p plus c) und den Radius der Sonnenbahn. Im allgemeinen ist es nicht nötig, die ganze Sonnenbahn zu zeichnen. Es genügt, nur einen kleinen Teil in die Zeichnung einzutragen. Wir markieren also den Punkt A, durch Abtragen des Sonnenbahnradius finden wir auch C (Abb. 33).

TAFEL X

Südwestlicher Teil des Mare Nubium mit den Kratern Ptolemaeus (unten, Mitte), Alphonsus und Arzachel (darüber), und der seltsamen „Langen Wand“, die in den Hirschhornbergen endigt.

(Mt. Wilson Observatorium)

Abb. 33. Breite 52° Kobreite c = 38°
Dekl. 20° Polabstand p = 70°
Zeit 10.00 Uhr, Stundenwinkel = 30° Ost
p plus c = 108° = 13,8
p minus c = 32° = 2,86
16,66 : 2
Radius = 8,33

Azimut = S 47,5° O

Abb. 34. Breite 52° Kobreite c = 38°
Höhe 60° Zenitabstand z = 30°
Azimut S 50° W
z plus c = 68° = 6,8
z minus c = — 8° = —0,7
6,1 : 2
Radius = 3,05
Polabstand = 63,5°, Deklination = 26,5°
Stundenwinkel = 21,5° = $1^h\ 28^m$

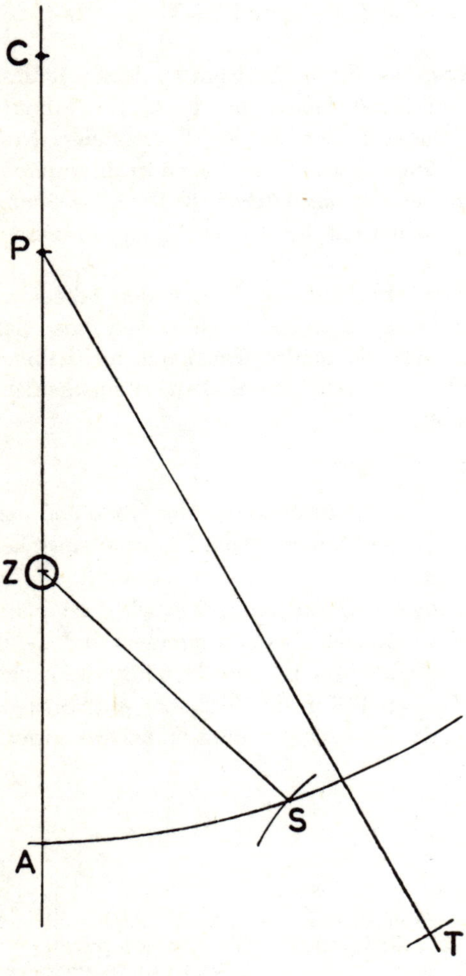

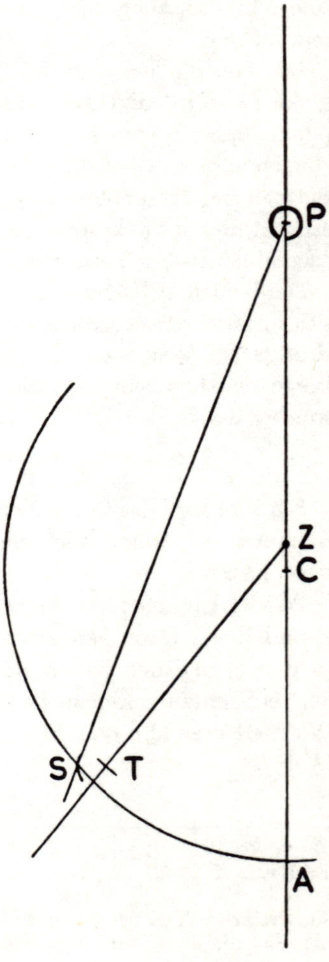

Von P ziehen wir nun eine Linie, die mit dem Meridian einen Winkel einschließt, der gleich dem Stundenwinkel der Sonne ist. Die Länge dieser Linie machen wir gleich C—A, wodurch wir den Punkt T erhalten. Danach schlagen wir einen Kreis mit dem Radius C—P um T, der die Sonnenbahn in S schneidet. Wir können nun S mit Z verbinden, und den Winkel A—Z—S messen. Dies ist dann der Azimut der Sonne. Die Entfernung Z—S messen wir mit unserem Maßstab, wodurch wir den Zenitabstand der Sonne erhalten. Indem wir diesen von 90° abziehen, erfahren wir die Sonnenhöhe.

Um einen Stern zu bestimmen, müssen wir seine Deklination und seinen Stundenwinkel finden. Aus diesem Grunde werden wir diesmal den Himmelspol zum Zentrum der Projektion nehmen.

Der Meridian ist wieder die erste Linie, die wir zeichnen. In der schon bekannten Weise tragen wir auf ihr Z und P ein. Diesmal müssen wir den Höhenkreis berechnen, da ja der Zenit nicht das Zentrum der Projektion ist. Das geht genauso vor sich wie die Berechnung des Deklinationskreises in den vorhergehenden Beispielen, nur ist es nicht p plus c und p minus c, die uns A und B geben, sondern z plus c und z minus c. (Siehe Abb. 34.) Hierbei werden wir feststellen, daß z minus c negativ wird. Der Punkt B liegt daher südlich von P, und nicht, wie in den anderen Beispielen, nördlich. Wir können nun den Almukantarat einzeichnen.

Wir ziehen eine Linie von Z, die mit dem Meridian einen Winkel einschließt, der gleich dem Azimut des Sternes ist. Durch Abtragen der Entfernung A—C auf dem Schenkel dieses Winkels finden wir den Punkt T. Um T schlagen wir wieder einen Hilfskreis mit dem Radius Z—C, der den Höhenkreis im Punkt S schneidet, der nun unser Stern ist. Wir verbinden S mit P und können jetzt mit der stereographischen Skala seinen Polabstand messen. Wir erhalten die Deklination des Sterns, indem wir sie von 90° abziehen. Der Winkel am Pol ist der Stundenwinkel des Sternes, den wir mit dem Winkelmesser messen können und den wir dann in Stunden und Minuten umrechnen. Jetzt berechnen wir die Sternzeit, wie auf Seite 50 angegeben. Damit können wir die R.A. des Sterns berechnen, wobei wir uns nur daran erinnern müssen, daß die R.A. des Sterns gleich örtliche Sternzeit minus Stundenwinkel des Sterns ist. Die Ergebnisse machen es möglich, die gefundene R.A. und Deklination auf einer Sternkarte aufzusuchen und damit festzustellen, welchen Stern wir beobachtet haben.

Alle anderen astronomischen Probleme dieser Art werden auf gleiche Weise gelöst. Allerdings gibt es einige Fälle, die jedoch für die Praxis keine Bedeutung haben, bei denen die Methode der stereographischen Projektion versagt. Der Leser versuche nun, alle möglichen Fälle niederzuschreiben und ihre Lösung zu versuchen. Wir können auch noch einige andere Probleme lösen. Hier einige weitere interessante Aufgaben:

Bestimme die Höhe und den Azimut der Sonne für 09.00 Uhr des heutigen Tages. (Gegeben: Geogr. Breite des Beobachters, Deklination der Sonne [siehe Anhang] und Stundenwinkel.)

Was ist die geographische Länge des Ortes, von dem die Sonnenhöhe um 11.00 Uhr zu 40° bestimmt wurde (die Uhrzeit ist mittlere Greenwichzeit), wenn die Deklination der Sonne an diesem Tage 15° Nord war? (Gegeben: Geogr. Breite 52° Nord, Deklination 15° Nord, und Höhe 40°).

Um wieviel Uhr geht die Sonne heute auf und unter, und wie groß ist der Azimut zu dieser Zeit? Wie lange dauert heute die bürgerliche Dämmerung, und wie lange die astronomische Dämmerung?

Navigation

In der Schiffahrt ist die Berechnung der Höhe und des Azimutes der Sonne oder eines Sternes von besonderer Wichtigkeit. Nach diesen Angaben kann der Steuermann eines Schiffes den genauen Schiffsort berechnen, vorausgesetzt, daß er den ungefähren Schiffsort schon im voraus kennt.

Da ja der Kurs und die Geschwindigkeit des Schiffes bekannt sind, kann, vom letzten bekannten genauen Schiffsort ausgehend, der neue Logort berechnet werden. Nun sind aber hierbei die Einflüsse von Wind und Strömungen nicht berücksichtigt worden, so daß die Logberechnung immer nur einen ungefähren Schiffsort ergibt, der aber genau genug ist, um eine genaue astronomische Schiffsortbestimmung vorzunehmen.

Unter der Annahme, daß die Logberechnung genau ist, kann der Steuermann berechnen, wie hoch z. B. die Sonne während des Meridiandurchgangs über dem Horizont stehen müßte. Nehmen wir an, die berechnete Sonnenhöhe betrage 47°, dann kann dies mit der tatsächlichen beobachteten Sonnenhöhe verglichen werden. Beträgt nun die wirkliche Sonnenhöhe nur 46°, so ist daraus zu schließen, daß der wahre Schiffsort sich 1° nördlich des berechneten Schiffsortes befindet.

In der Nautik wird dieses Prinzip des Vergleichs zwischen berechneter und beobachteter Höhe fast ausschließlich angewandt, und zwar nicht nur bei Sonnenbeobachtungen, sondern auch bei den Sternen. Man nennt das Verfahren das Prinzip der Positionslinie. Wir wollen es uns jetzt etwas näher besehen.

In jedem Augenblick gibt es natürlich einen gewissen Punkt der Erdoberfläche, in dem die Sonne genau im Zenit steht. Wir können uns diesen Punkt von Kreisen umgeben denken, entlang denen die Sonne zu dieser Zeit 80°, 70°, 60° usw. hoch über dem Horizont erscheint.

Wenn wir nun die Sonnenhöhe messen, wissen wir, daß wir uns auf einem dieser Kreise befinden müssen, wobei der Mittelpunkt des Kreises der Punkt der Erdoberfläche ist, in dem die Sonne im Zenit steht. Der Radius des Kreises ist gleich dem gemessenen Zenitabstand der Sonne. Diesen Kreis, der unseren Schiffsort festlegt, nennen wir den Positionskreis.

Der berechnete Schiffsort befindet sich in einer bestimmten Entfernung von dem Punkt, in dem die Sonne im Zenit steht. Wenn die beobachtete Sonnenhöhe größer ist als die berechnete, wissen wir, daß wir näher an diesem Punkt sind. Ist die Sonnenhöhe kleiner als sie der Berechnung nach sein sollte, befinden wir uns weiter entfernt von diesem Punkt.

Da der Schiffsort ungefähr bekannt ist, brauchen wir nur einen kleinen Teil des Positionskreises in Betracht ziehen, nämlich den Teil, der in der Nähe des berechneten Schiffsortes liegt. Da die Positionskreise im allgemeinen einen großen Radius haben, können wir die Sache noch weiter vereinfachen, indem wir diesen kurzen Teil des Kreises als gerade Linie ansehen.

Wenn die Sonne im Abstand von mehreren Stunden zweimal beobachtet wird, erhalten wir zwei solcher Positionslinien. Ihr Schnittpunkt ist dann unser genauer Schiffsort. In der Nautik nennt man diesen einen Fix.

Nehmen wir z. B. an, wir hätten die Sonnenhöhe zu 43,3° gemessen, die Zeit war

09.00 Uhr, die Deklination der Sonne betrug 20° Nord. Unserer Logberechnung nach befinden wir uns in 51,5° nördlicher Breite und unsere geographische Länge ist 0,0°, das heißt, wir befinden uns auf dem Meridian von Greenwich.

Eine Berechnung gemäß Abb. 35 zeigt uns, daß die Sonnenhöhe 43,0° betragen sollte, während der Azimut S 65° O ist. Die beobachtete Sonnenhöhe ist also größer als die berechnete. Wir sind daher näher an dem Punkt, in dem die Sonne im Zenit steht, als unsere Logberechnung ergab.

Um nun den genauen Schiffsort zu bestimmen, ziehen wir auf einem Blatt Papier zwei Linien, die aufeinander senkrecht stehen. Sie sollen den Meridian und den Breitenkreis unseres berechneten Schiffsorts darstellen. Dann ziehen wir in gleichmäßigen Abständen weitere Linien parallel zum Meridian. Sie bezeichnen die Meridiane, die sich 10', 20' 30' usw. westlich und östlich von unserem berechneten Schiffsort befinden.

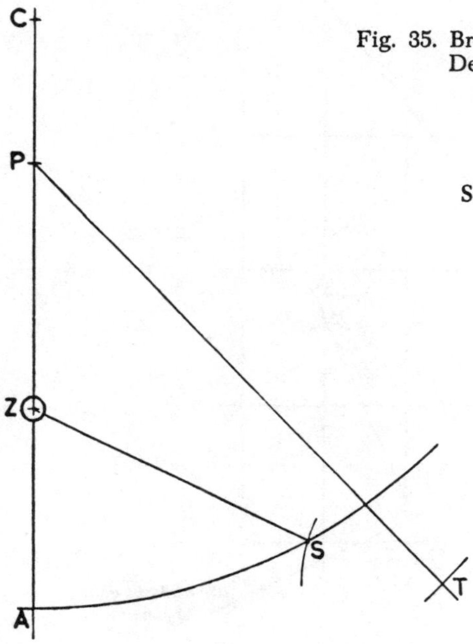

Fig. 35. Breite 51° 30' Nord — Kobreite = c = 38° 30'
Deklination 20° N — Polabst. p = 70°
p plus c = 108° 30' = 13,9
p minus c = 30° 30' = 2,8
16,7 : 2
Radius = 8,35
Stundenwinkel 3h 0m = 45°
Zenitabstand = 47°, Höhe = 43°
Azimut = S 65° O

Da nun die Meridiane gegen die Pole hin zusammenlaufen, müssen wir für unsere kleine Seekarte das richtige Verhältnis zwischen den Abständen der Meridiane und der Breitenkreise finden, um genaue Messungen auf der Karte machen zu können.

Zu diesem Zweck ziehen wir eine Linie vom Punkt 0 (Abb. 36), die mit dem Breitenkreis einen Winkel einschließt, der gleich der geographischen Breite des berechneten Schiffsorts ist. Diese Linie schneidet die Meridiane. Die Länge der durch die Meridiane erzeugten Abschnitte entspricht nun derselben Anzahl von Graden oder Bogenminuten in geographischer Breite wie der Abstand der Meridiane. In Abb. 36 sind Meridiane und Breitenkreise in Abständen von je 10 Bogenminuten eingezeichnet. Da nun ein Grad des Erdäquators oder ein Grad in geographischer Breite 60 nautischen Meilen oder Seemeilen entspricht, und somit 1 Bogenminute = 1 Seemeile ist, können wir auf unserer Karte alle Entfernungen auf einfache Weise messen.

Nun ziehen wir von unserem berechneten Schiffsort aus eine Linie, die mit dem Meridian einen Winkel einschließt, der gleich dem Azimut der Sonne ist, den wir ja schon berechnet haben. Da die beobachtete Sonnenhöhe etwa 0,3° größer war als die berechnete, wissen wir auch schon, daß unser wirklicher Schiffsort sich, vom berechneten Schiffsort aus gesehen, in einer Entfernung von 20 Seemeilen in Richtung der Sonne befindet. Diese Entfernung tragen wir nun auf der Azimutlinie ab. In dem Punkt, den wir so finden, errichten wir eine Senkrechte. Das ist nun unsere Positionslinie. Wir befinden uns irgendwo auf ihr, da ja ein jeder ihrer Punkte der Sonne 20 Seemeilen näher ist als unser berechneter Schiffsort.

Einige Stunden später können wir die Sonne wieder beobachten. Damit erhalten wir eine zweite Positionslinie, die die erste irgendwo schneidet. Dieser Schnittpunkt ist unser genauer Schiffsort.

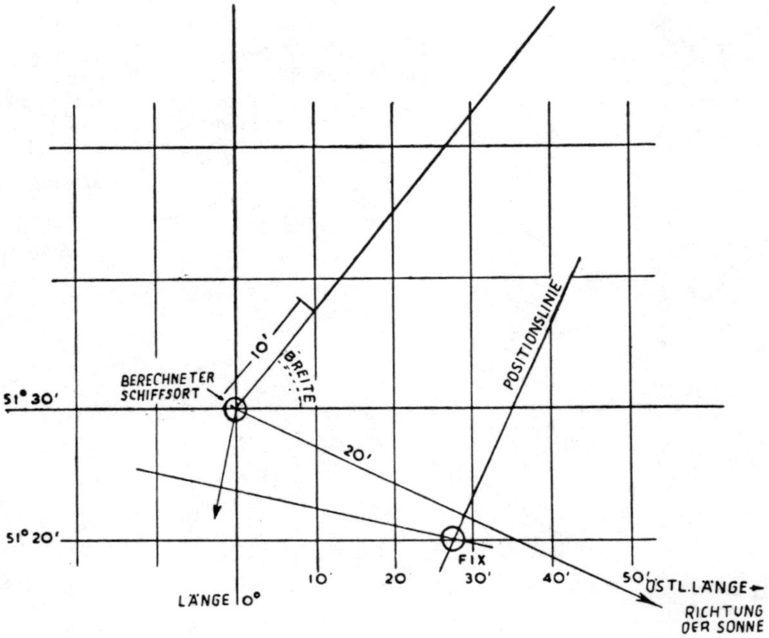

Abb. 36.	Berechnete Höhe	43° 0′
	minus beobachtete Höhe	43° 20′
	minus	0° 20′

Der wirkliche Abstand des Beobachters vom Punkt, in dem die Sonne im Zenit steht, beträgt 20′ weniger als angenommen. Der wahre Schiffsort liegt also 20′ in Richtung zur Sonne vom Besteckort.

Es ist wirklich überraschend, wie genau diese Methode ist, selbst dann, wenn die Messungen mit unseren selbstgebastelten Instrumenten und die Berechnungen mit der stereographischen Skala gemacht werden. In der Seefahrt benutzt man Sextanten und umfangreiche Tabellen. Die Ergebnisse sind selten mit einem Fehler behaftet, der kleiner als eine Seemeile ist. Mit unseren Instrumenten können wir bei sorgfältigem Arbeiten eine Genauigkeit von 6 Seemeilen erhalten. In Anbetracht der Einfachheit unseres Rüstzeuges ist das ein ausgezeichnetes Ergebnis.

11. DIE PLANETEN UND IHRE BAHNEN

Jahrtausendelang versuchten die Menschen die seltsamen Bahnen der Planeten am Himmel zu erklären, aber sie fanden keine zufriedenstellende Lösung der Planetenbewegungen, bis Kopernikus seine revolutionäre Theorie aufstellte, nach der nicht die Erde, sondern die Sonne im Mittelpunkt unseres Planetensystems stand.

Wenn wir den Lauf eines Planeten graphisch wiedergeben, erhalten wir überraschende Ergebnisse, wie dies die Abb. 37 zeigt. Aber bei dieser Darstellung sind schon einige Vereinfachungen vorgenommen worden.

Wir sehen, daß Merkur zu Beginn des Jahres rechtläufig war, das heißt er bewegte sich — so widersinnig es auch klingt — nach links vor dem Hintergrund der Fixsterne dahin, und auch seine Breite änderte sich, er lief auf nördlichere Gegenden des Himmels zu. Um den 1. Februar wurde Merkur dann rückläufig (er bewegte sich dann nach rechts) und er beschrieb eine Schleife, wobei er sich schnell nach Süden zu bewegte. Innerhalb eines Monats erreichte er eine Stellung, die nicht weniger als 15° südlicher ist als die Stellung, die er am 1. Februar innehatte.

Von nun an wird der Planet wieder rechtläufig. Er bewegt sich wieder mehr nördlichen Breiten zu, bis er im Juni wieder eine Schleife durchläuft.

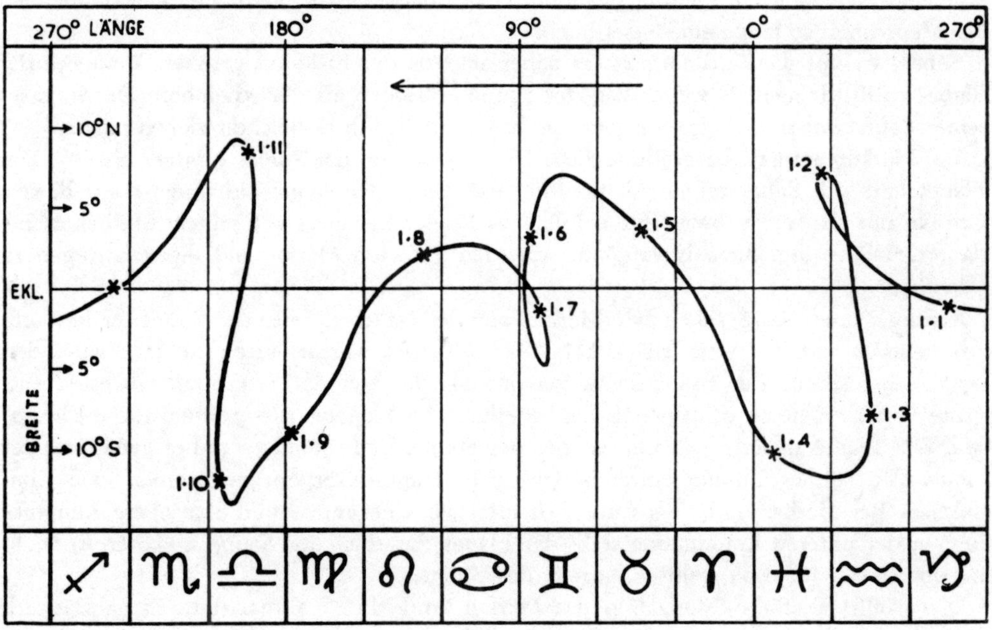

Abb. 37. Muster einer graphischen Darstellung des Laufs des Merkur im Jahre 1955

Merkur ist für solche Bewegungen besonders berühmt, aber auch die anderen Planeten beschreiben Schleifen und werden zu Zeiten rückläufig, doch ihre Bewegungen sind langsamer, da sie sich in größeren Entfernungen von der Sonne aufhalten als Merkur und deshalb auch auf ihren Bahnen langsamer fortschreiten.

Die Koordinaten des Planeten in Abb. 37 sind in einem System angegeben, das wir noch nicht kennengelernt haben. Die Stellungen der Planeten und die Lage ihrer Bahnen werden aus Bequemlichkeitsgründen auf die Ekliptik bezogen. Das macht die Berechnungen einfacher, da hierbei die Deklination der verschiedenen Punkte der Ekliptik vernachlässigt werden kann.

In diesem neuen, dem sog. ekliptischen Koordinatensystem entspricht die ekliptische Breite der Deklination im äquatorialen Koordinatensystem. Sie wird in Graden nördlich oder südlich der Ekliptik angegeben. Die Rektaszension hat ihr Gegenstück in der ekliptischen Länge, die ebenfalls in Graden gerechnet wird, wobei man beim Frühlingspunkt zu zählen beginnt, und dann entgegengesetzt dem Uhrzeigersinne fortschreitet.

Die Beziehungen zwischen den beiden Koordinatensystemen sind in Abb. 44 wiedergegeben, und zwar in graphischer Form. Um nun Messungen in dem einen System mit besonders großer Genauigkeit durch Angaben im anderen System auszudrücken, können wir wieder unsere stereographische Projektion anwenden. Hierbei zeichnen wir den Pol der Ekliptik in einem Abstand von $23^1/_2°$ vom Himmelspol. Die Messungen der Winkel in beiden Systemen fangen dann an dem Schnittpunkt des Äquators mit der Ekliptik an, in dem die Ekliptik, entgegengesetzt dem Uhrzeigersinne fortschreitend, in das Innere des Äquatorkreises läuft.

In Abb. 38 haben wir die Bewegungen des Merkur noch einmal aufgezeichnet. Diesmal wurde die Sonne als Bezugspunkt gewählt, die Breite des Planeten wurde vernachlässigt. Wer die Zeichnung bedächtig ansieht, wird das Kreisen des Planeten um die Sonne fast erkennen können. Es ist darum erstaunlich, daß diese wahre Natur der Planetenbahnen der Menschheit so lange ein Rätsel blieb.

Sehen wir uns die Zeichnung etwas näher an. Von der Erde aus gesehen, kann sich der Planet natürlich niemals weiter von der Sonne entfernen als der scheinbare Durchmesser seiner Bahn, wobei wir unsere eigene Entfernung natürlich in Betracht ziehen müssen.

Bei Merkur beträgt die größtmögliche Entfernung von der Sonne weniger als 30°. Der Planet hält sich daher immer in unmittelbarer Nähe der Sonne auf und ist aus diesem Grunde nur schwer zu beobachten. Johannes Kepler hat noch auf seinem Sterbebett bedauert, daß es ihm niemals vergönnt war, den Planeten Merkur mit eigenen Augen zu sehen.

Anfang Januar 1976 sahen wir Merkur auf der östlichen Seite der Sonne, er bewegte sich langsam von ihr weg (siehe Abb. 38). Mitte des Monats erreichte der Planet den Punkt seiner Bahn, der von uns aus gesehen als der von der Sonne am weitesten entfernte Punkt erscheint. Man nennt diese Stellung des Planeten die größte östliche Elongation. Der Planet näherte sich nun wieder der Sonne. Ende Januar stand er genau vor der Sonne. Ein solches Zusammentreffen von zwei Himmelskörpern nennt man eine Konjunktion. Bei Merkur und Venus unterscheiden wir eine untere und eine obere Konjunktion. In der unteren Konjunktion steht der Planet zwischen der Sonne und der Erde, in der oberen Konjunktion steht er jenseits der Sonne.

Die größte westliche Elongation des Merkur fand Mitte Februar statt. Er näherte sich dann wieder der Sonne und läuft hinter ihr vorbei.

In gleicher Weise wie Merkur bewegen sich auch alle anderen Planeten einschließlich

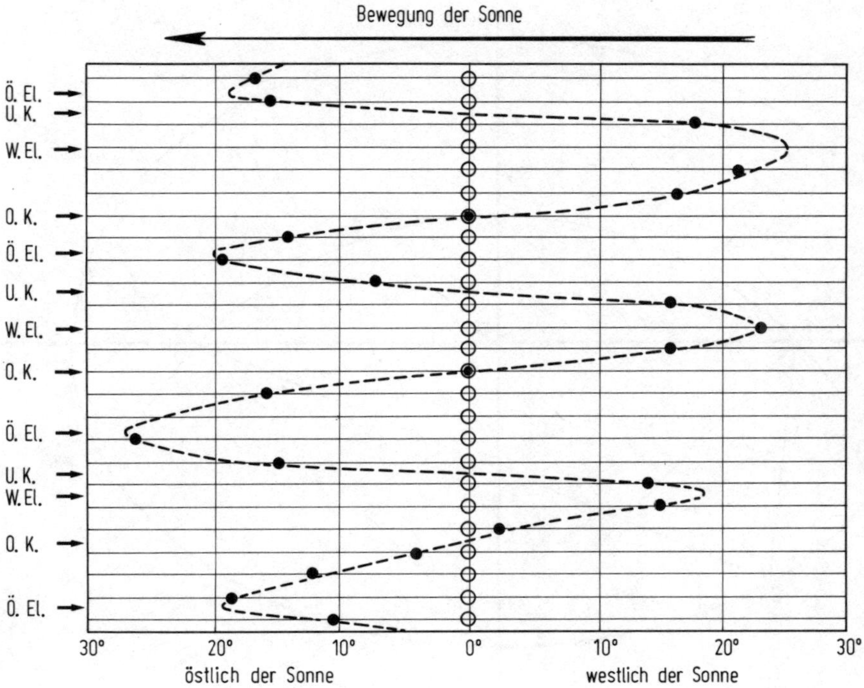

Abb. 38. Sonne und Merkur im Jahre 1976

unserer Erde um die Sonne. Alle Eigenarten ihrer Bahnen, wie die Schleifen, die sie durchlaufen und die Tatsache, daß sie zeitweilig rückläufig werden, erklären sich auf einfache Weise, wenn wir in Betracht ziehen, daß auch die Erde eine ähnliche Bahn beschreibt und nicht den feststehenden Mittelpunkt des Alls bildet, wie man das jahrtausendelang annahm.

Die Bahnen der Planeten

Die wirkliche Bahn eines Planeten um die Sonne — im Gegensatz zur scheinbaren Bahn, wie sie von der Erde aus gesehen erscheint — hat die Form einer Ellipse. Genau wie ein Kreis, hat auch die Ellipse einen Mittelpunkt 0 (Abb. 39). Jede gerade Linie, die durch diesen Mittelpunkt geht, nennen wir einen Durchmesser. Während aber die Durchmesser eines Kreises alle gleich sind, sehen wir hier, daß die Durchmesser einer Ellipse von verschiedener Länge sein können. Den größten Durchmesser der Ellipse A—A′ nennen wir die Hauptachse, den kleinsten Durchmesser B—B′ die Nebenachse. Beide Achsen stehen senkrecht aufeinander.

Wenn wir um den Punkt B einen Kreis schlagen, dessen Radius gleich der halben Hauptachse ist, dann schneidet er die Hauptachse in den beiden Punkten F und F′, den Brennpunkten der Ellipse. Jeder Punkt der Ellipse, sagen wir einmal C, kann nun mit diesen beiden Brennpunkten verbunden werden. Die Summe der Längen dieser beiden Verbin-

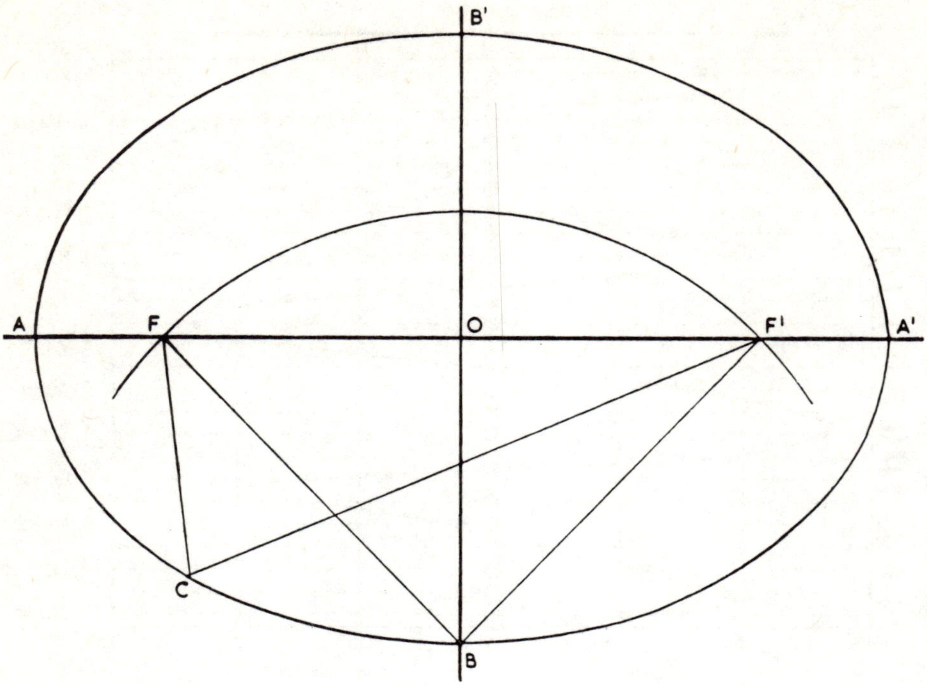

Abb. 39. Die Ellipse

dungslinien ist immer gleich der Hauptachse der Ellipse. Das gilt für jeden einzelnen Punkt des Ellipsenumfangs.

Das Verhältnis zwischen dem Abstand eines Brennpunktes vom Mittelpunkt der Ellipse und der halben Hauptachse nennt man die Exzentrizität der Ellipse. Sie wird im allgemeinen mit dem Buchstaben e bezeichnet.

Aus den Eigenschaften der Ellipse können wir schließen, daß eine Ellipse vollständig definiert werden kann, sowohl in bezug auf ihre Größe als auch in bezug auf ihre Form, wenn man a (Länge der halben Hauptachse) und e (Exzentrizität) kennt. Wenn zahlenmäßige Angaben für diese beiden Größen vorliegen, kann die Ellipse konstruiert werden.

Die Exzentrizitäten der Planetenbahnen sind sehr verschieden, und so sind auch die Längen ihrer halben Hauptachsen unterschiedlich. Venus hat die kleinste Exzentrizität, nämlich 0,0068. Ihre Bahn ist daher einem Kreise sehr ähnlich. Pluto hat die größte Exzentrizität mit 0,249.

Die halbe Hauptachse einer Planetenbahn kann man nun als durchschnittliche Entfernung des Planeten von der Sonne ansehen. Als Vergleichsmaßstab wählen wir die halbe Hauptachse der Erdbahn, die wir als astronomische Einheit bezeichnen und für alle Messungen innerhalb unseres Sonnensystems verwenden. Merkur, der der Sonne am nächsten steht, befindet sich 0,39 astronomische Einheiten von der Sonne entfernt. Pluto, der sonnenfernste Planet, steht in einer Entfernung von 39,5 astronomischen Einheiten.

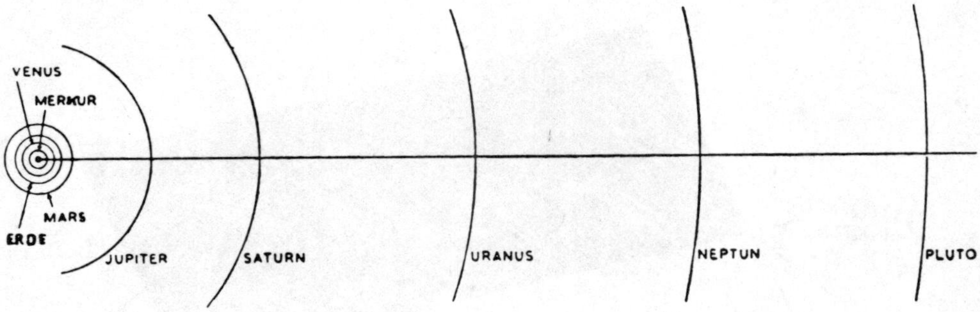

Abb. 40. Durchschnittliche Abstände der Planeten von der Sonne

Keplers Gesetze

Die Gesetze der Planetenbewegungen wurden von Johannes Kepler entdeckt, der sie in folgender Weise ausdrückte:

Erstes Gesetz: Die Bahn eines Planeten hat die Form einer Ellipse, in deren einem Brennpunkt sich die Sonne befindet.

Zweites Gesetz: Der Planet bewegt sich so auf seiner Bahn entlang, daß die Verbindungslinie Sonne—Planet (diese nennt man den Radius-Vektor) in gleichen Zeiträumen gleiche Flächen überstreicht.

Drittes Gesetz: Das Quadrat der Umlaufzeit eines Planeten steht in einem festen Verhältnis zum Kubus der halben Hauptachse seiner Bahn.

Der wahre Abstand eines Planeten von der Sonne ändert sich in gewissen Grenzen. Er hängt von der Stellung des Planeten in seiner Bahn ab. Wenn zum Beispiel der Punkt F die Sonne bezeichnen soll (Abb. 39), dann wäre A der sonnennächste Punkt der Bahn. Wir wollen ihn als das Perihel bezeichnen. (Peri = nahe, Helios = Sonne. Beide Worte sind griechischen Ursprungs.) A', der sonnenfernste Punkt der Bahn ist das Aphel.

Da die Umlaufzeit des Planeten von der Länge der großen Halbachse abhängt, brauchen wir nur a und e zu kennen, und die Epoche, das ist ein bestimmter Zeitpunkt, zu dem sich der Planet an einem bestimmten Punkt seiner Bahn aufhält, um seine Stellung zu jeder gegebenen Zeit berechnen zu können, wobei zur Berechnung das zweite Keplersche Gesetz dient.

Dies sagt uns jedoch nicht, wo wir den Planeten am Himmel wirklich suchen müssen, da wir ja dazu auch noch die Lage der Planetenbahn kennen müssen. Hierzu benötigen wir drei weitere Zahlenangaben und ein Koordinatensystem.

Am einfachsten ist es, wenn wir die Lage der Planetenbahn auf die Ekliptik beziehen. Wir können sofort den Winkel angeben, den die Ebene der Planetenbahn mit der Ebene der Ekliptik macht. Diesen Winkel nennen wir die Inklination oder Neigung der Planetenbahn; wir bezeichnen sie mit dem Buchstaben i.

Die Bahn des Planeten schneidet die Ebene der Ekliptik in zwei Punkten. Durch einen dieser Punkte geht der Planet, wenn er die Ekliptik von Süden nach Norden überschreitet. Wir nennen ihn den aufsteigenden Knoten. Den anderen, absteigenden Knoten, durchschreitet er, wenn er von Norden nach Süden durch die Ekliptik geht. Die Verbindungslinie der Knoten läuft durch die Sonne. Diese Knotenlinie liegt außerdem in der Ebene der Ekliptik. Als zweite Zahlenangabe können wir also den Winkel angeben, der von den

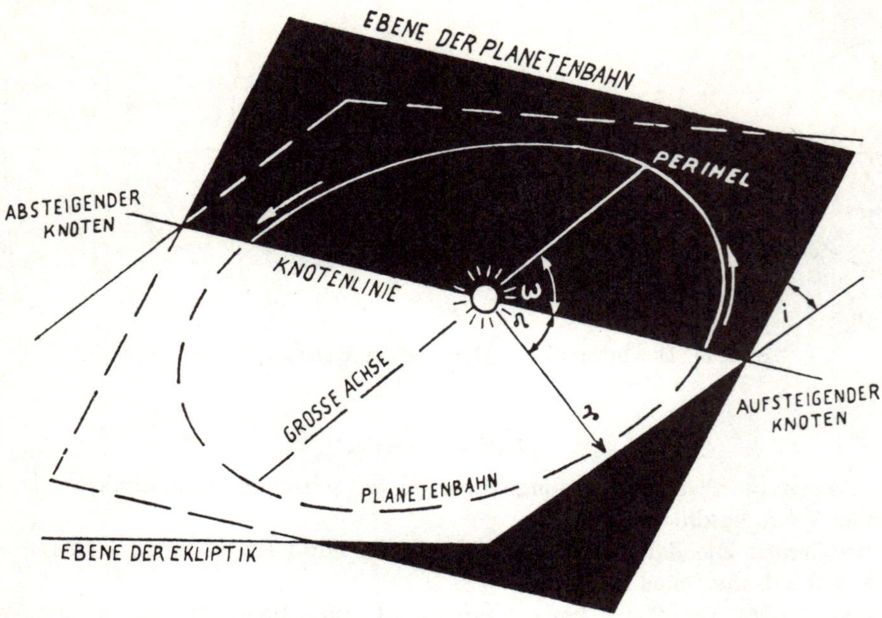

Abb. 41. Die Elemente einer Planetenbahn

Verbindungslinien der Sonne mit dem aufsteigenden Knoten und dem Frühlingspunkt eingeschlossen wird. Dieser Winkel wird mit dem folgenden Zeichen versehen: ☊ (lies: aufsteigender Knoten).

Diese beiden Angaben legen die Lage der Ebene der Planetenbahn in bezug auf die Ekliptik fest. Um nun auch die Lage der Bahn auf dieser Ebene anzugeben, brauchen wir noch den Winkel ω (omega), der von den Verbindungslinien der Sonne mit dem Perihel und dem aufsteigenden Knoten eingeschlossen wird.

Das Problem . . .

Mit diesen sechs Größen haben wir alle nötigen Angaben, um ein Problem, das für die praktische Astronomie von besonderer Wichtigkeit ist, zu lösen. Wir können nun die Stellung am Himmel berechnen, die ein Planet zu einer gegebenen Zeit einnimmt.

Hierzu müssen wir drei Größen berechnen; erstens die genaue Entfernung des Planeten von der Sonne, zweitens seine Breite, das ist der Winkelabstand des Planeten von der Ekliptik, und drittens die ekliptische Länge, das heißt die Richtung von der Sonne in bezug auf den Frühlingspunkt, in der sich der Planet befindet.

Die Breite des Planeten ändert sich. Ist er genau in der Mitte zwischen den beiden Knotenpunkten seiner Bahn, so ist seine Breite gleich der Neigung seiner Bahn. Die Breite ist Null, wenn er sich an einem der Knoten befindet; in dazwischenliegenden Stellungen schwankt die Breite zwischen diesen beiden Extremen.

Die Länge des Planeten sollte eigentlich entlang seiner Bahn gerechnet werden, das heißt in der Ebene der Bahn, und nicht in der Ebene der Ekliptik. Da nun aber die Inklinationen der Planetenbahnen durchweg gering sind, können wir, ohne große Fehler zu machen, annehmen, daß die Länge des Planeten in seiner Bahn auch gleich der ekliptischen Länge ist. Die größte Ungenauigkeit, die durch diese Annahme zustandekommt, beträgt nur etwa ein fünftel Grad im Maximum bei Merkur. In allen anderen Fällen ist sie sogar wesentlich kleiner. Es wird uns darum nicht möglich sein, irgendwelche Ungenauigkeiten bei eigenen Beobachtungen festzustellen.

... und seine Lösung

Für die eigentliche Berechnung der Stellung eines Planeten benutzen wir die Tafeln am Ende dieses Kapitels. Sie enthalten alle notwendigen Angaben. Der Rechnungsvorgang ist sehr einfach.

Unser Anfangsdatum für alle Berechnungen ist 1950, 0. Januar, 00.00 Uhr Greenwich-Zeit. In bürgerlicher Ausdrucksweise würden wir dafür schreiben: 0 Uhr am 31. Dezember 1949. Der Grund für die seltsame Schreibweise wird uns klar, wenn wir die Anzahl der Jahre, Monate und Tage addieren, um zu dem gegebenen Datum zu kommen. Als Beispiel wollen wir die Stellung der Venus berechnen, so wie sie von der Erde aus gesehen am Himmel erscheint. Wir wählen in unserem Rechenbeispiel das Datum des 23. Juni 1959, 00.00 Uhr MGZ. Für andere Daten richte man sich nach den Tabellen S. 98 ff.

Am Anfangsdatum beträgt die ekliptische Länge der Venus 80,85°. Hierzu addieren wir den Längenzuwachs für 9 Jahre, den wir der Tafel entnehmen. Er beträgt 223,00°, wobei aber eine Anzahl von vollständigen Umläufen von je 360° vernachlässigt wurden. Da nun die Jahre 1952 und 1956 Schaltjahre waren und einen zusätzlichen Tag enthalten, müssen wir noch den Längenzuwachs für zwei Tage addieren. Dann kommen noch die Zuwachse für den Monat Juni und für 23 Tage dazu. Wir erhalten als Summe 585,84°, wovon wir nun wieder einen vollständigen Umlauf von 360° abziehen, so daß wir als Ergebnis 225,84° erhalten. Wir nennen dies die mittlere Länge des Planeten.

Nun sehen wir auch den Grund für die Schreibweise der Epoche. Wir können ohne weitere Überlegungen die Differenz der Jahre addieren. Da das Anfangsdatum außerdem noch der 31. Dezember ist, können wir auch ganz einfach das Datum des Monats dazuzählen. Hätten wir nämlich den 1. Januar gewählt, dann müßten wir jedesmal vom laufenden Datum erst einen Tag abziehen, bevor wir unsere Werte aus der Tabelle ablesen.

Es kommt häufig vor, daß wir einen Wert erhalten, der größer als 360° ist. Das heißt, der Planet hat mehr als einen vollen Umlauf gemacht. Um unsere Zahlen zu vereinfachen, können wir in solchen Fällen immer 360° oder Vielfache davon von unserem Ergebnis abziehen. Da 360° einem vollen Umlauf entspricht, ändert die Subtraktion eigentlich nichts am Ergebnis der mittleren Länge.

Wir erhalten zunächst allerdings nur die mittlere Stellung des Planeten auf seiner Bahn, das heißt die Stellung, die er einnehmen würde, wenn er sich auf seiner Bahn mit gleichförmiger Geschwindigkeit weiterbewegt hätte. Da nun aber die Bahn eine Ellipse ist, und daher auch die Geschwindigkeit des Planeten an verschiedenen Punkten der Bahn verschieden ist, steht er manchmal schon etwas weiter als die mittlere Länge angibt, manchmal bleibt er aber zurück. Die Differenz zwischen der wirklichen und der mittleren Länge nennt man die Mittelpunktsgleichung. Sie ist für einen bestimmten Bahnpunkt immer eine feste Größe. Den Wert der Mittelpunktsgleichung für jeden Punkt der Bahn können wir aus der Tabelle entnehmen.

Für unser Beispiel finden wir, daß in einer mittleren Länge von 225,84° die Mittelpunktsgleichung der Venus plus 0,75° beträgt. Wir addieren dies zur mittleren Länge und erhalten so die wahre Länge des Planeten.

Mit dieser wahren Länge gehen wir in die beiden restlichen Tabellen ein und lesen von ihnen ab, daß der Abstand der Venus von der Sonne zu dieser Zeit 0,723 astr. Einheiten beträgt, und seine Breite ist plus 1,8°.

Diese Zahlen geben die Stellung der Venus in bezug auf die Sonne an. Nun wollen wir aber wissen, wo wir den Planeten, von der Erde aus gesehen, am Himmel finden. Wir müssen daher eine ähnliche Berechnung für die Stellung der Erde durchführen. Der Bequemlichkeit halber schreiben wir die beiden Zahlenreihen nebeneinander, wie folgt:

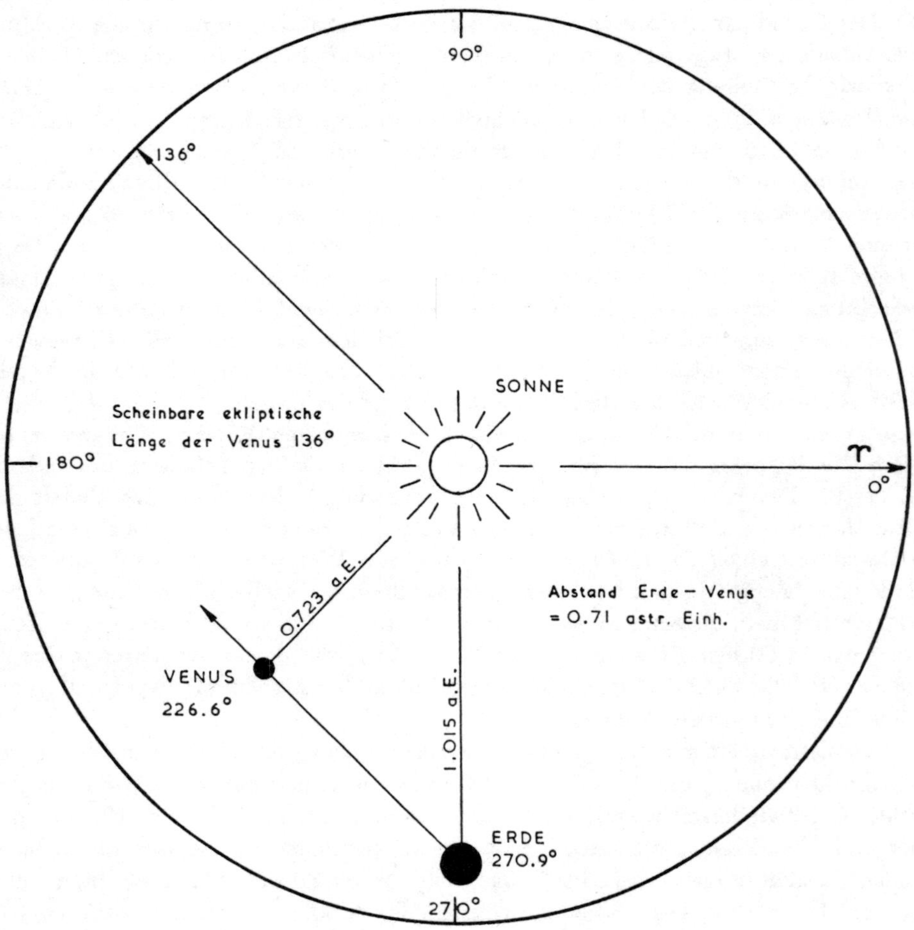

Abb. 42. Scheinbare Länge der Venus, von der Erde aus gesehen, am 23. Juni 1959

1959, 23. Juni, 00.00 Uhr MGZ

	Venus	Erde
Epoche:	80,85°	99,18°
9 Jahre:	223,00	357,73
2 Schalttage:	3,20	1,97
Juni:	241,94	148,84
23 Tage:	36,85	22,68
23. Juni 1959:	585,84	630,40
	360	360
	225,84°	270,40°
Mittelpunktsgleichung:	0,75	0,50
wahre Länge:	226,6°	270,9°
Radius-Vektor:	0,723 a.E.	1,015 a.E.
Breite:	plus 1,8°	——

Nachdem wir diese Berechnungen durchgeführt haben, können wir Abb. 42 anfertigen. Gemäß der ekliptischen Länge und dem Abstande der Erde und des Planeten von der Sonne werden ihre Stellungen in bezug auf die Sonne und den Frühlingspunkt in die Zeichnung eingetragen. Wenn wir die Stellung der Erde mit der des Planeten durch eine gerade Linie verbinden, erhalten wir die Richtung, in der wir den Planeten am Himmel suchen müssen. Allerdings dürfen wir diese Linie nicht bis zum äußeren Kreis der Zeichnung verlängern, um die sogenannte scheinbare Länge des Planeten zu finden. Auf die Himmelskugel übertragen, müßte dieser Kreis so groß sein, daß die Entfernungen der Erde und des Planeten von der Sonne verschwindend klein werden. Wir können diese Bedingung aber ganz einfach erfüllen, wenn wir parallel zu dieser Sichtlinie eine zweite Linie ziehen, die durch den Mittelpunkt der Zeichnung, also durch die Sonne geht. Diese Linie trifft den äußeren Kreis in einem bestimmten Punkt. An ihm können wir die scheinbare ekliptische Länge des Planeten ablesen. In unserem Beispiel erhalten wir eine Länge von 136°.

Die Breite des Planeten ist in Graden angegeben. Sie bezeichnet den Winkel, den die Verbindungslinie Sonne—Planet mit der Ebene der Ekliptik einschließt. Da die Entfernung der Erde vom Planeten im allgemeinen nicht dieselbe ist wie die Entfernung Sonne—Planet, wird die scheinbare Breite des Planeten auch von der wahren Breite verschieden sein.

Mit Hilfe der Abb. 43 finden wir leicht die scheinbare Breite. Die wahre Breite der Venus beträgt 1,8°. Ihr Abstand von der Sonne beträgt 0,723 astr. Einheiten. Nun machen wir die Zeichnung, aber um eine größere Genauigkeit zu erhalten, nehmen wir den Winkel an der Sonne zehnmal größer als er eigentlich sein sollte. In der Zeichnung tragen wir also einen Winkel von 18° an.

Mathematisch gesehen wird unser Ergebnis dadurch natürlich ungenau. Die Ungenauigkeit, die sich bei der Konstruktion und Ablesung dieser äußerst kleinen Winkel ergibt, ist so groß, daß das Ergebnis wertlos wird. Es ist also besser, ein mit einem kleinen Fehler behaftetes Ergebnis zu erhalten, als eins, das vollkommen ungenau ist. Da außerdem alle unsere Zahlen sowieso nur bis auf eine Dezimalstelle genau sein können, tritt dieser Fehler überhaupt nicht in Erscheinung.

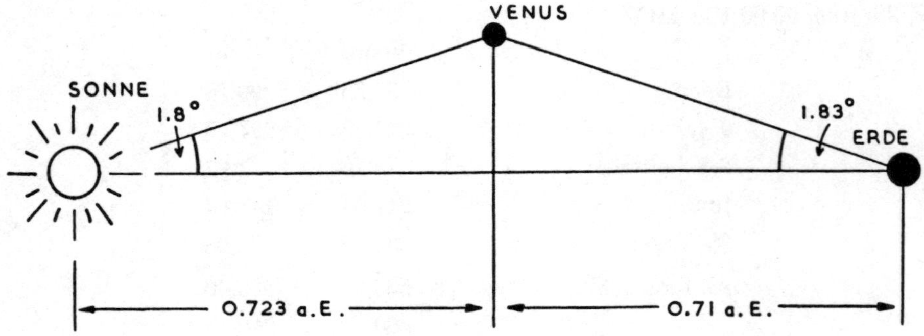

Abb. 43. Scheinbare Breite der Venus

Nun messen wir in Abb. 42 den Abstand der Erde vom Planeten und drücken das Ergebnis in astronomischen Einheiten aus. Diese Entfernung tragen wir rechts vom Planeten in Abb. 43 an. Der so erhaltene Punkt ist die Stellung der Erde auf der Ekliptik, und zwar im richtigen Abstandverhältnis. Jetzt können wir den Winkel messen, den Venus, von der Erde gesehen, scheinbar mit der Ekliptik macht. In unserem Beispiel sind der Radius-Vektor von Venus und die Entfernung Erde—Venus nahezu gleich. Der so erhaltene Winkel ist daher gleich dem ersten, aber dies ist nur ein Ausnahmefall. Im allgemeinen sind die beiden Winkel verschieden. Den Winkel, den wir an der Erde erhalten, messen wir und teilen ihn durch zehn. Das Ergebnis ist die scheinbare Breite des Planeten. Wir finden hierfür 1,8°, und zwar nördlich der Ekliptik.

TAFEL XI

M 31 (NGC 224), Der Große Nebel in der Andromeda. Alle Einzelsterne, die auf dem Photo sichtbar sind, gehören zu unserem Milchstraßensystem, und sind wesentlich näher als der Spiralnebel selbst, dessen Entfernung 1 1/2 Millionen Lichtjahre beträgt. (Mt. Palomar Observatorium)

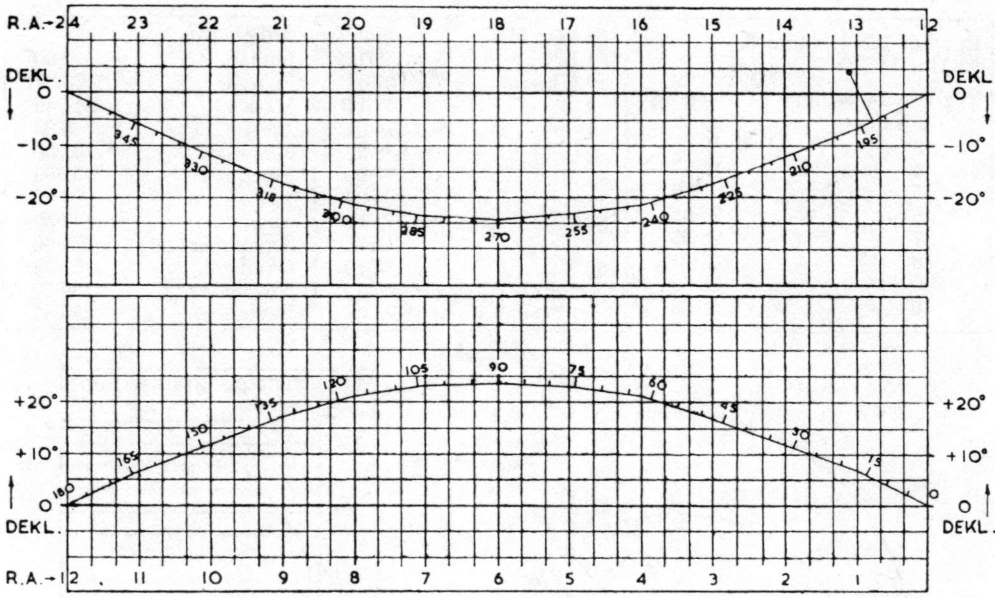

Abb. 44. Die Koordinaten der Ekliptik

Die Koordinaten der Ekliptik in Rektaszension und Deklination sind in Abb. 44 graphisch dargestellt. Das Ergebnis unserer Berechnungen ermöglicht es uns, die Stellung des Planeten, in bezug auf die Ekliptik, in die Abbildung einzutragen, und dann die R.A. und Deklination abzulesen. In unserem Falle finden wir, daß Venus die R.A. $9^h\,15^m$ hat, während ihre Deklination 18° Nord beträgt. Wenn wir das Ergebnis mit der Sternkarte am Ende des Buches vergleichen, finden wir, daß Venus an diesem Tage zwischen dem Löwen und dem Krebs steht, also 15° westlich und 6° nördlich des hellen Sterns Regulus. Leider wird Venus an diesem Tage nicht besonders auffällig sein, da sie bei Sonnenuntergang nur wenig über dem Horizont steht und schon vor Eintritt der Dunkelheit untergeht.

TAFEL XII

M 42 (NGC 1976) Der Große Nebel im Orion. Der Nebel besteht aus einer Masse von selbstleuchtendem Gas, das teilweise von Dunkelwolken bedeckt ist. (Mt. Palomar Observatorium)

Merkur

Epoche: 1950, Januar 0, 00 Uhr MGZ		addiere für:		addiere für:	
Tägliche Bewegung	4·0923°	1 Jahr:	53·70°	Januar	0·00°
2 Tage	8·18	2 Jahre:	107·41	Februar	126·87
3	12·28	3	161·11	März	241·46
4	16·37	4	214·81	April	8·32
5	20·46	5	268·52	Mai	131·09
6	24·55	10	177·04	Juni	257·96
7	28·65	20	354·07	Juli	20·72
8	32·74	30	171·11	August	147·59
9	36·83	40	348·15	September	274·46
10	40·92	50	165·19	Oktober	37·22
		addiere 1 Tag für jeden		November	164·09
		Schalttag seit 1950		Dezember	286·86

Abb. 45.

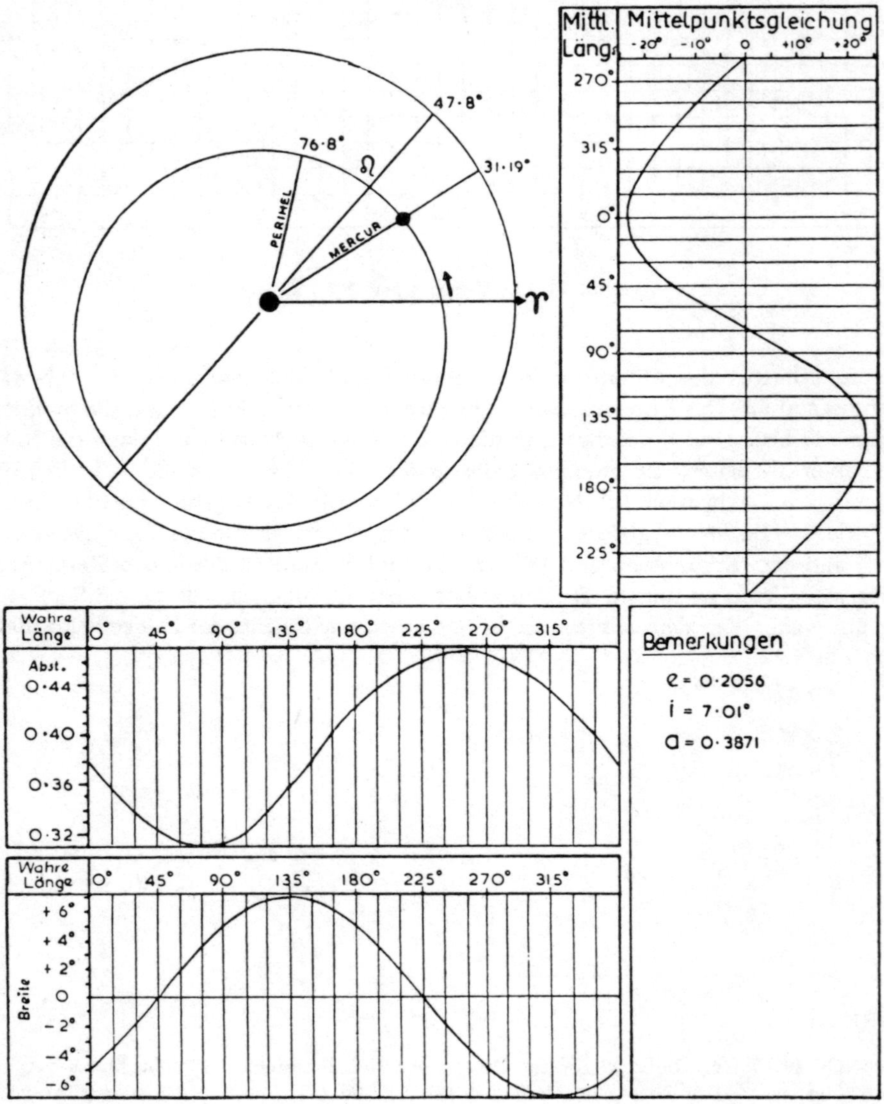

Venus

Epoche: 1950, Januar 0, 00 Uhr MGZ		addiere für:		addiere für:	
Tägliche Bewegung:	1·6021°	1 Jahr:	224·78°	Januar	0·00°
2 Tage:	3·20	2 Jahre:	89·56	Februar	49·67
3	4·81	3	314·33	März	94·54
4	6·41	4	179·11	April	144·21
5	8·01	5	43·89	Mai	192·27
6	9·61	10	87·78	Juni	241·94
7	11·21	20	175·56	Juli	290·00
8	12·82	30	263·33	August	339·67
9	14·42	40	351·11	September	29·34
10	16·02	50	78·89	Oktober	77·41
		addiere 1 Tag für jeden Schalttag seit 1950		November	127·07
				Dezember	175·12

Abb. 46.

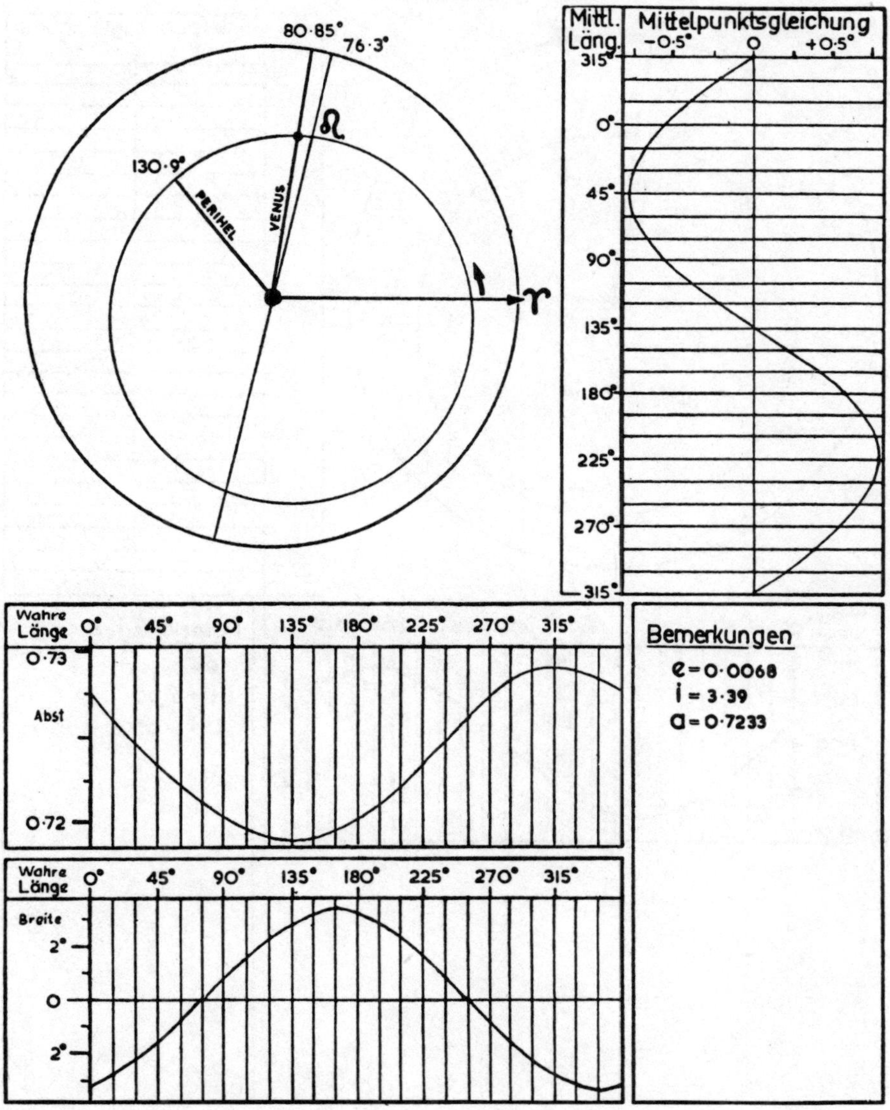

Erde

Epoche: 1950, Januar 0, 00 Uhr MGZ		addiere für:		addiere für:	
		1 Jahr:	359·75°	Januar	0·00°
		2 Jahre:	359·49	Februar	30·56
Tägliche Bewegung:	0·9856°	3	359·24	März	58·16
2 Tage	1·97	4	358·99	April	88·72
3	2·96	5	358·74	Mai	118·29
4	3·94	10	357·47	Juni	148·84
5	4·93	20	354·95	Juli	178·41
6	5·91	30	352·42	August	208·96
7	6·90	40	349·89	September	239·52
8	7·88	50	347·36	Oktober	269·09
9	8·87	addiere 1 Tag für jeden		November	299·64
10	9·86	Schalttag seit 1950		Dezember	329·21

Abb. 47.

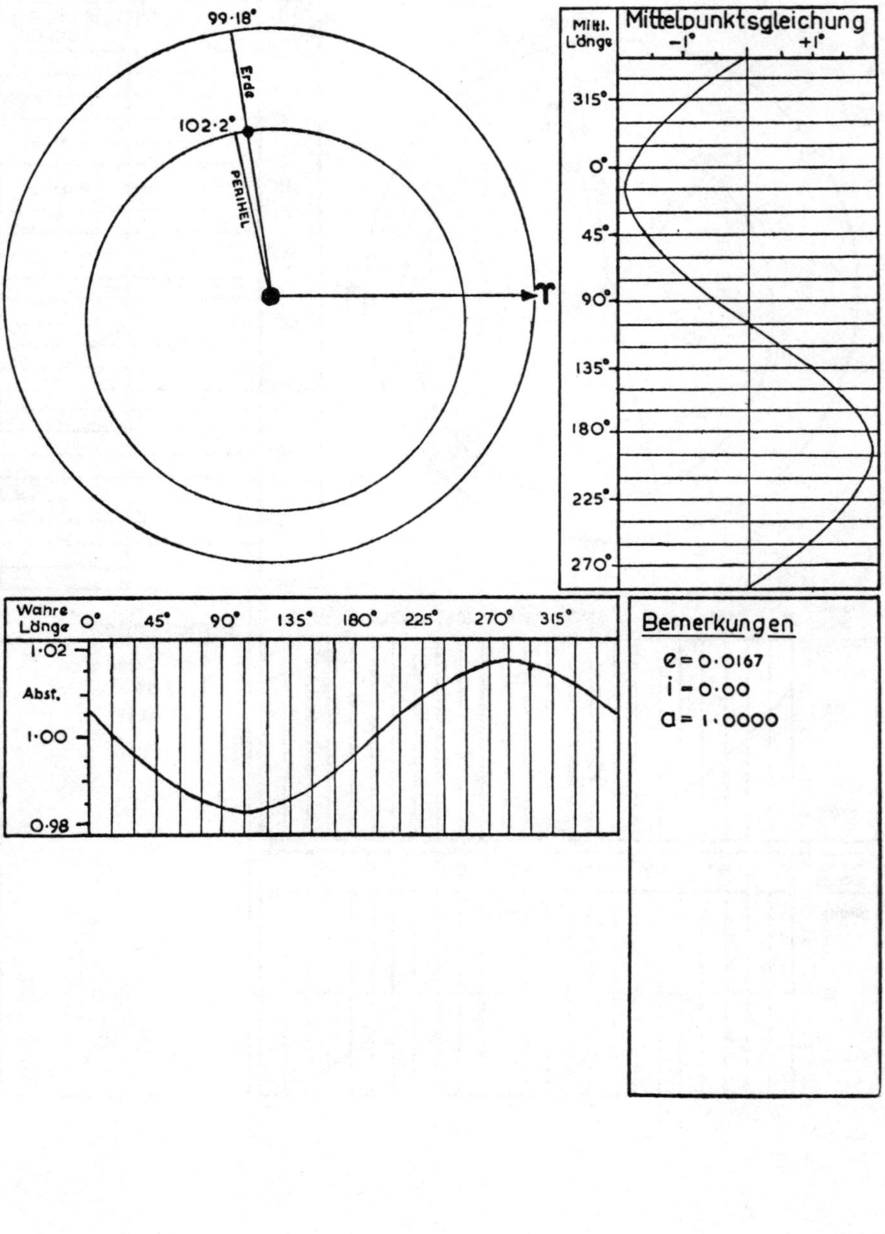

Mars

Epoche: 1950, Januar 0, 00 Uhr MGZ		addiere für:		addiere für:	
Tägliche Bewegung:	0·5240°	1 Jahr:	191·27°	Januar	0·00°
2 Tage:	1·05	2 Jahre:	22·54	Februar	16·26
3	1·57	3	213·82	März	30·92
4	2·10	4	45·09	April	47·17
5	2·62	5	236·36	Mai	62·89
6	3·14	10	112·72	Juni	79·14
7	3·67	20	225·44	Juli	94·86
8	4·19	30	338·16	August	111·11
9	4·72	40	90·88	September	127·36
10	5·24	50	203·60	Oktober	143·07
		addiere 1 Tag für jeden Schalttag seit 1950		November	159·32
				Dezember	175·04

Abb. 48.

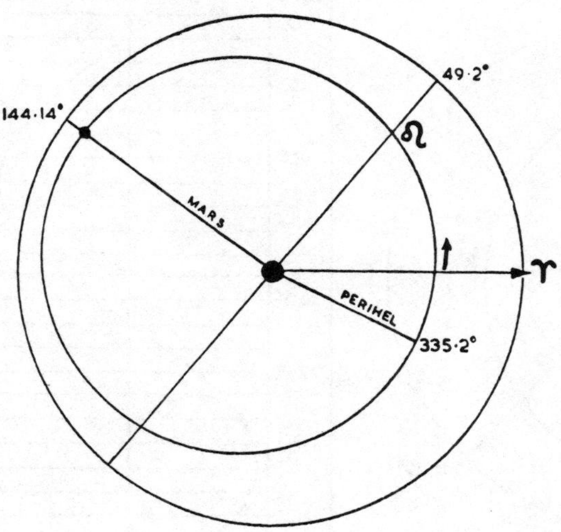

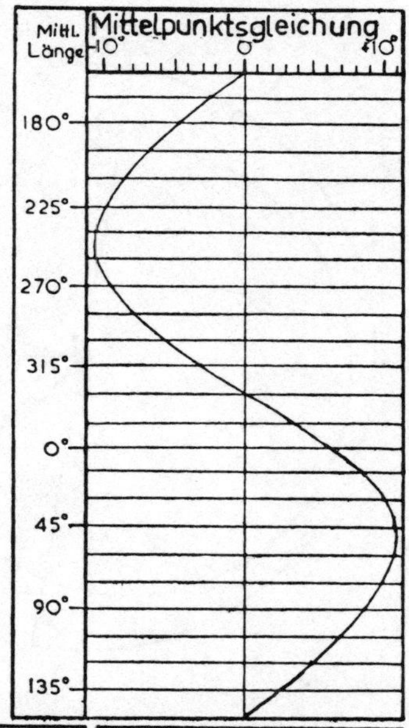

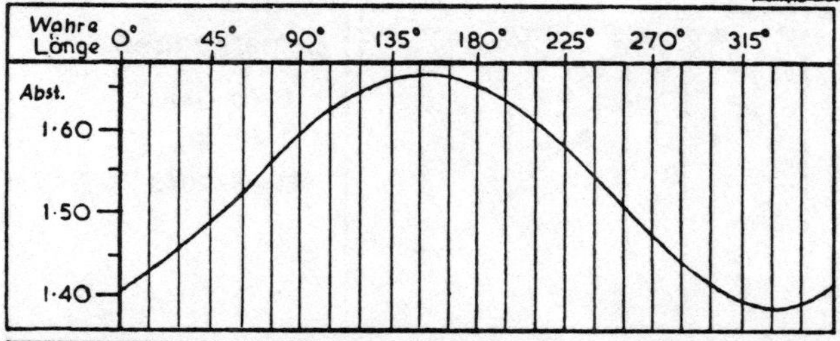

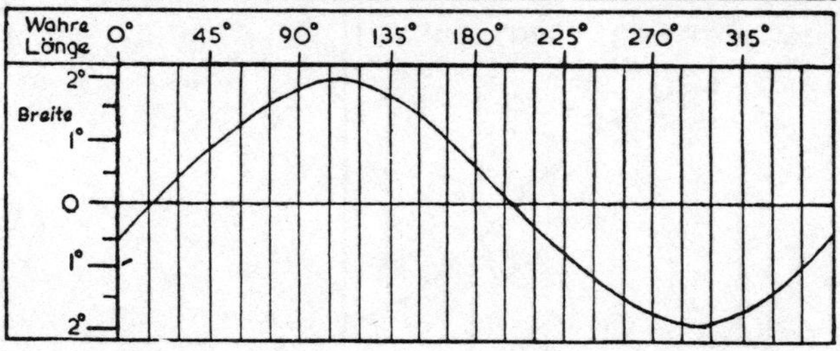

Bemerkungen

e = 0·0934
i = 1·85°
a = 1·5237

Jupiter

Epoche: 1950, Januar 0, 00 Uhr MGZ		addiere für:		addiere für:	
Tägliche Bewegung:	0·0831°	1 Jahr:	30·33°	Januar	0·00°
2 Tage:	0·17	2 Jahre:	60·66	Februar	2·42
3	0·25	3	90·98	März	4·91
4	0 33	4	121·31	April	7·49
5	0·42	5	151·64	Mai	9·99
6	0·50	10	303·28	Juni	12·56
7	0·58	20	246·56	Juli	15·06
8	0·66	30	189·85	August	17·62
9	0·75	40	133·13	September	20·21
10	0·83	50	76·41	Oktober	22·71
		addiere 1 Tag für jeden Schalttag seit 1950		November	25·27
				Dezember	27·72

Abb. 49.

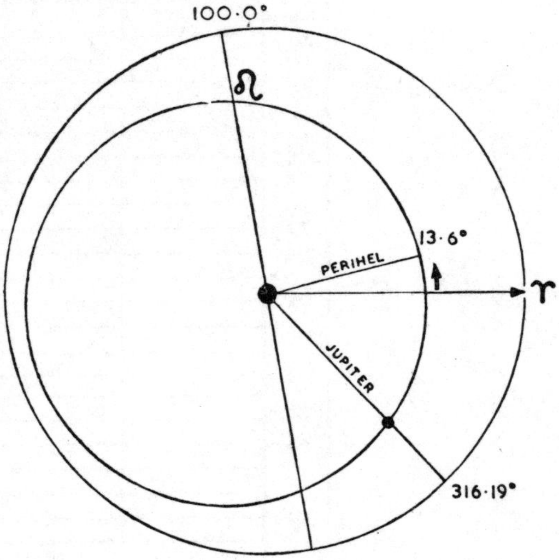

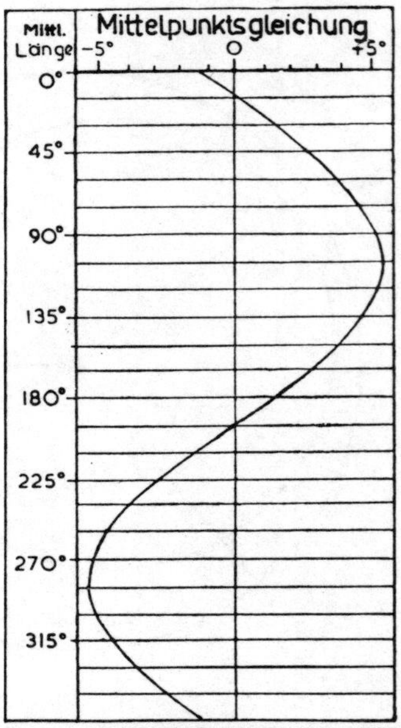

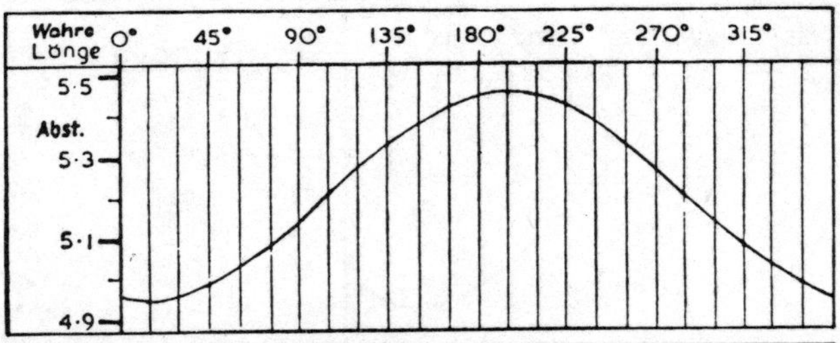

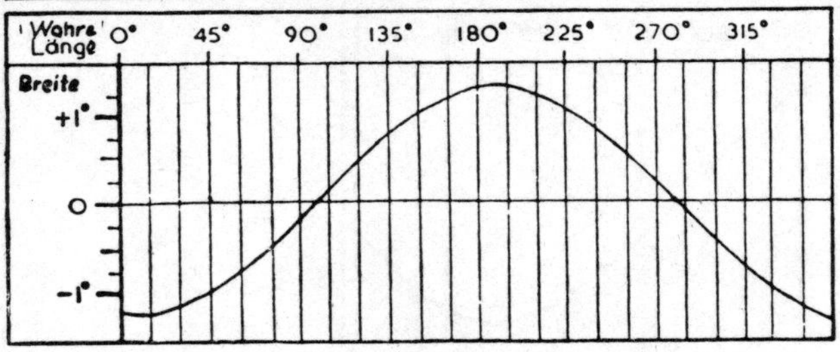

Bemerkungen

e = 0·0484

i = 1 31

a = 5 2028

Saturn

Epoche: 1950, Januar 0, 00 Uhr MGZ		addiere für:		addiere für:	
Tägliche Bewegung:	0·0335°	1 Jahr:	12·21°	Januar	0·00°
2 Tage:	0·07	2 Jahre:	24·43	Februar	1·04
3	0·10	3	36·64	März	1·99
4	0·13	4	48·85	April	3·02
5	0·17	5	61·06	Mai	4·02
6	0·20	10	122·13	Juni	5·07
7	0·23	20	244·26	Juli	6·07
8	0·27	30	6·39	August	7·10
9	0·30	40	128·52	September	8·14
10	0·33	50	250·65	Oktober	9·15
		addiere 1 Tag für jeden Schalttag seit 1950		November	10·18
				Dezember	11·19

Abb. 50.

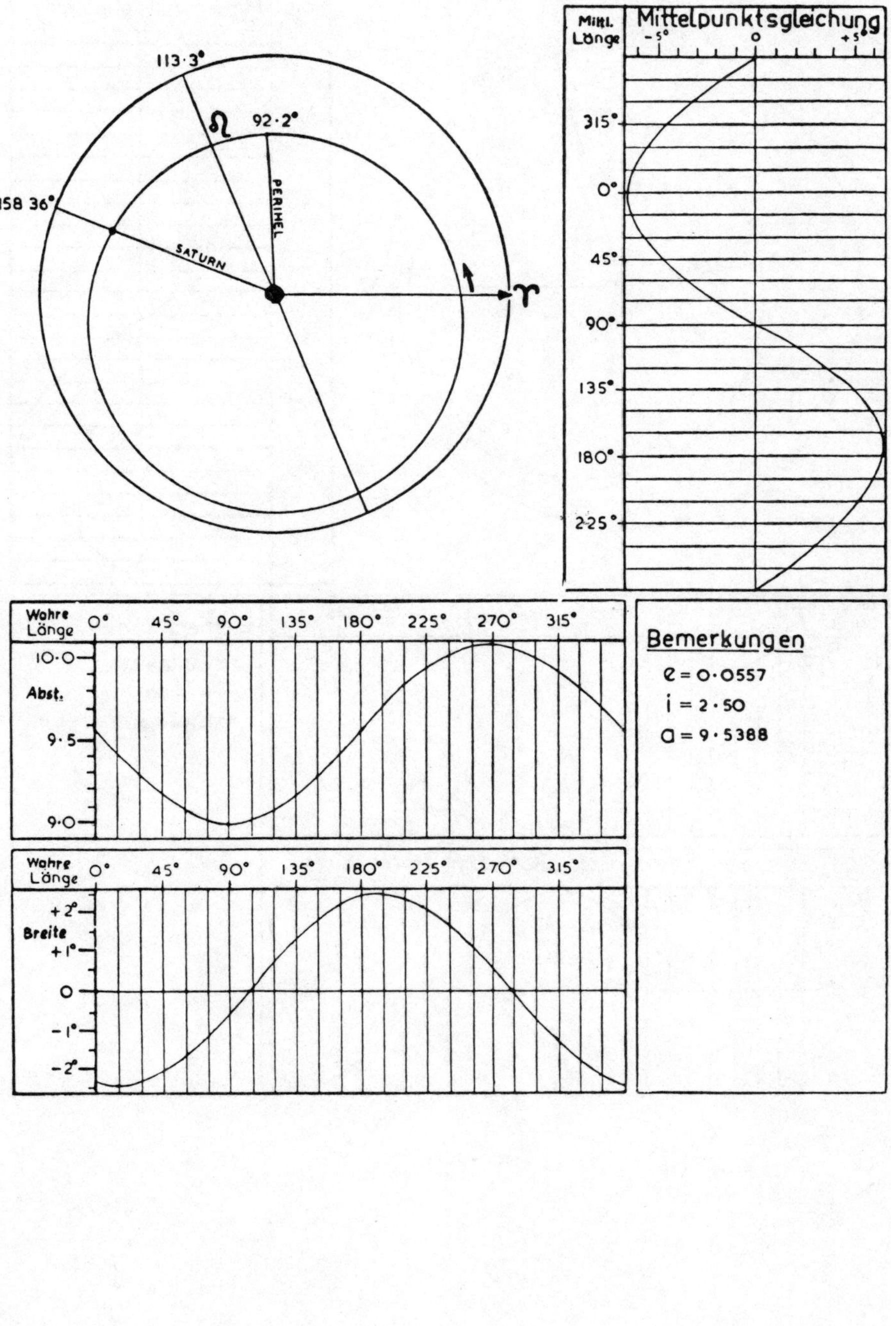

Uranus

Epoche: 1950, Januar 0,		addiere für:		addiere für:	
00 Uhr MGZ		1 Jahr:	4·28°	Januar	0·00°
Tägliche Bewegung:	0·0117°	2 Jahre:	8·56	Februar	0·38
5 Tage:	0·06	3	12·85	März	0·71
10	0·12	4	17·13	April	1·08
		5	21·41	Mai	1·43
		10	42·82	Juni	1·79
		20	85·64	Juli	2·14
		30	128·47	August	2·50
		40	171·29	September	2·88
		50	214·11	Oktober	3·23
		addiere 1 Tag für jeden		November	3·59
		Schalttag seit 1950		Dezember	3·94

Abb. 51.

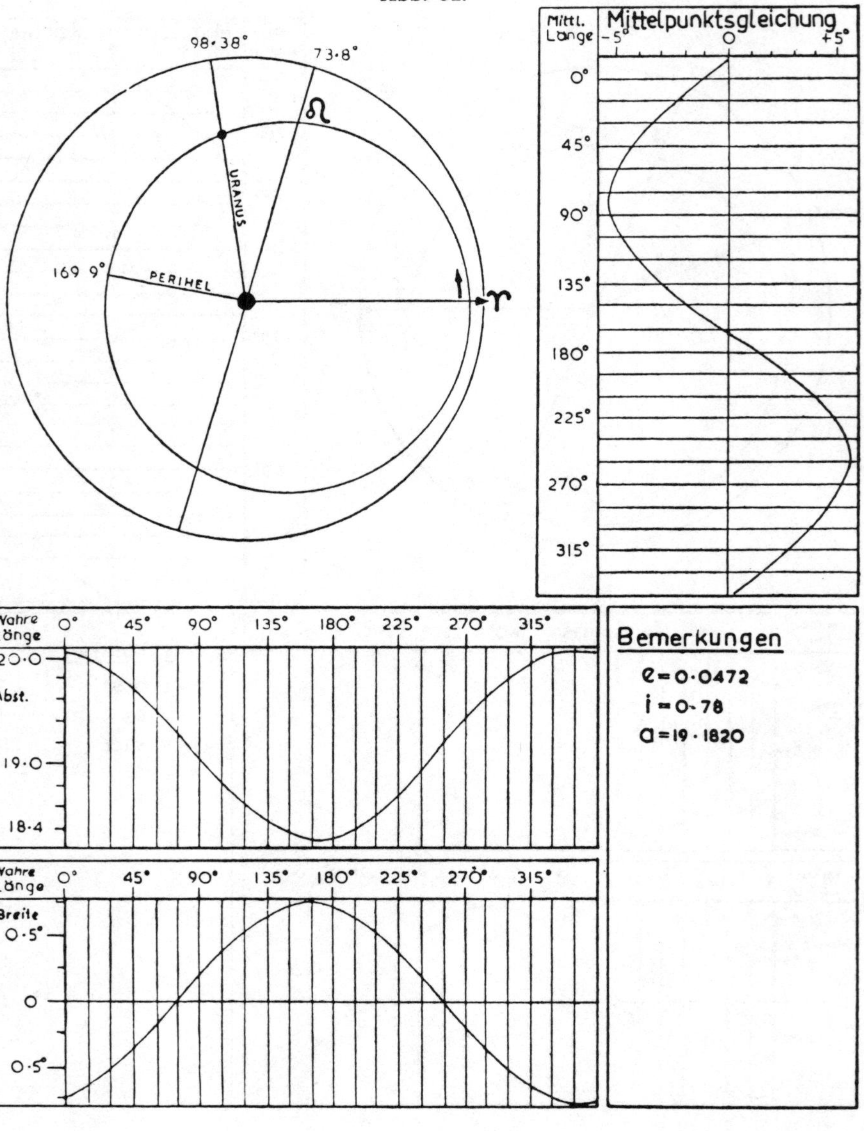

12. DER MOND UND SEINE BAHN

Verglichen mit anderen Himmelskörpern, die wir beobachten können, bewegt sich der Mond am schnellsten am Himmel weiter. Ein aufmerksamer Beobachter kann seine Bewegung vor dem Hintergrund der Fixsterne verfolgen, wobei der Mond in jeder Stunde eine Entfernung zurücklegt, die etwa seinem eigenen Durchmesser entspricht, das ist ungefähr $^1/_2$ Grad.

Allerdings ist die Bahngeschwindigkeit des Mondes nicht besonders groß, wenn wir sie mit der Geschwindigkeit der Planeten vergleichen. Sie beträgt etwa 1 km je Sekunde. Da der Mond uns aber näher steht als die anderen Himmelskörper, erscheint uns seine Bewegung schneller.

Der Mond umkreist die Erde in einer durchschnittlichen Entfernung von 384 400 km in der Richtung von Westen nach Osten, genau wie die Planeten. Zu einem vollständigen Umlauf in bezug auf einen bestimmten Stern benötigt er 27,3 Tage. Je nach seiner Stellung im Verhältnis zur Erde und zur Sonne sehen wir einen größeren oder geringeren Teil des Mondes von der Sonne beleuchtet. Seine wechselnde Stellung verursacht den Wechsel der Mondphasen.

Wie die Mondphasen zustandekommen, erläutert Abb. 52. In der Stellung 1 steht der Mond, von der Erde aus gesehen, in derselben Richtung wie die Sonne; er kehrt uns daher seine unbeleuchtete Seite zu. Wir haben Neumond.

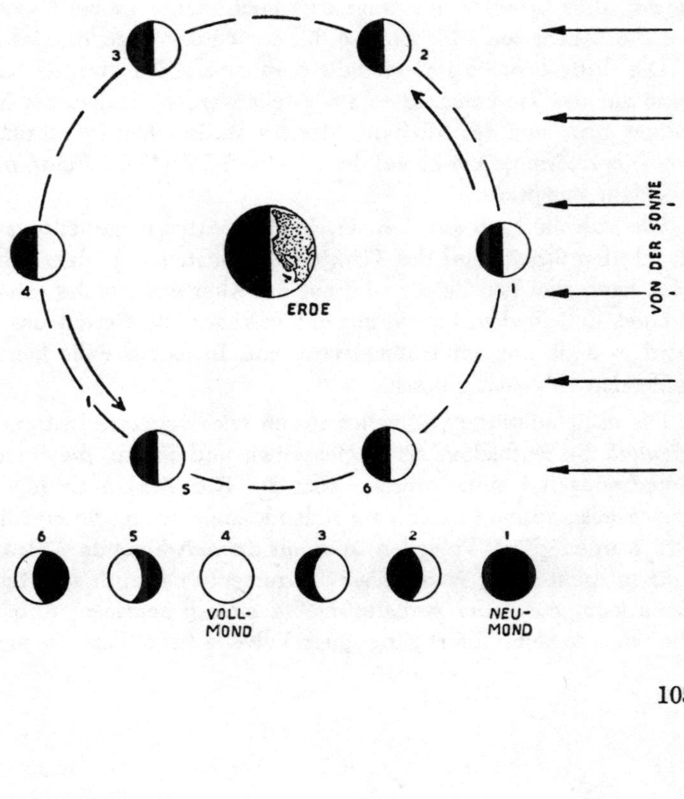

Abb. 52. Die Phasen des Mondes

Einige Tage später erreicht er Stellung 2. Dann können wir den Mond am Abendhimmel sehen, wenn eine schmale Sichel am westlichen Rand der Mondkugel erleuchtet ist. Eine Woche nach Neumond sehen wir genau die Hälfte des Mondes. Wir sagen dann, der Mond steht im ersten Viertel.

Vollmond haben wir, wenn der Mond in Opposition zur Sonne steht, das heißt, wenn er sich am Himmel genau gegenüber der Sonne befindet. Sein Winkelabstand von der Sonne, gemessen entlang der Ekliptik, beträgt dann 180°. Im allgemeinen tritt dies 14³/₄ Tage nach Neumond ein. Der Mond geht dann ungefähr zur selben Zeit auf, zu der die Sonne untergeht.

Nach Vollmond geht der Mond täglich später auf. Schließlich ist er nur noch am Morgenhimmel sichtbar, wobei eine Sichel auf der östlichen Seite der Mondscheibe erleuchtet ist. 29¹/₂ Tage nach Neumond kehrt er wieder zur Stellung 1 zurück und ist für uns unsichtbar.

Der Zeitraum von einem Vollmond zum nächsten ist mehr als zwei Tage länger als die Umlaufzeit des Mondes in bezug auf die Sterne. Dies erklärt sich aus der Tatsache, daß die Erde innerhalb des Zeitraums eines Mondumlaufes, das ist 27,3 Tage, auch auf ihrer Jahresbahn einen gewissen Weg zurücklegt. Der Mond muß nun, um in bezug auf die Sonne wieder in dieselbe Stellung zu kommen, denselben Winkel zusätzlich zurücklegen, bis er wieder in Opposition zur Sonne steht.

Die Phasen des Mondes und seine Stellung am Himmel in bezug auf Erde und Sonne werden in anschaulicher Weise von einem interessanten mittelalterlichen Instrument dargestellt. Man nennt dieses Instrument eine Volvelle (siehe Abbildung auf Tafel VI). Abb. 53 zeigt den Aufbau des Instruments.

Auf der Grundplatte der Volvelle finden wir zwei Kreise, einer mit den Monatsnamen, und der andere mit den Tierkreiszeichen, durch die sowohl Sonne als auch der Mond wandern. Auf dieser Scheibe ist nun eine zweite Scheibe drehbar so befestigt, daß man ihren Zeiger auf das Datum auf der Grundplatte stellen kann. Diese zweite Scheibe ist in der Mitte schwarz und trägt eine herzförmige weiße Fläche. Auf ihrem Rande finden wir die Zahlen von 1 bis 29, also die Anzahl der Tage, die das Alter des Mondes angeben.

Die dritte Scheibe ist ebenfalls drehbar auf der zweiten Scheibe befestigt. Ihr Zeiger kann auf das Tierkreiszeichen eingestellt werden, in dem der Mond beobachtet wird. Der Zeiger gibt dann das Alter des Mondes an. In dem kreisförmigen Ausschnitt erzeugt die weiße herzförmige Fläche auf der zweiten Scheibe eine Figur, die dem Anblick des Mondes ungefähr entspricht.

Die Volvelle kann auf drei verschiedene Arten eingestellt werden: man kann den Zeiger der dritten Scheibe auf das Tierkreiszeichen stellen, in dem sich der Mond gerade aufhält. Man kann aber den Zeiger auch auf das Alter des Mondes einstellen, oder die Scheiben so drehen, daß in dem kreisförmigen Ausschnitt die Gestalt des Mondes so wiedergegeben wird, wie sie uns am Himmel erscheint. In jedem Falle kann man die beiden anderen fehlenden Angaben ablesen.

Die mittelalterlichen Volvellen waren reich verzierte Instrumente, meistens auf Messing graviert. Sie enthielten oft Zahlenreihen und Kreise, die für die Lösung astronomischer Berechnungen benutzt werden konnten. Die Tierkreiszeichen waren mit kleinen Sternkarten ausgeschmückt, auf dem Kalenderkreis waren die kirchlichen Feiertage eingraviert. Oft wurden diese Volvellen auch als immerwährende Kalender benutzt. Wegen ihrer reichen Ausstattung waren diese Instrumente natürlich sehr teuer. Die wirklich wichtigen Teile kann man aber verhältnismäßig einfach zeichnen. Abb. 53 zeigt alle Einzelheiten, die wir zur Selbstanfertigung einer Volvelle benötigen. Zu unserer Unterhaltung können

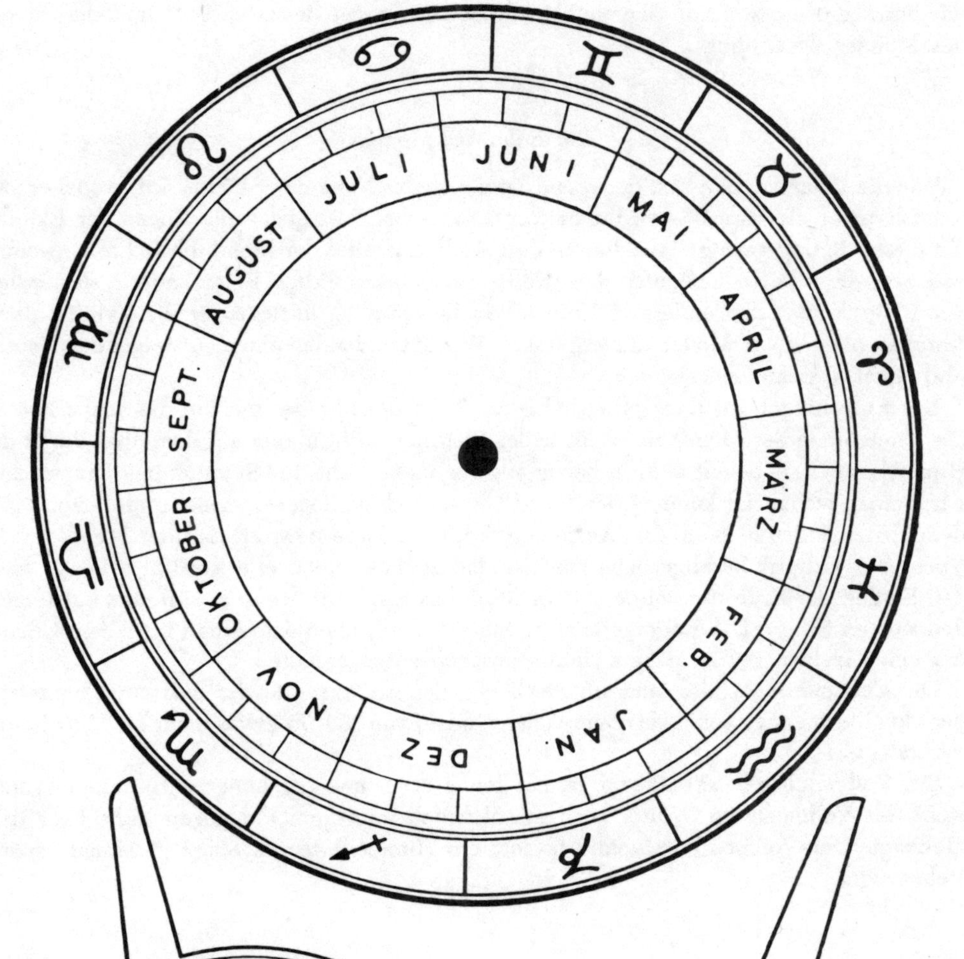

Abb. 53. Die Bestandteile der Volvelle

wir erproben, mit welcher Genauigkeit dieses Instrument den Mondlauf und die Phasen des Mondes wiedergibt.

Die Bahn des Mondes

Wie die Planeten, hält sich der Mond immer in der Nähe der Ekliptik auf, wobei er sich niemals mehr als etwa 5° von ihr entfernt. Seine Bahn ist gegen die Ebene der Ekliptik um diesen Betrag geneigt. Aus diesem Grund überschreitet der Mond die Ekliptik zweimal während eines jeden Umlaufes. Die Hälfte seiner monatlichen Reise findet also nördlich der Ekliptik statt, die andere Hälfte südlich. Die Punkte, in denen er die Ekliptik überschreitet, nennen wir wieder Knotenpunkte. Wir unterscheiden einen aufsteigenden Knoten und einen absteigenden Knoten.

Die Erde nimmt auf ihrer Jahresbahn die Bahn des Mondes mit um die Sonne herum. Die Knotenlinie der Mondbahn zeigt dabei allerdings nicht immer auf denselben Punkt des Himmels, aber sie behält auch in bezug auf die Sonne nicht ihre Stellung bei. Untersuchen wir einmal, woher das kommt. Der Mond bewegt sich entlang seiner Bahn und nähert sich dem absteigenden Knoten. Die Anziehungskraft der Erde bewirkt, daß der Mond auf die Ebene der Ekliptik herabgezogen wird, so daß er diese etwas eher erreicht als er es ohne den Einfluß der Erde tun würde. Etwas Ähnliches geschieht, wenn er sich dem aufsteigenden Knoten nähert. Das Endergebnis ist, daß sich die Knoten dem Mond bei jedem Umlauf um einen kleinen Betrag nähern, ihm sozusagen entgegenlaufen.

Die Knotenlinie ist also langsam rückläufig, das heißt, sie bewegt sich entgegengesetzt der Mondbewegung, wobei sie einen vollen Umlauf von 360° in etwas mehr als 18 1/2 Jahren zurücklegt.

Der Vollmond steht am Himmel immer genau der Sonne gegenüber. Aus diesem Grunde steht der Vollmond im Winter hoch am Himmel, im Sommer dagegen dicht über dem Horizont. Der Vollmond steht immer dort am Himmel, wo die Sonne 6 Monate später stehen wird.

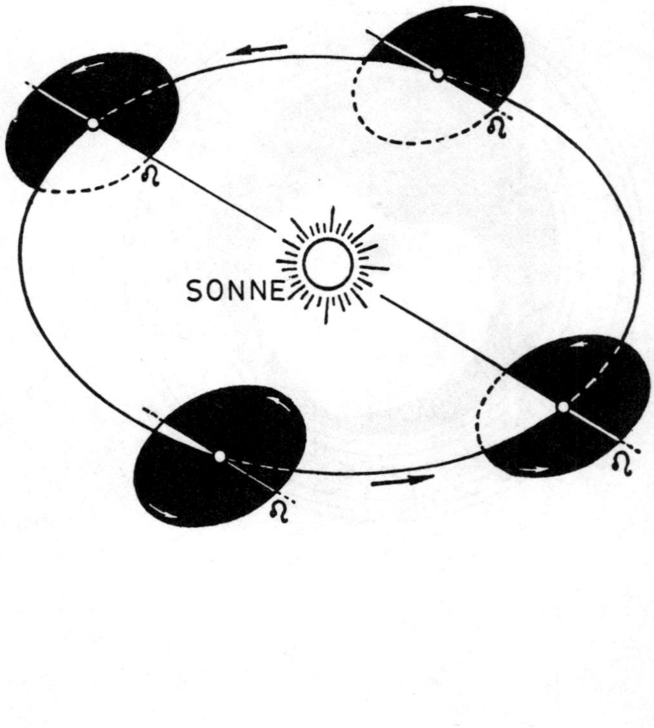

Abb. 54. Die Bahnen der Erde und des Mondes

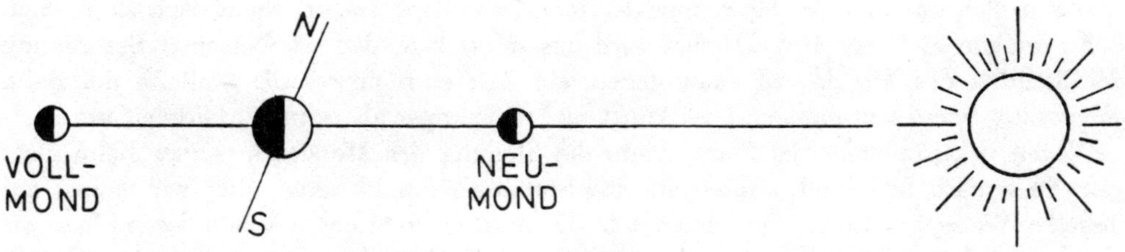

Abb. 55. Der Vollmond steht immer der Sonne gegenüber

Alle 18½ Jahre geschieht es, daß der aufsteigende Knoten der Mondbahn mit dem Frühlingspunkt zusammenfällt. Dann befindet sich der nördlichste Punkt der Mondbahn noch höher als der nördlichste Punkt der Ekliptik, der tiefste Punkt der Mondbahn liegt dann noch unter dem südlichsten Punkt der Ekliptik, so daß der Wintervollmond noch 5° über der Stellung steht, die die Sonne am längsten Tag des Jahres einnimmt. Zu dieser Zeit geht der Mond dann nur für einige wenige Stunden unter, während er im Sommer darauf, wenn er sich 5° unter dem Punkt befindet, den die Sonne am kürzesten Tag des Jahres einnimmt, nur für ein paar Stunden, um Mitternacht herum, sichtbar wird.

Neun Jahre später, wenn die Knotenlinie eine halbe Umdrehung gemacht hat, ändern sich die Verhältnisse ganz wesentlich. Der Wintervollmond steht dann 10° tiefer am Himmel als der Wintervollmond 9 Jahre vorher, und der Sommervollmond steht 10° höher.

Die Bahn des Mondes um die Erde ist, wie auch die Bahn der Planeten, eine Ellipse. Der Punkt, der der Erde am nächsten liegt, der also dem Perihel der Planetenbahnen entspricht, nennt man das Perigäum. Die Perihelia der Planeten sind nahezu feststehend in bezug auf die Ekliptik, das Perigäum des Mondes wandert aber, wie auch die Knotenlinie, im Laufe der Zeit weiter. Das Perigäum ist rechtläufig, es bewegt sich also in derselben Richtung wie der Mond selbst und legt in 8,9 Jahren einen vollen Umlauf zurück.

Die Bewegung des Mondes

Einem unabhängigen Beobachter im Weltenraum würde die Mondbahn nicht als eine Ellipse erscheinen, entlang der der Mond die Erde umkreist. Für ihn liefe der Mond auf einer nahezu elliptischen Bahn zusammen mit der Erde um die Sonne. Das ist nicht besonders überraschend, wenn wir wissen, daß die auf den Mond wirkende Anziehungskraft der Sonne etwa zweimal so groß ist wie die Anziehungskraft der Erde. Da der Lauf des Mondes somit von zwei verschiedenen Körpern beeinflußt wird, finden die Unregelmäßigkeiten seines Laufes ihre Erklärung.

Obwohl der Mond scheinbar um die Erde kreist, besteht doch seine wirkliche Bahn nicht aus einer Reihe von Schleifen. Seine wirkliche Bahn ist eine Ellipse, in deren einem Brennpunkt die Sonne steht. Die Erde bewirkt lediglich, daß der Mond Schwingungen ausführt, die ihn einmal etwas näher zur Sonne bringen, und dann etwas weiter von ihr entfernen, wobei er auch manchmal schneller und manchmal langsamer läuft. Für uns erscheint dies dann so, als ob der Mond in einer elliptischen Bahn die Erde umläuft.

Hierbei ist die Mondbahn allerdings an keinem ihrer Punkte gegen die Sonne hin gewölbt; sie kehrt der Sonne vielmehr immer ihre „hohle“ Seite zu.

Wir wollen uns nun die Bewegung des Mondes entlang seiner scheinbaren elliptischen Bahn um die Erde ansehen. Hierbei wird uns sofort klar, daß wir bei einer Berechnung der Stellung des Mondes zu einer gegebenen Zeit auch immer die Stellung der Bahn gleichzeitig berechnen müssen. Dies klingt viel schwieriger als es in Wirklichkeit ist.

Wegen des Einflusses der Sonne kann die Stellung des Mondes in seiner Bahn nicht ganz so einfach berechnet werden wie die Stellung eines Planeten, aber wir fangen auf dieselbe Weise an. Zuerst berechnen wir die mittlere Stellung des Mondes, indem wir annehmen, daß seine Bewegung gleichförmig sei. Er legt dabei etwas über 13° je Tag zurück. Diese Bewegung rechnen wir nun auch wieder von einer Epoche und erhalten somit die mittlere Länge des Mondes. Die Tatsache, daß seine Bahn nun scheinbar eine Ellipse ist, hat zur Ursache, daß der Mond schon etwas weiter oder etwas zurückgeblieben ist. Der Betrag dieser Unregelmäßigkeit wird wieder die Mittelpunktsgleichung genannt. Im Maximum kann sie 6,3° betragen, beinahe die Hälfte der täglichen Bewegung des Mondes.

Der Einfluß der Sonne läßt die Exzentrizität der Mondbahn nicht konstant sein. Das bringt eine weitere Unregelmäßigkeit des Mondlaufes mit sich, die wir Evektion nennen und die bis zu 1,3° betragen kann.

Eine weitere Störung, die allerdings nur 0,2° beträgt, ist die jährliche Gleichung, die ihren Grund in der Änderung der Entfernung des Erde—Mond-Systems von der Sonne mit den Jahreszeiten hat.

Die letzte Unregelmäßigkeit des Mondlaufes, die wir hier betrachten wollen, ist die Variation, die im Maximum 0,6° beträgt. Sie wird dadurch verursacht, daß die Differenz der Anziehungskräfte der Erde und der Sonne nicht gleich ist, da ja die Anziehungskraft der Sonne schwächer ist, wenn der Mond außerhalb der Erdbahn steht, und stärker, wenn er innerhalb der Erdbahn läuft.

Wenn diese vier Gleichungen nicht berücksichtigt werden, kann es vorkommen, daß die wirkliche Stellung des Mondes von der berechneten mittleren Länge um $8^1/_2°$ abweicht. Es ist unbedingt nötig, diese Unregelmäßigkeiten zu berücksichtigen, wenn unsere Berechnungen stimmen sollen.

Wir berechnen die Stellung des Mondes

Für die Zwecke der Nautik und der Astronomie wird die Stellung des Mondes für jeden Tag des Jahres von den Recheninstituten berechnet. Die erforderte Genauigkeit ist so groß, daß man dort an der mittleren Länge des Mondes bis zu 1500 Berichtigungen anbringt. In unseren Tabellen sind nur die vier größten dieser Berichtigungen enthalten. Wir dürfen daher nicht erwarten, daß unsere Berechnungen immer 100% genau sind. Die von uns vernachlässigten Berichtigungen können in besonders ungünstigen Fällen bis zu 0,18° betragen. Da es nicht möglich ist, die Werte von unseren Tafeln mit einer größeren Genauigkeit als 0,05° abzulesen, kann es vorkommen, daß unsere Ergebnisse mit einem Maximalfehler von $^1/_4°$ behaftet sind. Wenn wir nun die Zeitpunkte aus diesen Ergebnissen ableiten, kann der Fehler nahezu 20 Minuten betragen, aber im allgemeinen werden wir finden, daß der tatsächliche Fehler wesentlich kleiner ist. Da unser Buch kein astronomisches Jahrbuch ersetzen soll, sondern lediglich den Arbeitsvorgang erläutern will, braucht uns diese kleine Ungenauigkeit nicht zu beunruhigen.

Ohne lange Erklärungen der Tabellen zu geben, wollen wir jetzt versuchen, die Stellung des Mondes zu berechnen. Wir wollen dazu das Datum 26. August 1961, 02.00 Uhr MGZ wählen.

In unserer Berechnung müssen wir die Stellung der Sonne ermitteln. Es ist dazu am besten, wenn wir die Stellung so berechnen, als ob die Sonne, wie auch der Mond, um die Erde kreisen. Anderenfalls müßten wir ja die Stellung der Erde berechnen und aus dem Ergebnis die scheinbare Stellung der Sonne ableiten, indem wir vom Ergebnis 180° abziehen.

Wir berechnen zuerst die mittleren Längen der Sonne und des Mondes, genau wie wir es bei den Planeten gemacht haben. Dann müssen wir aber auch noch andere Größen berücksichtigen. Bei der Sonne berechnen wir ihre mittlere Länge S, und notieren auch die Länge des Perigäums, die sich allerdings innerhalb von einigen Jahrzehnten nicht ändert, wenigstens nicht merklich. Diese Größe bezeichnen wir mit p. Beim Mond berechnen wir seine mittlere Länge M, die mittlere Länge seines Perigäums P, und die mittlere Länge seines Knotens N. Bei dieser letzten Größe müssen wir beachten, daß der Knoten rückläufig ist. Die Zuwachse für die Tage, Monate und Jahre werden zusammengezählt, das Ergebnis wird von dem Wert der Epoche abgezogen. In unserem Falle müssen wir erst 360° zur Epoche addieren, bevor wir die Subtraktion durchführen können (siehe Abb. 61).

Von diesen Mittelwerten für 02.00 Uhr MGZ am 26. August 1961 berechnen wir nun a, die mittlere Anomalie der Sonne, und A, die mittlere Anomalie des Mondes. Das sind die Winkelabstände der Sonne und des Mondes von den Perigäen ihrer Bahnen.

Wir brauchen diese Größen, um die Mittelpunktsgleichungen der beiden Himmelskörper zu berechnen. Eigentlich hätten wir eine solche Größe schon bei der Berechnung der Planeten einführen müssen. Bei den Planeten sind die Perihelia aber nahezu feststehend. Die Größe der Mittelpunktsgleichung kann daher auch ebensogut auf die ekliptische Länge bezogen werden, wie wir es dort getan haben. Da das Perigäum des Mondes aber nicht im Weltraum feststeht, müssen wir die Anomalie berechnen, um die Mittelpunktsgleichung zu finden.

Nun bringen wir die verschiedenen Korrekturen an. Zuerst kommt die Mittelpunktsgleichung der Sonne, die wir aus der entsprechenden Tabelle entnehmen können, indem wir sie unter dem entsprechenden Wert für die Anomalie a ablesen. Wenn wir nun diese Größe zur mittleren Länge der Sonne addieren, erhalten wir S′, die korrigierte Länge der Sonne.

Nun berechnen wir den Wert des Ausdrucks 2 (M—S′)—A, wie es in Abb. 61 angedeutet ist. Den dadurch erhaltenen Wert fügen wir in die Tabelle für die Evektion ein, den abgelesenen Wert dieser Korrektur addieren wir nun zur mittleren Länge des Mondes und auch zu seiner mittleren Anomalie.

Die zweite Korrektur der Länge des Mondes und seiner Anomalie ist die jährliche Gleichung. Deren Wert finden wir in der entsprechenden Tabelle, indem wir mit der Größe a, der mittleren Anomalie der Sonne, in diese Tafel eingehen.

Die nächste Korrektur gilt nur für die Anomalie des Mondes. Hier gehen wir wieder mit der mittleren Anomalie der Sonne in die Tabelle ein. Eigentlich ist diese letztere Korrektur die Unregelmäßigkeit des Perigäums des Mondes, für unsere Berechnungen ist es aber einfacher, sie als eine Berichtigung der Anomalie zu betrachten. Nun werden die drei Größen zur mittleren Anomalie dazugezählt. Wir erhalten somit A′, die korrigierte Anomalie des Mondes.

Mit A′ gehen wir jetzt in die Tabelle für die Mittelpunktsgleichung des Mondes. Wir

	Sonne		Mond		
Zeit	Länge	Perigäum	Länge	Perigäum	Knoten
Epoche 1950	279.16°	282.2°	51.23°	208.9°	12.1°
11 Jahre	357.22		343.23	87.1	212.6
3 Schalttage	2.96		39.53	0.3	0.2
August	208.96		273.39	23.5	11.2
26 Tage	25.63		342.58	2.9	1.3
2 Stunden	0.09		1.10		
26. Aug. 1961, 02h	S = 154.02°	p = 282.2°	M = 331.06°	P = 322.7°	225.3°
		S − p = a		M − P = A	N = 146.8°
Mittelpkts. Gl. =	− 1.45°	a = 231.8		A = 8.4°	+ 0.1
	S′ = 152.57°				N′ = 146.9°
M =	331.06	Evektion =	− 0.28	− 0.28	
S′ =	152.57	Jährl.Gl. =	+ 0.15	+ 0.15	
M − S′ =	178.49			+ 0.28	
2 (M − S′) =	356.98	Mitt.Pkt. Gl. =	+ 1.00	A′ = 8.6°	
A =	8.4		M′ = 331.93°		
2 (M − S′) − A =	348.6°				
M′ =	331.93				
S′ =	152.57				
M′ − S′ =	179.36°	Variation =	± 0.00		
			M″ = 331.93°		
M″ =	331.93				
N′ =	146.9				
M″ − N′ =	185.0°	Redukt. =	− 0.02		
		Ekl.Länge=	331.91°		
M″ =	331.93				
S′ =	152.57	Hor.Par. =	1.01°	Mittl. Breite =	− 0.45°
M″ − S′ =	179.36			Korr. =	+ 0.02
2 (M″ − S′) =	358.72	Halbmesser =	0.28°	Wahre Br. =	− 0.43°
M″ − N′ =	185.0				
2(M″ − S′) − (M″ − N′) =	173.7°	Stündl.Bew. in Länge =	0.61°	Stündl. Bew. in Breite =	− 0.05°

Abb. 61. Berechnung der Stellung des Mondes um 02 Uhr am 26. August 1961

TAFEL XIII

NGC 869 und NGC 884. Der Doppelsternhaufen im Perseus. Man kann ihn mit bloßem Auge gerade noch erkennen, wenn der Himmel klar ist.

haben dann auch hier drei Größen, die wir jetzt zur mittleren Länge des Mondes addieren So ergibt sich M', die korrigierte Länge des Mondes.

Die Tabelle für die Variation hat als Eingangsgröße den Ausdruck M'—S', den wir nun berechnen. Nachdem wir den Wert gefunden haben, addieren wir ihn zur korrigierten Länge des Mondes und erhalten damit M'', die wahre Länge des Mondes, gemessen entlang der Mondbahn.

Da die Mondbahn gegen die Ekliptik geneigt ist, ist die wahre Länge des Mondes nicht identisch mit der ekliptischen Länge. Wir müssen also eine weitere Korrektur an der wahren Länge anbringen, um die ekliptische Länge zu erhalten.

Der Betrag dieser Reduktion hängt von dem Winkelabstand des Mondes von dem aufsteigenden Knoten seiner Bahn ab. Um diesen zu finden, müssen wir zuerst noch eine Berichtigung an der Länge des Knotens anbringen. So erhalten wir N' und können nun M''—N' berechnen. Mit diesem Wert können wir die Reduktion von der Tabelle ablesen. Wir haben damit, nachdem diese Korrektur gemacht wurde, die ekliptische Länge des Mondes gefunden. Alles, was noch übrig bleibt, ist die Berechnung der ekliptischen Breite des Mondes, die allerdings ebenfalls zu korrigieren ist.

Die Breite finden wir in der Tabelle, in die wir mit dem Wert M''—N' eingehen. Um die Korrektur zu finden, müssen wir den Ausdruck 2 (M''—S')—(M''—N') berechnen, bevor wir in die Tabelle eingehen können. Die Korrektur wird an der mittleren Breite angebracht. Die Berechnung der ekliptischen Koordinaten des Mondes ist damit abgeschlossen.

Wir könnten nun die ekliptischen Koordinaten in äquatoriale verwandeln und die Stellung mit Hilfe der Rektaszension und Deklination angeben, um sie in eine Sternkarte oder auf unsere Astrolabe einzutragen. Das hat allerdings wenig Wert, da sich die Stellung des Mondes schon in einer einzigen Nacht beträchtlich ändert. Doch sind unsere Berechnungen nicht gerade nutzlos, wie wir im nächsten Kapitel sehen werden.

Wir fanden in unserem Beispiel, daß der Wert M''—S' 179,36° betrug, also nahezu 180°. Wir schließen daraus, daß der Mond nahezu in Opposition zur Sonne steht. Es wird also innerhalb von etwa zwei Stunden Vollmond sein. Außerdem findet zu dieser Zeit eine Mondfinsternis statt, doch wollen wir auf das Kapitel der Finsternisse erst näher eingehen, wenn wir wissen, wie man die wahrscheinliche Zeit einer Finsternis vorausberechnen kann.

TAFEL XIV

M 13 (NGC 6250). Der Kugelsternhaufen im Herkules, eins der schönsten Objekte seiner Art am Himmel. (Mt. Palomar Observatorium)

Sonne

Epoche: 1950, Januar 0, 00 Uhr MGZ		addiere für:		addiere für:	
Tägliche Bewegung:	0·9856°	1 Jahr:	359·75°	Januar	0·00°
2 Tage:	1·97	2 Jahre:	359·49	Februar	30·56
3	2·96	3	359·24	März	58·16
4	3·94	4	358·99	April	88·72
5	4·93	5	358·74	Mai	118·29
6	5·91	10	357·47	Juni	148·84
7	6·90	20	354·95	Juli	178·41
8	7·88	30	352·42	August	208·96
9	8·87	40	349·89	September	239·52
10	9·86	50	347·36	Oktober	269·09
		addiere 1 Tag für jeden Schalttag seit 1950		November	299·64
				Dezember	329·21

Abb. 56.

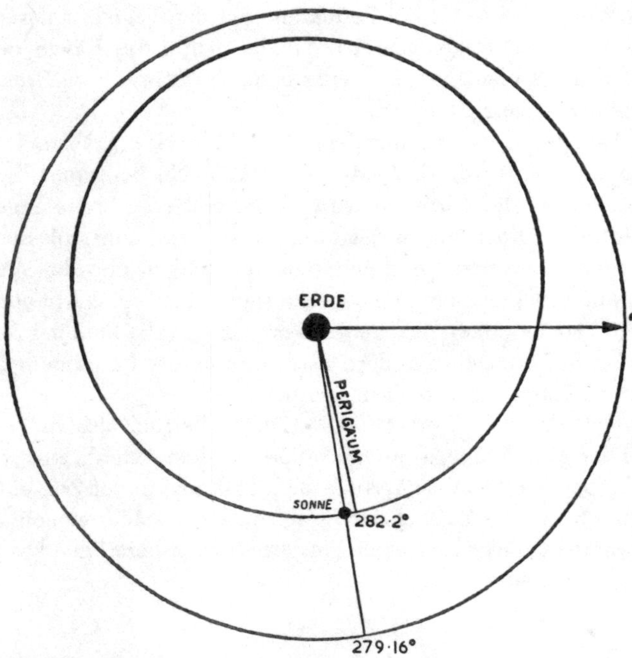

addiere für	
1 Stunde:	0·04°
2 Stunden:	0·09
3	0·13
4	0·17
5	0·20
6	0·24
7	0·28
8	0·32
9	0·37
10	0·42
11	0·45
12	0·49
13	0·53
14	0·58
15	0·62
16	0·66
17	0·69
18	0·73
19	0·77
20	0·81
21	0·85
22	0·90
23	0·94

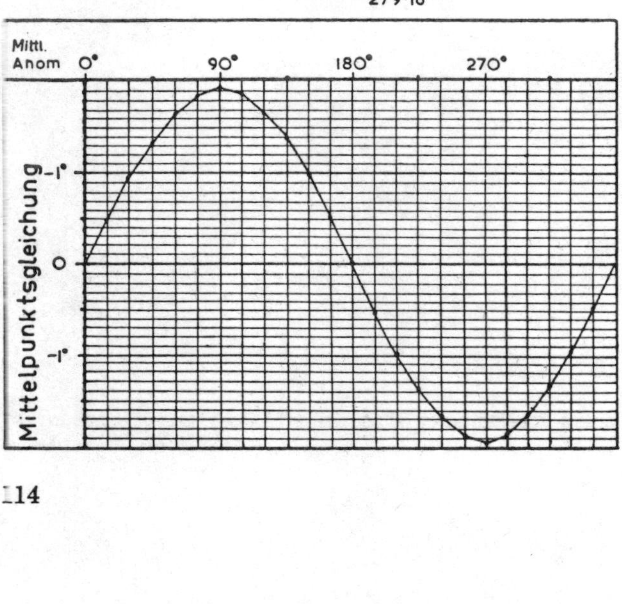

Bemerkungen

Mittl. Halbmess. 0.27°

Mond

Epoche: 1950, Januar 0, 0 Uhr MGZ			
addiere für:	Länge	Perigäum	Knoten
1 Jahr:	129·38°	40·6°	19·3°
2 Jahre:	258·76	81·3	38·7
3	28·14	121·9	58·0
4	157·52	162·6	77·3
5	286·90	203·2	96·6
10	213·8	46·5	193·3
20	67·6	92·9	26·6
30	281·4	139·4	219·8
40	135·2	185·9	53·1
50	349·0	232·3	246·4

addiere einen Tag für jeden Schalttag seit 1950

addiere für:	Länge	Perigäum	Knoten
1 Tag:	13·18°	0·1°	0·1°
2 Tage:	26·35	0·2	0·1
3	39·53	0·3	0·2
4	52·70	0·4	0·2
5	65·88	0·6	0·3
6	79·06	0·7	0·3
7	92·23	0·8	0·4
8	105·41	0·9	0·4
9	118·59	1·0	0·5
10	131·76	1·1	0·5

addiere für:	Länge	Perigäum	Knoten
Jan.	0·00°	0·0°	0·0°
Feb.	48·47	3·4	1·6
März	57·41	6·5	3·1
April	105·88	10·0	4·7
Mai	141·17	13·3	6·3
Juni	189·64	16·8	8·0
Juli	224·93	20·1	9·6
Aug.	273·39	23·5	11·2
Sept.	321·87	27·1	12·8
Okt.	357·16	30·4	14·4
Nov.	45·63	33·8	16·1
Dez.	80·92	37·2	17·6

addiere für:	Länge	addiere für:	Länge
1 Stunde:	0·55	13 Stunden:	7·14
2 Stunden:	1·10	14	7·69
3	1·65	15	8·24
4	2·20	16	8·78
5	2·75	17	9·33
6	3·30	18	9·88
7	3·84	19	10·43
8	4·40	20	10·98
9	4·94	21	11·53
10	5·49	22	12·08
11	6·04	23	12·63
12	6·59	24	13·18

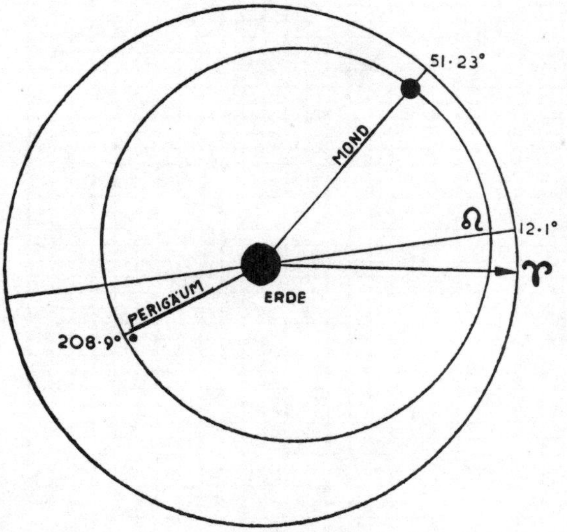

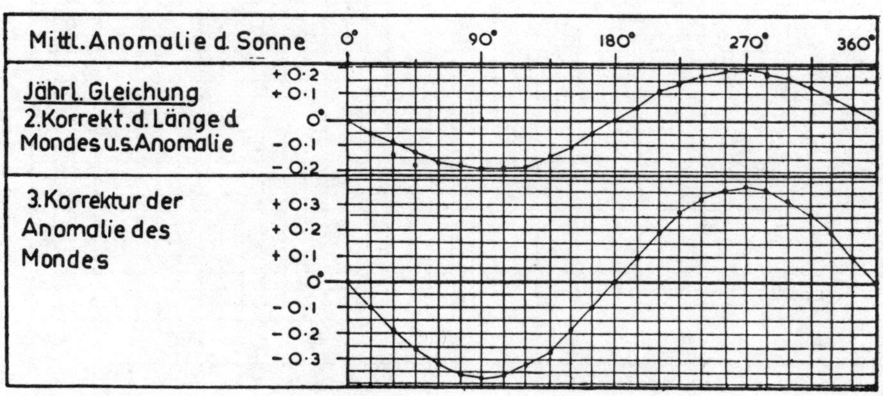

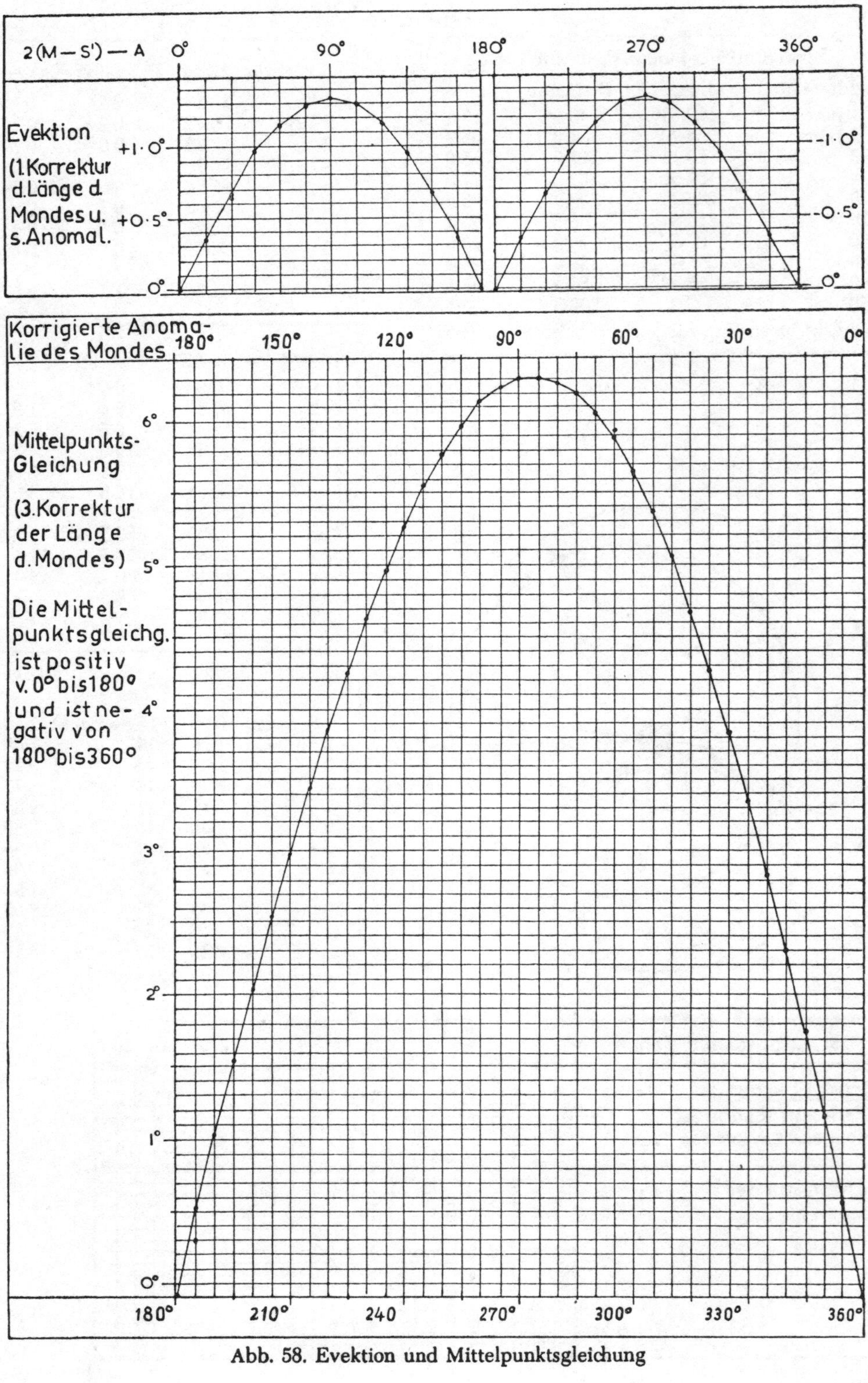

Abb. 58. Evektion und Mittelpunktsgleichung

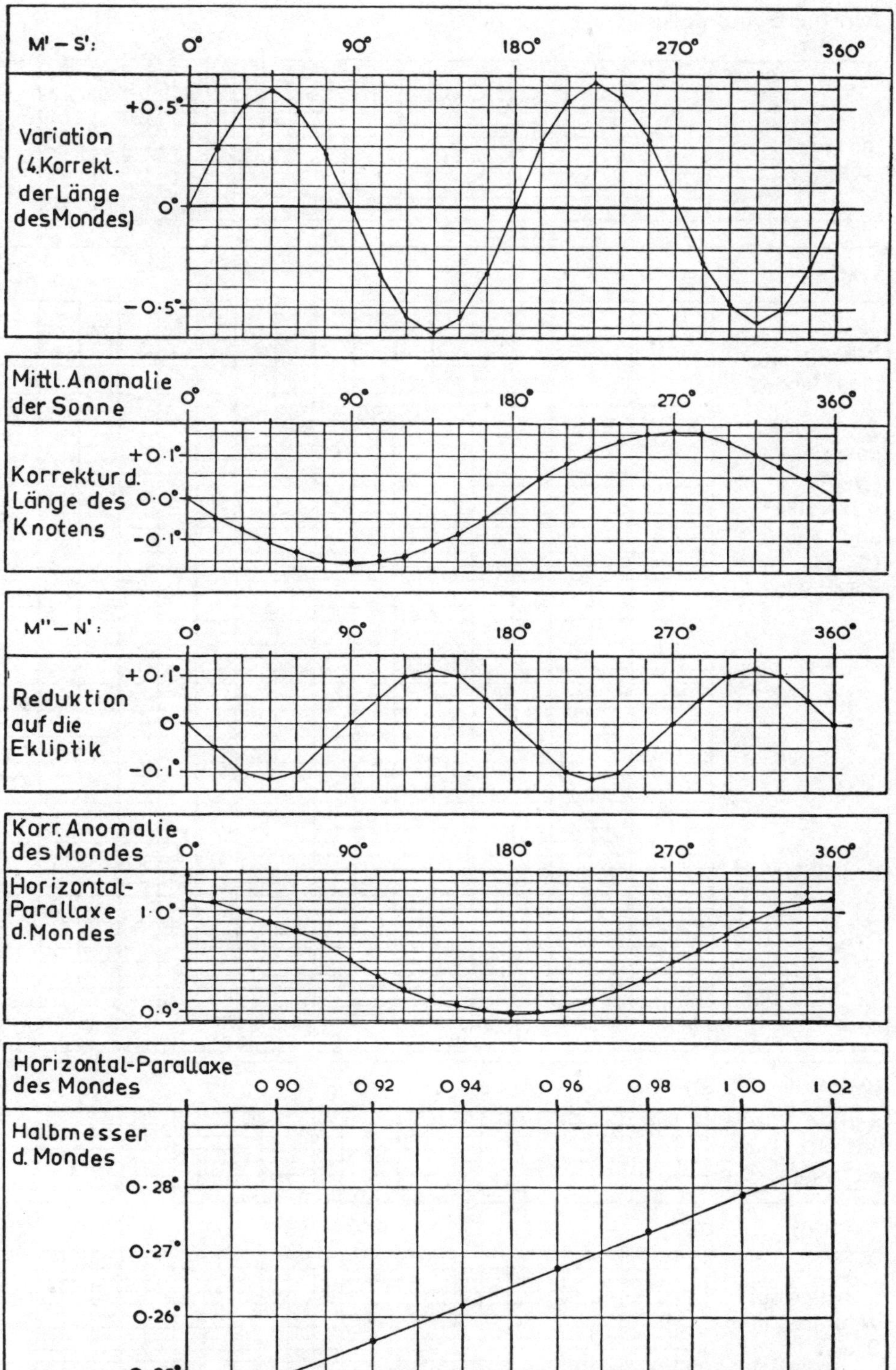

Abb. 59. Variation, Reduktion, Halbmesser usw.

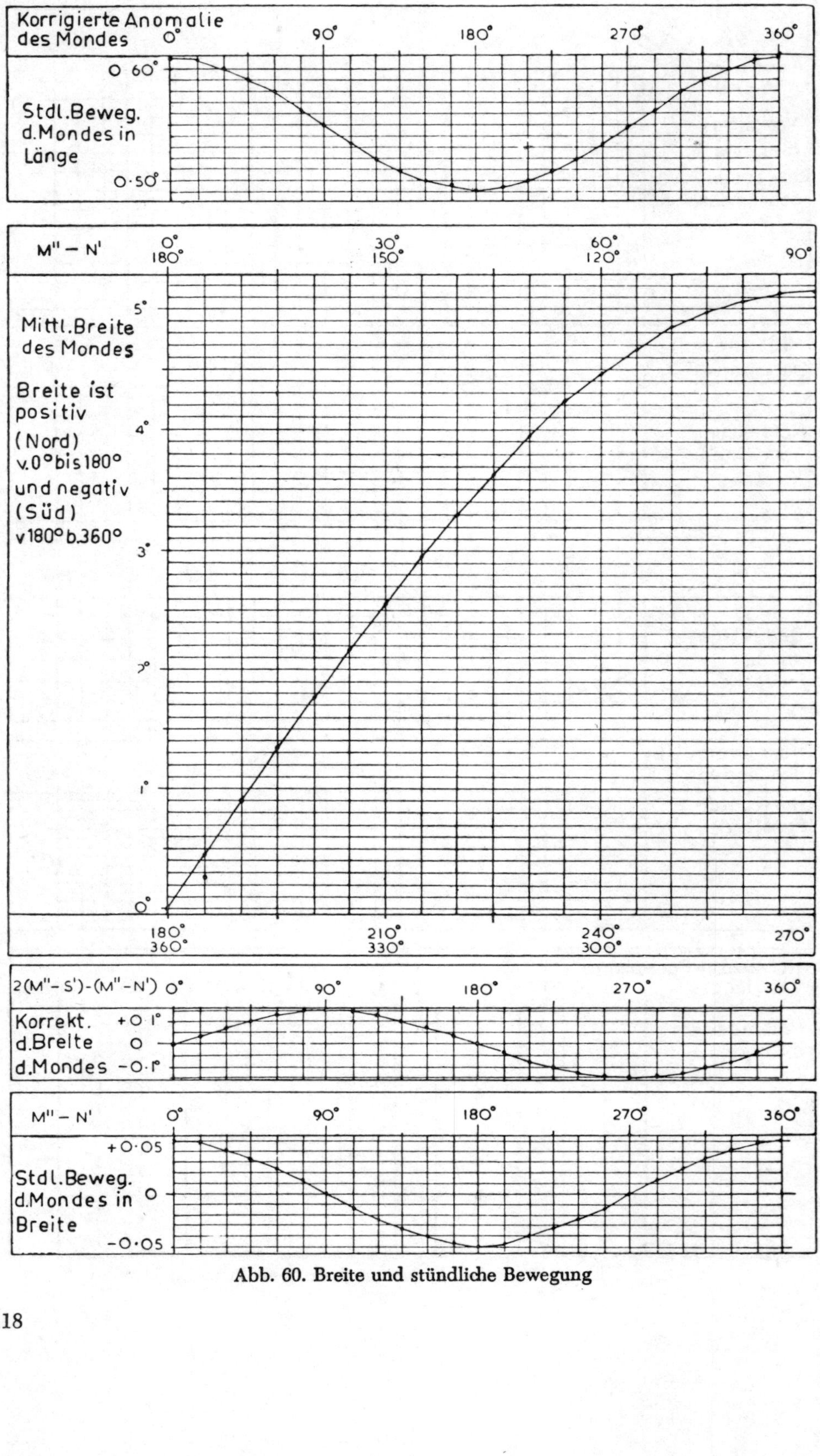

Abb. 60. Breite und stündliche Bewegung

13. UNSER ASTRONOMISCHER KALENDER

Astronomische Kalender haben die Aufgabe, über die Vorgänge am Himmel zu unterrichten und die Stellungen der Sonne, des Mondes und der Planeten anzugeben. Die von der Seefahrt erwartete Genauigkeit der Angaben macht es nötig, den Kalendern einen Umfang von mehr als 500 Seiten zu geben. Für unsere Zwecke genügt ein wesentlich einfacherer Kalender, der außerdem den Vorteil hat, mit einem Blick zu zeigen, was am Himmel vorgeht.

Da wir nach dem Studium der vorhergehenden Kapitel nun in der Lage sind, die Stellungen der Planeten, der Sonne und des Mondes selbst zu berechnen, können wir uns einen astronomischen Kalender sogar selbst herstellen, eine Beschäftigung, die für einige kalte Winterabende gerade richtig ist. Ein Kalender, der für das Jahr 1957 berechnet wurde, ist in Abb. 62 zu sehen. Am Schluß unseres Buches finden wir das Muster zu einem Kalender, bestehend aus Linien, die in jedem Jahr gleich sind. Weitere Kurven werden wir nach der Berechnung selbst einzeichnen. Die Berechnung ist gar nicht so schwer, doch muß man schon einige Stunden oder einige Abende auf diese Arbeit verwenden.

Auf beiden Seiten des Kalenders finden wir die Daten von Januar bis Dezember. Am unteren Rande sind die Stunden der Rektaszension aufgetragen. In der Mitte des Kalenders finden wir den Äquator und die Ekliptik mit den hellsten Sternen der sie umgebenden Sternbilder. Am 1. Januar beträgt nun die Rektaszension der Sonne $18^{h}\ 40^{m}$. Hier haben wir den Anfangspunkt der Kurve, die den Lauf der Sonne während des Jahres wiedergibt. Wenn wir die Stellung der Sonne unter den Sternen an einem bestimmten Tage wissen wollen, gehen wir vom rechten oder linken Rand der Tafel, von dem gegebenen Datum quer über die Tafel, bis diese gedachte Linie die Sonnenkurve schneidet. Von diesem Schnittpunkt gehen wir jetzt auf- oder abwärts, bis wir die Ekliptik erreichen, und dieser Punkt ist nun die Stellung der Sonne auf der Ekliptik an diesem Tage.

Die Stellungen der Planeten können in ähnlicher Weise gefunden werden. Wollen wir die Kurven selbst berechnen, so genügt es, die Stellung eines jeden Planeten für den 1. eines jeden Monats zu ermitteln. Die so auf der Tafel erhaltenen Punkte werden dann durch eine Kurve verbunden. Nur bei Venus und Merkur werden wir manchmal Schwierigkeiten haben, besonders zur Zeit ihrer Elongationen, und wenn die Planeten rückläufig sind. Wir müssen also zusätzliche Punkte finden, aber es genügt, die Stellungen von 10 zu 10 Tagen zu berechnen, um die Kurve mit genügender Genauigkeit zeichnen zu können.

Die dünnen Linien, die in Abb. 62 schräg über die Tafel laufen, geben die Bahn des Mondes wieder. Die Linien können auf ganz einfache Weise eingetragen werden. Wir brauchen dazu nur den ersten Tag des Jahres zu finden, an dem die Rektaszension des Mondes 0^{h} beträgt. Diesen Tag markieren wir am rechten Rand der Tafel. Zu dem gefundenen Datum addieren wir nun 27,3 Tage dazu. Wir suchen dieses zweite Datum am linken Rand der Tafel auf und verbinden die beiden Punkte durch eine gerade Linie. Mit diesem zweiten Datum fangen wir wieder rechts an und ziehen eine zweite Linie nach links, zu einem Punkt, der nun wieder weitere 27,3 Tage, vom zweiten Datum gerechnet, nach oben liegt. Dies führen wir fort, bis die ganze Tafel bedeckt ist, wobei wir feststellen, daß der Mond im Laufe eines Jahres etwas mehr als 13 Umläufe macht.

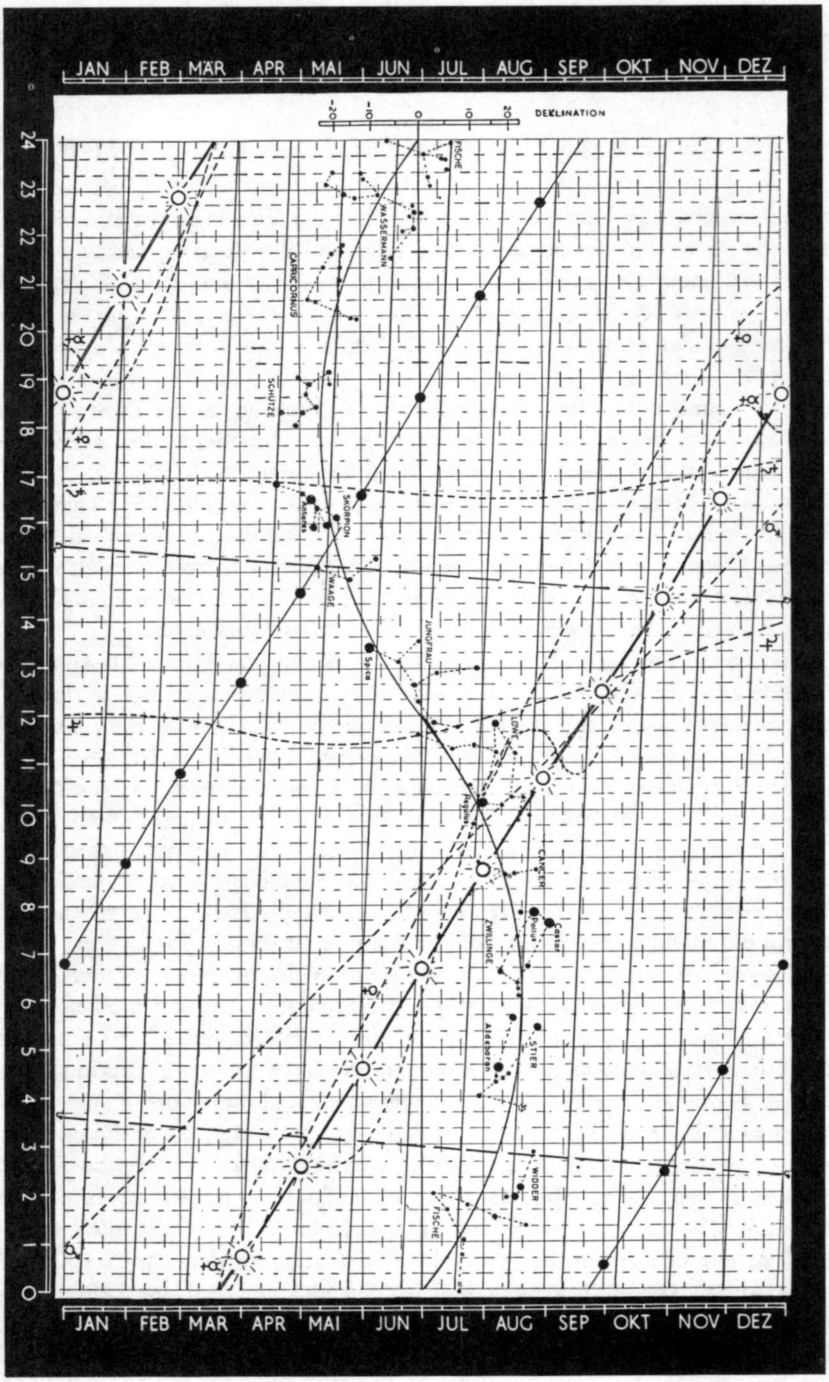

Abb. 62. Muster eines astronomischen Jahreskalenders

Die Stellungen der beiden Knotenpunkte der Mondbahn sind auch eingezeichnet. Sie schreiten je Jahr 19,3° zurück. Der aufsteigende Knoten ist um 180° oder 12 Stunden in Rektaszension gegenüber dem absteigenden Knoten verschoben.

Schließlich haben wir dann noch die Mitternachtslinie, die um 180° oder 12 Stunden in Rektaszension gegenüber der Sonnenkurve verschoben ist. Mit ihrer Hilfe finden wir den Punkt der Ekliptik, der zu einer gegebenen Zeit der Sonne am Himmel gegenüber steht, der an diesem Tage um Mitternacht also genau im Süden liegt.

Man kann natürlich auch noch andere Kurven auf diesem Kalender eintragen, wie zum Beispiel Perigäum und Apogäum des Mondes, Sonnenauf- und Untergangszeiten usw., alles ganz nach Belieben des Sternfreundes.

Wir haben damit bis jetzt allerdings nicht viel gewonnen. Alles, was wir taten, war, unsere Rechenergebnisse in graphischer Form darzustellen. Sehen wir uns nun aber einmal unseren Kalender (S. 120) an. Die Linien, die den Lauf des Mondes und der Sonne darstellen, schneiden sich in vielen Punkten. Für jeden dieser Schnittpunkte können wir das dazugehörige Datum am Rande ablesen. An diesem Tage befinden sich nun Sonne und Mond in derselben ekliptischen Länge, wir haben deshalb Neumond. Ein paar Tage später steht der Mond links von der Sonne. Dieser Umstand wird auch von unserem Kalender getreu wiedergegeben.

Wenn die Mondlinie die Mitternachtslinie schneidet, steht der Mond in Opposition zur Sonne, es ist Vollmond. Wieder können wir am Rande das entsprechende Datum ablesen.

Immer, wenn die Mondlinie die Linie eines Planeten schneidet, lohnt es sich, genauere Berechnungen anzustellen, da es vorkommt, daß der Mond den Planeten bedeckt, so daß dieser für eine gewisse Zeit, die bis zu einer Stunde betragen kann, unsichtbar wird. Im allgemeinen tritt dies jedoch nicht ein. Es ist aber immer interessant, solch eine Konjunktion zu berechnen und dann zu beobachten, besonders wenn sie in der Nähe einiger heller Sterne stattfindet. Wir werden herausfinden, daß unsere Tabellen, die wir für die Berechnungen benutzen, überraschend genau sind, besonders wenn wir die berechneten Stellungen des Mondes und des Planeten auf einer Sternkarte eintragen und diese dann an dem betreffenden Tage mit dem wirklichen Anblick des Himmels vergleichen.

Merkur und Venus sind Morgensterne, wenn ihre Kurven rechts von der Sonnenkurve liegen, sie sind Abendsterne, wenn die Kurven links von der Sonnenkurve verlaufen. Merkur ist allerdings zur Zeit seiner Elongation nicht immer sichtbar, da er oft sehr niedrig am Himmel steht, aber wir können auf unserem Kalender die Stellungen der Sonne und des Merkur miteinander vergleichen. Steht Merkur in einem Teil der Ekliptik, der wesentlich weiter nördlich liegt als der Teil, in dem sich die Sonne aufhält, wird der Merkur auch hoch am Himmel stehen. Es lohnt sich dann, nach ihm Ausschau zu halten.

Mars, Jupiter, Saturn und Uranus stehen der Erde am nächsten, wenn sie sich in Opposition zur Sonne befinden, wenn also ihre Kurven die Mitternachtslinie schneiden. Wir bemerken hierbei auch, daß diese Planeten um die Zeit ihrer Opposition herum rückläufig werden, da dann die Erde sie in ihrem Lauf überholt.

Die Konjunktion zweier Planeten ist immer ein besonders schöner Anblick am Himmel. Leider finden solche Begegnungen häufig in einem Teil der Ekliptik statt, der sich in unseren Breiten nur wenig über den Horizont erhebt. Da die hellsten Sterne in der Nähe der Ekliptik auf unserem Kalender abgebildet sind, brauchen wir nicht einmal auf einer Sternkarte nachzusehen, welche der am Himmel sichtbaren Himmelskörper nun die Planeten sind — für den Fall, daß darüber jemals ein Zweifel herrschen sollte.

Die beiden Kurven, die die Bewegung der Knoten der Mondbahn wiedergeben, sind für die Berechnung von Sonnen- und Mondfinsternissen besonders wichtig. Wegen der Neigung der Mondbahn in bezug auf die Ekliptik geht der Vollmond im allgemeinen über oder unter dem Erdschatten durch seine Oppositionsstellung. Der Schatten des Neumondes liegt aus demselben Grunde meistens über oder unter der Erde, so daß es nur selten zu Finsternissen kommt.

Zweimal im Jahr geschieht es jedoch, daß die Knotenlinie der Mondbahn auf die Sonne zeigt (siehe Abb. 54). Da dann Sonne, Mond und Erde bei Voll- und Neumond in einer geraden Linie liegen, treten Sonnen- und Mondfinsternisse ein.

In unserem Kalender werden diese Bedingungen dadurch angedeutet, daß der Schnittpunkt der Mondkurve mit der Sonnen- oder Mitternachtskurve in unmittelbarer Nähe der Knotenkurve liegt, so daß diese drei Linien ein kleines Dreieck bilden. Je kleiner dieses Dreieck ist, um so wahrscheinlicher ist das Zustandekommen einer Finsternis.

Abb. 63 deutet vier Finsternisse an, je eine Mondfinsternis am 13. Mai und 7. November, und je eine Sonnenfinsternis am 29. April und 23. Oktober. Bei den beiden Mondfinsternissen sind die Dreiecke sehr klein. Tatsächlich finden auch an diesen beiden Tagen totale Mondfinsternisse statt. Bei den Sonnenfinsternissen sind die Dreiecke etwas größer, so daß der Mond schon etwas weiter vom Knotenpunkt seiner Bahn entfernt ist. Aus diesem Grunde sind die beiden Sonnenfinsternisse auch nur in den Polargegenden sichtbar. Die Finsternis am 29. April z. B. am Nordpol und im nördlichen Rußland, die des 23. Oktober in der südlichen Halbkugel.

Die Schatten der Erde und des Mondes haben eine kegelförmige Gestalt. In diesen Kegel dringt kein Sonnenlicht ein. Dieser Kernschatten wird von einem Halbschatten umgeben. In Orten, die im Halbschatten einer Sonnenfinsternis liegen, wird die Sonne nur teilweise verfinstert.

Die Kegelspitze des Mondschattens liegt nur so weit hinter dem Mond, daß sie unter günstigen Bedingungen gerade noch die Erdoberfläche erreichen kann. Aus diesem Grunde können Sonnenfinsternisse nur von einem sehr kleinen Teil der Erde aus beobachtet werden. Der Schatten bestreicht ein sehr schmales Band, hervorgerufen durch die Bewegung des Mondes und die Umdrehung der Erde. Für einen bestimmten Punkt in diesem Band

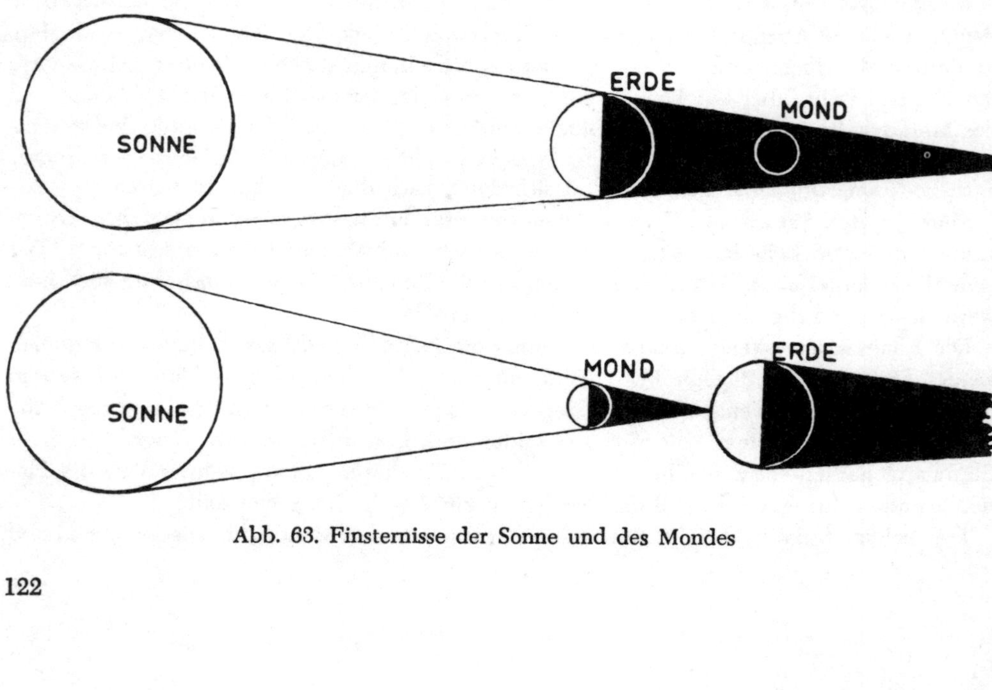

Abb. 63. Finsternisse der Sonne und des Mondes

kann die Sonnenfinsternis höchstens etwas über 7 Minuten dauern. Im allgemeinen ist die Zeit aber wesentlich kürzer, da ja der Abstand des Mondes veränderlich ist. Steht er in größerer Entfernung von der Erde, wird auch der Durchmesser des auf die Erde fallenden Schattens kleiner. Manchmal ist der Mond sogar so weit von der Erde entfernt, daß die Spitze des Schattenkegels die Erdoberfläche überhaupt nicht mehr erreicht. Dann sieht man im günstigsten Fall die schwarze Rückseite des Mondes, die von einem leuchtenden Ring — dem Rand der Sonne — umgeben ist. Solch eine Finsternis wird als ringförmige Sonnenfinsternis — im Gegensatz zu einer totalen — bezeichnet.

Das Band, in dem die Finsternis entweder total oder ringförmig ist, wird auf beiden Seiten von einer wesentlich breiteren Zone umgeben, in der eine partielle Finsternis sichtbar ist, bei der nur ein Teil der Sonnenscheibe verdunkelt wird.

Die beschränkte Sichtbarkeit der Sonnenfinsternisse erklärt die Seltenheit eines solchen Ereignisses, obwohl, im ganzen gesehen, Sonnenfinsternisse viel häufiger auftreten als Mondfinsternisse. Mondfinsternisse können aber immer von mindestens der halben Erdoberfläche aus gesehen werden, Sonnenfinsternisse nur von einem umfangmäßig beschränkten Gebiet.

Die Voraussage von Finsternissen ist keineswegs eine Errungenschaft der letzten Jahrhunderte. Schon vor vielen tausend Jahren wußten die Chinesen, daß alle Finsternisse nach einem Zeitraum von 18 Jahren und 11 Tagen oder 18 Jahren und 10 Tagen — je nach der Anzahl der in diesen Zeitraum fallenden Schaltjahre — in derselben Reihenfolge wiederkehren.

Die Ursache für diese Wiederholung ist einfach: Der Mond macht in bezug auf seine Knoten einen vollen Umlauf in 27,21 Tagen, die Sonne benötigt hierzu 346,62 Tage. Nach 18 Jahren und 11 Tagen — die alten Chaldäer nannten diesen Zeitraum einen Saros — hat die Sonne in bezug auf die Knoten der Mondbahn 19 Umläufe gemacht, der Mond 242. Die Stellungen der beiden Himmelskörper sind also nahezu die gleichen, so daß sich von nun ab alle Erscheinungen wiederholen.

Da aber die anderen Bedingungen für eine Finsternis sich nicht nach diesem Zeitraum richten, gilt die Regel der Sarosperiode auch nicht für unendlich lange Zeiträume. Mit Hilfe des Saros kann man darum nicht jede Finsternis voraussagen.

Finsternisse

Für die genaue Berechnung einer Finsternis sind die Stellungen des Mondes und der Sonne zu berechnen. Unser Kalender gibt uns ja nur das ungefähre Datum an.

Im vorhergehenden Kapitel lernten wir die Stellung des Mondes zu berechnen. Wir müssen die gleiche Berechnung anstellen, wenn wir die Wahrscheinlichkeit einer Finsternis aus unserem Kalender ersehen. Durch Abschätzen suchen wir die Zeit zu finden, zu der der Abstand des Mondes vom Erdschatten (bei einer Mondfinsternis) oder von der Sonne (bei einer Sonnenfinsternis) weniger als ein Grad beträgt, das heißt, daß der Ausdruck M''—S' in der Rechnung etwas weniger als 180° oder 360° ergibt.

Wir machen zuerst eine Berechnung der Länge des Mondes, dann berechnen wir die Zeit der Opposition, indem wir die stündliche Bewegung des Mondes aus der Tabelle entnehmen und ermitteln, wie lange der Mond braucht um entweder in Konjunktion oder in Opposition zur Sonne zu kommen. Für den so gefundenen Zeitpunkt machen wir dann eine weitere Berechnung, wie sie in Abb. 61 skizziert ist. In diesem Fall hat M''—S' einen Wert von etwas weniger als 180°.

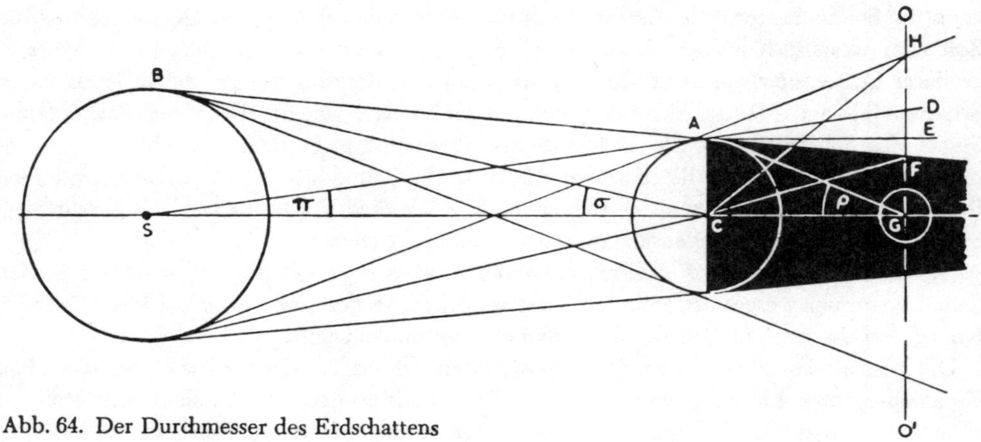

Abb. 64. Der Durchmesser des Erdschattens

Für die Berechnung einer Mondfinsternis ist es wichtig zu wissen, wie groß der Durchmesser des Erdschattens in der Entfernung des Mondes ist, ob der Mond mitten durch den Schatten läuft oder mehr zum oberen oder unteren Rande hin.

Für die nähere Betrachtung dieses Problems wollen wir uns Abb. 64 ansehen. Der Halbmesser oder Radius des Erdschattens in der Entfernung des Mondes wird durch die Strecke F—G dargestellt. Für einen Beobachter, der sich im Punkt A befindet, bedeckt diese Strecke den Winkel F—A—G, den wir nun durch gegebene Größen ausdrücken müssen.

Drei solcher Größen kommen in der Berechnung vor. Zuerst haben wir den Winkel A—S—C. Er ist der Halbmesser der Erde aus der Entfernung der Sonne gesehen; wir nennen ihn die Horizontal-Parallaxe der Sonne (π). Dann haben wir den Winkel A—G—C. Dies ist der Winkel, den der Erdhalbmesser in der Entfernung des Mondes bedeckt; wir nennen ihn die Horizontal-Parallaxe des Mondes (ϱ). Schließlich haben wir noch den Winkel B—C—S, den wir als Halbmesser der Sonne (σ) bezeichnen.

Wenn wir nun durch A eine Parallele zu C—G ziehen, erhalten wir in der Entfernung des Mondes den Punkt E. Für einen Beobachter im Mittelpunkt der Erde ist der Winkel G—C—E gleich der Horizontal-Parallaxe des Mondes. Von A aus gesehen, bedeckt die Strecke E—G natürlich genau denselben Winkel, so daß auch der Winkel G—A—E gleich der Horizontal-Parallaxe des Mondes ist. Der Winkel D—A—E ist nun aber gleich dem Winkel A—S—C, also gleich der Horizontal-Parallaxe der Sonne, so daß der Winkel G—A—D gleich der Summe der Horizontal-Parallaxen der Sonne und des Mondes ist.

Die Winkel H—A—D und D—A—F sind gleich dem Halbmesser der Sonne, so daß wir also sagen können: Halbmesser des Erdschattens in der Entfernung des Mondes = Horizontal-Parallaxe der Sonne, p l u s Horizontal-Parallaxe des Mondes, m i n u s Halbmesser der Sonne. Für den Halbmesser des Halbschattens müssen wir offenbar alle drei Größen addieren, da aber Halbschattenfinsternisse mit bloßem Auge nicht beobachtet werden können, hat dieser Wert für uns keine praktische Bedeutung.

Der Halbmesser der Sonne beträgt im Mittel 0,27°. Wegen der Exzentrizität der Erdbahn schwankt er etwas, aber die Abweichungen sind so gering, daß wir sie für unsere Zwecke vernachlässigen können. Wir wollen diesen Wert daher als konstant ansehen.

Die Horizontal-Parallaxe der Sonne beträgt nur etwa $^1/_{500}$ Grad, ein so geringer Betrag, daß wir ihn ebenfalls vernachlässigen können.

Die Horizontal-Parallaxe des Mondes schwankt in verhältnismäßig weiten Grenzen. Ihren augenblicklichen Wert können wir aus unseren Tabellen entnehmen. Mit seiner Hilfe können wir auch den Halbmesser des Mondes, den wir gleich benötigen werden, aus der Tafel ablesen.

Wir können also nun mit einer für unsere Zwecke genügenden Genauigkeit den Halbmesser des Erdschattens in der Mondentfernung folgendermaßen berechnen:

Schattenhalbmesser = Horizontal-Parallaxe des Mondes m i n u s 0,27°

Nachdem wir diese kleine Rechnung ausgeführt haben, können wir auch die anderen Einzelheiten der Finsternis berechnen.

Auf einem Blatt Zeichenpapier ziehen wir eine gerade Linie, die die Ekliptik oder wenigstens einen Teil von ihr darstellen soll. Wir unterteilen sie in Grade und Zehntelgrade, wobei wir am besten 1° = 5 cm lang machen. In unseren Berechnungen (Abb. 61) fanden wir, daß die ekliptische Länge der Sonne 152,57° betrug, der Mittelpunkt des Erdschattens befindet sich daher in 180° + 152,57° = 332,57° ekliptischer Länge. Wir bezeichnen die Gradeinteilung so, daß der Mittelpunkt des Erdschattens in die Mitte unseres Zeichenblattes zu stehen kommt. Wir werden also in unserem Falle die Zahlen von 330° bis 335° einschreiben. Dann tragen wir auf dieser Zeichnung den Mittelpunkt des Erdschattens ein, der genau auf der Ekliptik liegt. Um ihn schlagen wir einen Kreis mit dem berechneten Halbmesser des Erdschattens in der Mondentfernung, den wir bei der betrachteten Finsternis zu 0,74° berechnet haben. Um denselben Punkt können wir nun auch noch einen zweiten Kreis schlagen, dessen Halbmesser 1,28° beträgt. Er stellt den Halbschatten dar.

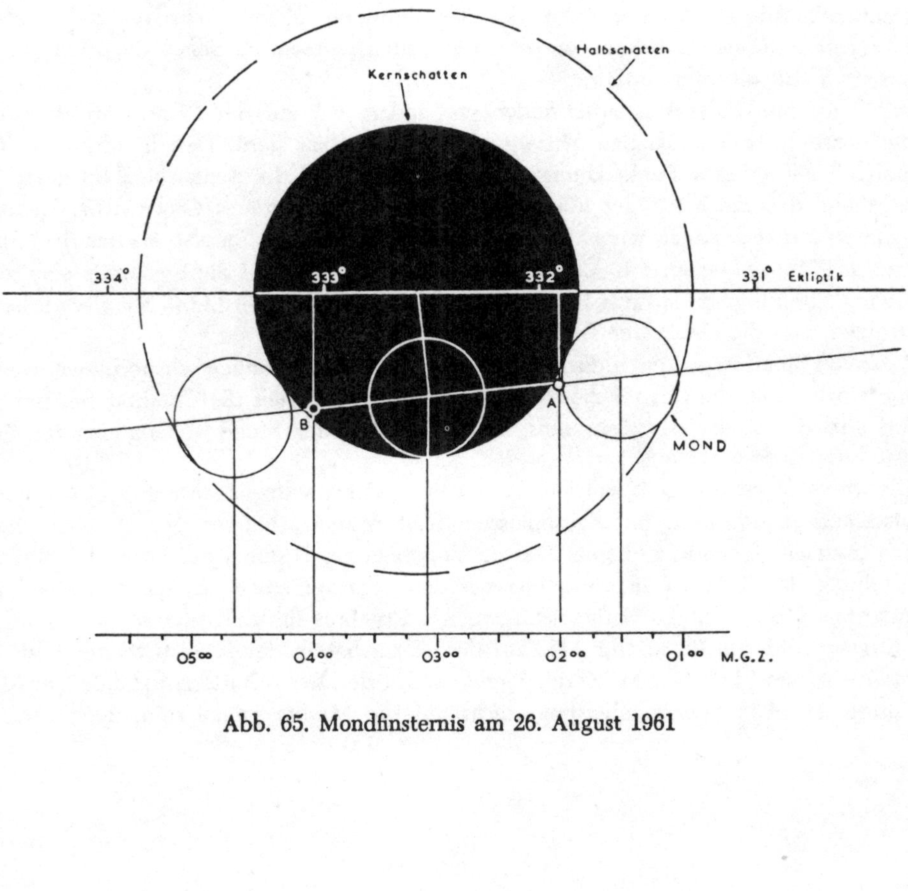

Abb. 65. Mondfinsternis am 26. August 1961

Nun markieren wir die Stellung des Mondes zu der betreffenden Zeit. Wir machen also einen Punkt in der ekliptischen Länge 331,93° und 0,43° unterhalb der Ekliptik. Wir könnten hier die Mondscheibe zeichnen, da wir ja deren Halbmesser auch schon gefunden haben. Da dies aber die Zeichnung verwirrt, unterlassen wir es besser.

Sowohl Mond wie auch Schatten schreiten in unserer Zeichnung nach links weiter, der Mond mit einer Geschwindigkeit von 0,61° je Stunde (siehe Tabelle), der Schatten mit einer Geschwindigkeit von 0,04° je Stunde. Wir wissen daraus also, daß sich der Mond dem Schatten mit einer Geschwindigkeit von 0,61 — 0,04 = 0,57° je Stunde nähert. Wenn wir den Schatten feststehen lassen, hat sich der Mond nach zwei Stunden um 1,14° auf unserer Zeichnung nach links bewegt. Dabei hat sich auch die Breite des Mondes verändert. Wie wir aus unseren Tabellen entnehmen, beträgt die stündliche Bewegung des Mondes zu der betreffenden Zeit — 0,05° je Stunde in der Breite. Nach zwei Stunden steht der Mond also außerdem noch 0,1° weiter südlich. Wir können nun eine zweite Stellung für den Mond einzeichnen, und zwar diejenige, die er um 04.00 Uhr MGZ einnehmen wird. Die Koordinaten dieses Punktes sind: Länge 333,05°, Breite — 0,53°. Die beiden Punkte verbinden wir durch eine gerade Linie, die wir nach beiden Seiten hin verlängern. Wir erhalten damit die scheinbare Mondbahn in der Nähe des Oppositionspunktes.

Unterhalb der Zeichnung ziehen wir eine Gerade, die parallel zur Ekliptik läuft. Wir errichten auf ihr nun zwei Senkrechte, die durch die beiden berechneten Punkte der Mondbahn gehen. Die beiden Schnittpunkte auf der unteren Linie bezeichnen wir mit 02.00 Uhr und 04.00 Uhr MGZ und unterteilen diese Skala noch in Stunden und Viertelstunden, wobei wir sie nach beiden Seiten verlängern, so daß sie im ganzen etwa 6 Stunden umfaßt.

Jetzt nehmen wir den Halbmesser des Mondes (0,28°) in den Zirkel und schlagen zwei kleine Kreise, die ihre Mittelpunkte auf der Mondbahn haben und den Erdschatten gerade von außen berühren. Wenn wir von den Mittelpunkten dieser Kreise senkrecht auf die Zeitskala heruntergehen, können wir dort die Zeiten ablesen, zu denen der Mond in den Erdschatten tritt und ihn verläßt.

Den Mittelpunkt der Finsternis finden wir, indem wir auf der Mondbahn eine Senkrechte errichten, die durch den Mittelpunkt des Schattens geht. Den hierdurch auf der Mondbahn gefundenen Punkt können wir nun wieder auf die Zeitskala übertragen. Wir sehen dann, daß die Mitte der Finsternis um 03.05 Uhr mittlerer Greenwichzeit eintritt. Um diesen Punkt schlagen wir nun wieder einen kleinen Kreis, dessen Radius dem Halbmesser des Mondes entspricht. Als Ergebnis stellen wir fest, daß die Finsternis eine totale sein wird, allerdings fehlen nur Bruchteile eines Grades, um den Mond aus dem Schatten zu bringen, und die Dauer der Totalität wird nur kurz sein.

Wenn der Mond mehr durch die Mitte des Schattens läuft, können wir noch zwei weitere Kreise einzeichnen, und dabei die Zeiten feststellen, zu denen die Totalität beginnt und endet, also die Dauer des Zeitraums, währenddessen der Mond vollkommen im Kernschatten der Erde eingetaucht ist.

Alle diese Berechnungen wurden in mittlerer Greenwichzeit ausgeführt. Da wir in Deutschland jedoch nach mitteleuropäischer Zeit rechnen, müssen wir zu allen diesen Zeiten noch eine Stunde addieren. Da die Vorgänge am Himmel nicht von der täglichen Umdrehung der Erde abhängen, haben wir den geographischen Längenunterschied vom Standardmeridian nicht zu berücksichtigen. Als Ergebnis finden wir, daß der Mond am 26. August 1961 um 02.30 Uhr MEZ in den Kernschatten der Erde tritt, die Mitte der Finsternis ist um 04.05 Uhr MEZ, der Mond verläßt den Kernschatten um 05.40 Uhr MEZ.

Unsere Angaben können allerdings nicht auf die Minute genau sein, doch wird der

Fehler, mit dem unsere Ergebnisse behaftet sind, wesentlich kleiner sein als 20 Minuten oder 1/4 Grad. Da wir diese Berechnungen mit einfachen Mitteln durchführen, dürfen wir unsere Ergebnisse schon als ausgezeichnet betrachten. Wir können uns immer mit dem Gedanken trösten, daß auch in den Recheninstituten die Berechnung der Stellung des Mondes mathematisch niemals ganz genau ist, obwohl hier 1500 Korrekturen an der mittleren Länge des Mondes angebracht werden! Die Berechnung der Mondbahn gehört zu den schwierigsten Problemen der Astronomie.

In unserem Beispiel sahen wir, daß der Mond nicht unbedingt genau im Knoten seiner Bahn stehen muß, um eine Finsternis hervorzubringen, wenn er in Opposition oder Konjunktion zur Sonne ist. Tatsächlich kann der Mond bis zu 16° vom Knoten entfernt sein, eine Sonnenfinsternis ist dann immer noch möglich, wenn die anderen Bedingungen günstig sind. Finsternisse sind nicht Einzelerscheinungen, sondern kommen in Gruppen vor, das heißt, daß wir zwei oder drei Finsternisse in Abständen von 14 Tagen erleben. Die Sonne wandert während dieses Zeitraums nicht genügend weit vom Knoten der Mondbahn weg. Eine Mondfinsternis wird manchmal von einer oder auch von zwei Sonnenfinsternissen begleitet, die 14 Tage früher oder später stattfinden.

Die Grenze für Mondfinsternisse ist wesentlich kleiner. So kann es vorkommen, daß eine Sonnenfinsternis von keiner Mondfinsternis begleitet wird, während eine Mondfinsternis immer mit einer, manchmal auch mit zwei Sonnenfinsternissen verbunden ist.

Nach einer solchen Gruppe von Finsternissen entfernt sich die Sonne immer weiter vom Knoten der Mondbahn. Es kommt zu keinen weiteren Finsternissen, bis die Sonne nach sechs Monaten am anderen Knoten der Mondbahn angelangt ist, so daß eine weitere Gruppe von Finsternissen, oder zumindest eine Sonnenfinsternis zustandekommt.

In jedem Jahr müssen mindestens zwei Finsternisse stattfinden, die dann beide Sonnenfinsternisse sein werden. Es können in einem Jahr bis zu sieben Finsternisse vorkommen, von denen fünf Sonnenfinsternisse und zwei Mondfinsternisse sind. In einem Jahr können niemals mehr als drei Mondfinsternisse eintreten.

14. WIR BAUEN UNS EIN FERNROHR

Vielfach ist die Meinung verbreitet, astronomische Beobachtungen könnten nur mit Hilfe großer Fernrohre gemacht werden. Es gibt aber Hunderte von Astronomen, die kaum jemals ein Instrument benutzen, das größer ist als ein gewöhnlicher Feldstecher, obwohl man zugestehen muß, daß ihre Instrumente für den gegebenen Zweck besser geeignet sind.

Aber selbst mit einem Feldstecher oder Opernglas kann man eine überraschende Anzahl von interessanten Beobachtungen machen, wobei es nur nötig ist, das Instrument vollkommen still zu halten, um Einzelheiten genau erkennen zu können. Im allgemeinen hält man einen Feldstecher in der Hand. Das dabei unvermeidliche Zittern macht sich störend bemerkbar. Ein kleines Gerät, das wir uns selbst herstellen können, macht es möglich, unseren Feldstecher fest aufstellen zu können und ihn damit für wirklich wertvolle Beobachtungen benutzbar zu machen.

Die Aufstellung eines Feldstechers

Abb. 66 zeigt die Einzelheiten. Unser Gerät besteht lediglich aus einem kleinen Hartholzblock, der ein Loch trägt, gerade groß genug, um das Gewinde des Kopfstückes eines photographischen Stativs aufzunehmen. Das Stativ muß oben ein Kugelgelenk besitzen, so daß auf- und abbewegt werden kann. Oben auf diesem Holzblock sind noch je ein flacher Streifen Pappe und ein Streifen Filz befestigt, darüber dann wieder ein Streifen Filz, wieder ein Streifen Pappe und ein Blechstreifen, die alle in die in der Zeichnung angedeutete Form gebracht werden müssen. Bevor diese Teile mit zwei Schrauben auf dem Block befestigt werden, legt man die Achse des Feldstechers in die nun von Filzstreifen ausgelegte Öffnung ein und zieht die Schrauben fest an.

Wir erreichen hiermit, daß der Feldstecher wirklich festgehalten wird, ohne daß seine Lackierung leidet.

Mit dieser Vorrichtung können wir astronomische Beobachtungen ausführen, die uns vieles Überraschende am Himmel zeigen werden. Aber jeder, der mehr als ein flüchtiges Interesse der Sternkunde entgegenbringt, wird den so aufgebauten Feldstecher nur als ein zeitweiliges Hilfsmittel betrachten und danach streben, ein richtiges Fernrohr einmal sein eigen zu nennen.

Leider sind Fernrohre verhältnismäßig teuer, selbst wenn sie aus zweiter Hand gekauft werden. Aber der Selbstbau eines Fernrohres ist so einfach, daß jeder, der dies will, sich

---

TAFEL XV

a) Stativkopf und parallaktische Aufstellung für das Fernrohr, nach einem Entwurf des Verfassers.

---

b) Selbstgebauter Quadrant zur Messung der Höhe von Sonne oder Sternen über dem Horizont. Das Kurvennetz ermöglicht es, das Instrument auch als Sonnenuhr zu benutzen.

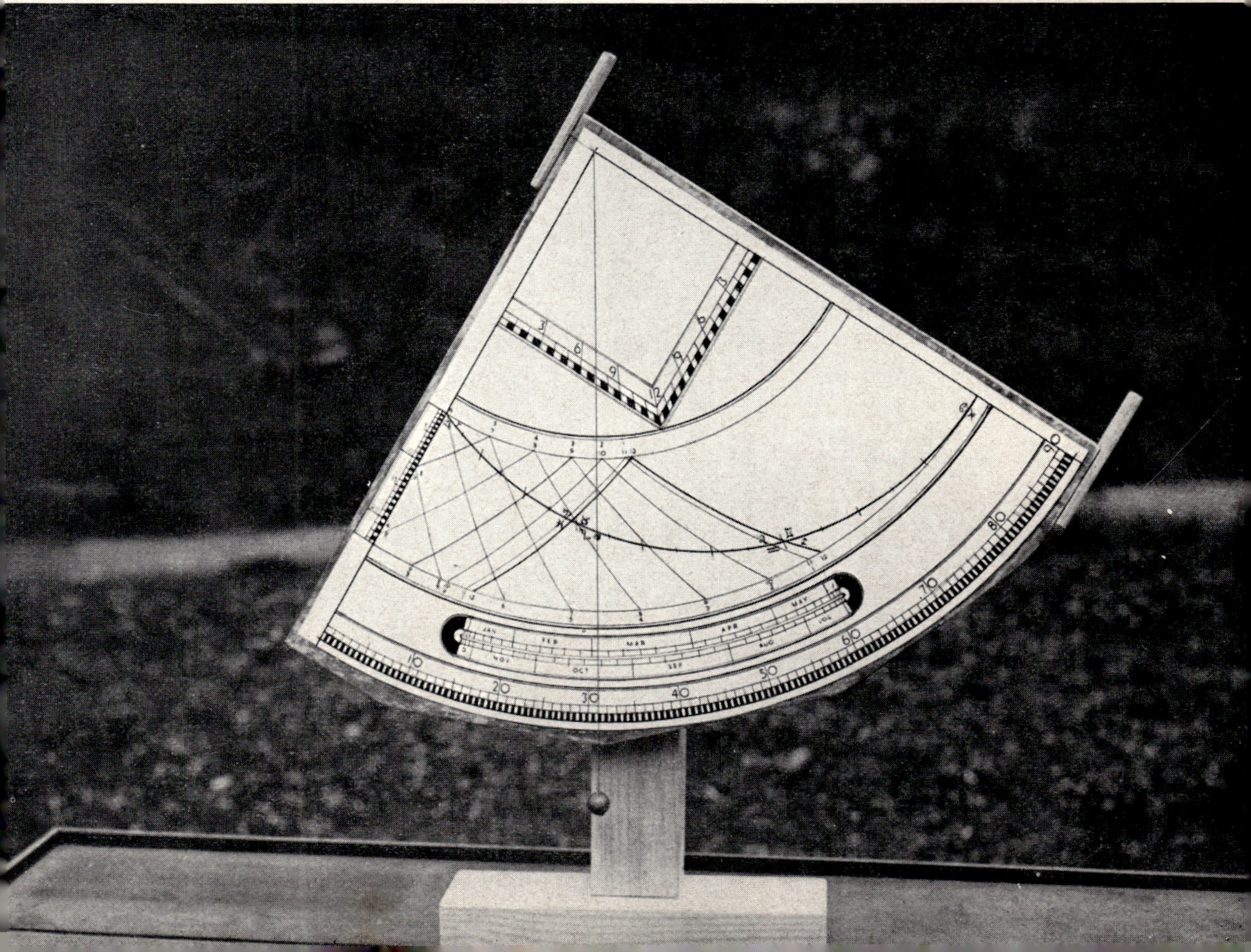
10
20
30
40
50
60
70
80
90

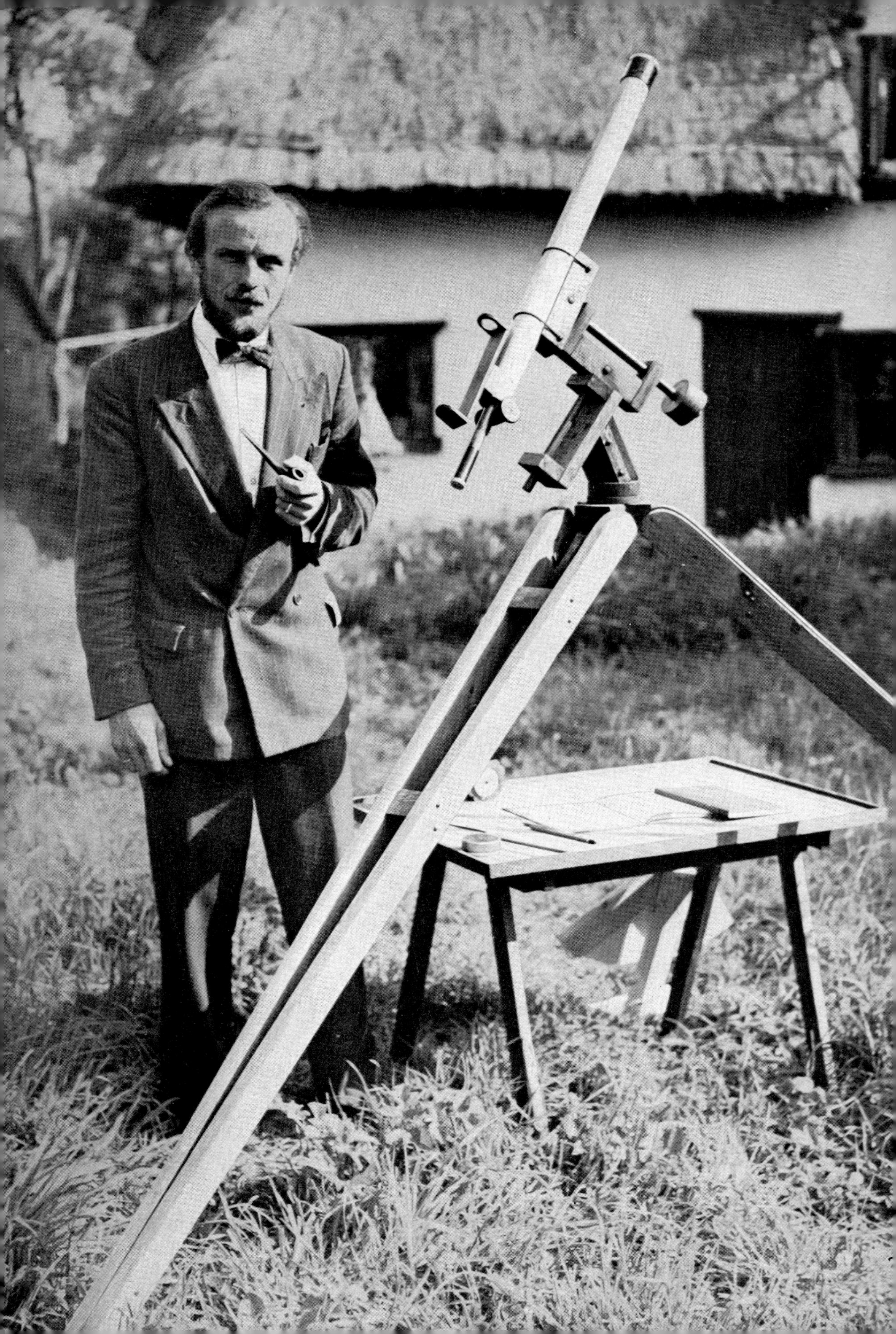

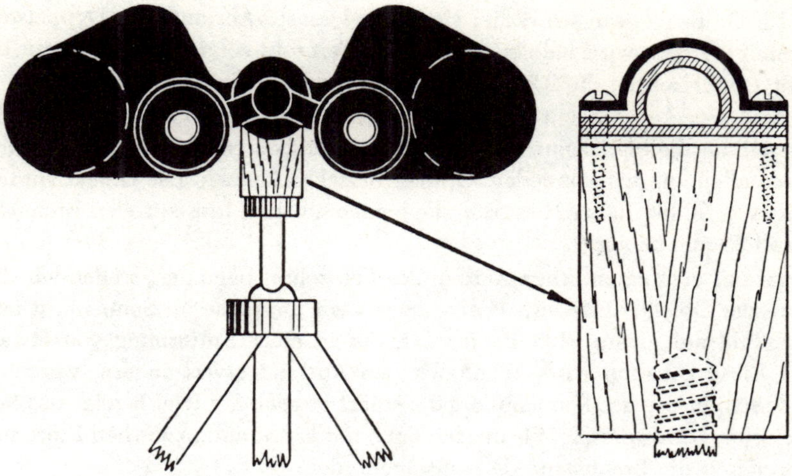

Abb. 66. Montierung eines Feldstechers

ein kleines Fernrohr bauen kann. Die Kosten sind gering. Der Verfasser hat in den letzten zwanzig Jahren ein Fernrohr benutzt, das ursprünglich weniger als 10 Mark gekostet hat — es war dies der Preis von drei Linsen! Im Laufe der Jahre wurde dieses Instrument natürlich ausgebaut. Heute ist es ein ganz ansehnliches Fernrohr mit vielen Zusatzgeräten, und doch blieben die Gesamtkosten noch immer unter DM 100,—. Verglichen mit anderen großen Instrumenten ist das Fernrohr natürlich klein, aber selbst seine Beobachtungsmöglichkeiten sind in 20 Jahren noch nicht voll erschöpft worden!

Ein einfaches Fernrohr

So seltsam es auch erscheinen mag, die Vergrößerung ist die am wenigsten wichtige Eigenschaft des astronomischen Fernrohrs. Es ist ohne weiteres möglich, ein Fernrohr zu bauen, das 100mal vergrößert, und doch nicht mehr zeigt als man mit bloßem Auge sehen kann. Es ist wiederum möglich ein Fernrohr herzustellen, das überhaupt nicht vergrößert, und trotzdem ein sehr nützliches Instrument ist. Die Güte eines Fernrohres hängt also von etwas anderem ab und nicht von seiner Vergrößerung.

Der entscheidende Faktor ist in diesem Falle der Durchmesser des Objektivs, also der Linse, die dem Objekt zugekehrt ist. Die Linse im menschlichen Auge hat einen Durchmesser von etwa 8 mm, und unter guten Bedingungen können wir mit ihrer Hilfe Sterne 6. Größe sehen. Ein Fernrohr mit einer Objektivöffnung von 1 Zoll (25 mm) zeigt uns nun aber schon Sterne von Größe 8,5, und außerdem noch vielerlei Einzelheiten. Zwei Sterne, die 4,5″ voneinander getrennt sind, werden vom bloßen Auge als ein Stern gesehen, aber dieses kleine Fernrohr wird sie „auflösen", das heißt, als gesonderte Lichtpunkte zeigen.

Wenn wir nun den Durchmesser des Objektivs verdoppeln, können wir Sterne sehen,

---

TAFEL XVI

Der Verfasser mit seinem selbstgebauten 2-Zöller.

die noch 1,5 Größenklassen schwächer sind. Der kleinste Abstand von Doppelsternen, die noch getrennt werden, wird halbiert. Ein 2-Zoll-Fernrohr zeigt uns also Sterne 10. Größe, und trennt Doppelsterne, die 2,25″ voneinander getrennt sind.

Für unsere Zwecke wird ein Fernrohr mit einer Öffnung von 1 Zoll vollauf genügen. Seine Herstellung bereitet keine besonderen Schwierigkeiten. Zuerst müssen wir uns drei Linsen beschaffen, die wir von jedem Optiker beziehen können. Die Objektivlinse soll eine Brennweite von 90 bis 100 cm besitzen, die beiden anderen Linsen sollen Brennweiten von etwa 12 und 25 mm haben *).

Bevor wir mit dem eigentlichen Aufbau des Fernrohres beginnen, stellen wir die genaue Brennweite der Objektivlinse fest. Hierzu halten wir die Linse ins Sonnenlicht und fangen das Sonnenbild auf einem Blatt Papier auf, das in einer Entfernung von etwa 1 Meter hinter die Linse gehalten wird. Wenn wir den Abstand etwas ändern, werden wir eine Stellung finden, in der das Sonnenbild ganz scharf erscheint, zugleich zeigt das Sonnenbild seinen kleinsten Durchmesser. Wir messen dann die Entfernung zwischen Linse und Papier und haben damit die Brennweite der Linse gefunden.

Das Rohr unseres Fernrohres muß etwa 10 cm kürzer sein als diese Brennweite. Sein Durchmesser hat etwas größer zu sein als der der Objektivlinse. Ein Papprohr von der gewünschten Größe werden wir in jeder besseren Papierwarenhandlung bekommen. Für unsere Zwecke ist ein Metallrohr noch besser geeignet. Auch hier kann uns geholfen werden. In den letzten Jahren sind die Baufirmen dazu übergegangen, Aluminiumrohre für den Gerüstbau zu verwenden. Diese Aluminiumrohre haben etwa 5 cm Innendurchmesser, was für unsere Zwecke gerade das Richtige ist. Versuchen wir also, ein solches Rohr von gegebener Länge zu bekommen. Wenn wir Glück haben, dann wird unser Fernrohr nicht nur gut aussehen, sondern auch ein widerstandsfähiges Gerät werden, das schon einige harte Stöße vertragen kann.

Als nächstes schneiden wir uns einen langen Streifen Zeichenpapier von etwa 8 cm Breite. Das Zeichenpapier rollen und leimen wir zu einer kurzen Röhre zusammen, deren Innendurchmesser gerade so groß wie der Durchmesser des Objektivs ist. Wir leimen so viele Lagen von Zeichenpapier übereinander, bis der Außendurchmesser der Röhre gerade so groß wird, daß man sie noch in das Aluminiumrohr schieben kann, ohne daß das Papprohr von selbst wieder herausfällt. Über das eine Ende dieser Röhre leimen wir viele Lagen von Papier, etwa 1 cm breit, bis der so entstandene Ring ungefähr 1 cm dick geworden ist. Dieser Ring ermöglicht es, diesen Objektivhalter in das Aluminiumrohr einzusetzen, ohne daß er sich verschiebt.

In diesen Objektivhalter leimen wir wieder mehrere Lagen eines schmalen Papierstreifens ein. Auf den so entstandenen Ring legen wir die Objektivlinse. Sie wird von einem weiteren Papierring festgehalten. Auf diesen zweiten Ring kommt eine runde Pappscheibe, die in der Mitte ein Loch von 25 mm Durchmesser hat. Die Scheibe wird von einem dritten Papierring festgehalten (siehe Abb. 67).

Die Pappscheibe dient als Blende, die bei einer einfachen Objektivlinse unbedingt notwendig ist, da die Lichtstrahlen, die durch die äußeren Ränder der Linse kommen, ohne diese Blende in das Auge gelangen könnten. Sie würden bei allen Sternen farbige Ränder erzeugen, wodurch das Fernrohr nutzlos wird.

---

*) Zum Thema „Fernrohrselbstbau“ gibt es verschiedene Bücher. Wir können aus Platzgründen hier nur eines nennen: Rohr, H., „Das Fernrohr für Jedermann“. In diesem Werk finden Sie auch weitere Literaturhinweise.

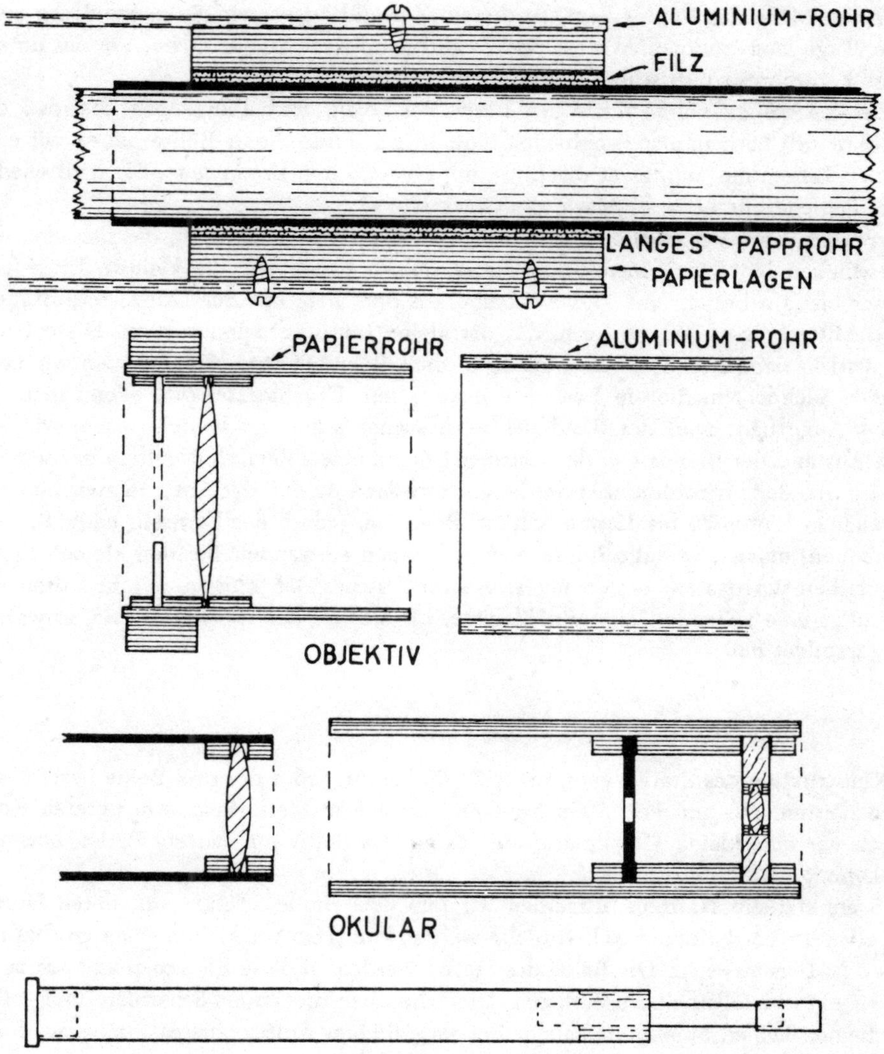

Abb. 67. Ein einfaches Fernrohr

Als nächstes leimen wir eine andere Röhre aus Zeichenpapier zusammen, die etwa 30 cm lang sein soll. Das geht am besten, wenn wir das Papier auf einen Besenstiel wickeln und dann zusammenleimen. Man achte aber darauf, daß Besenstiel und Röhre nicht zusammengeleimt werden.

Ist diese lange Röhre vollkommen trocken, legen wir ein Stück Filz um sie herum, so daß ein 10 cm breites Band entsteht. Um dieses Band leimen wir sehr viele Lagen von Papier, bis das Ganze so dick geworden ist, daß es in das Aluminiumrohr paßt und mit drei kleinen Schrauben festgehalten werden kann. Die lange Röhre muß sich aber immer noch in dem Filzring verschieben lassen. Bei diesem ganzen Vorgang lassen wir den Besenstiel am besten in der langen Röhre. Wir schieben ihn zum Schluß zum anderen Ende der Aluminiumröhre hindurch, wo wir ihn mit etwas Zeitungspapier so festhalten, daß er genau in der Mitte des Rohres liegt. In diesem Zustand lassen wir die ganze Sache zwei oder drei Tage lang trocknen. Wärme und Zugluft sind zu vermeiden, aber um das untere Ende des Fernrohres soll frische Luft streichen können.

Ist alles getrocknet, nehmen wir den Besenstiel heraus und überzeugen uns, daß die lange Röhre sich noch immer verschieben läßt. In das Ende dieser Röhre bauen wir eine der kleinen Linsen ein, und zwar die Linse mit etwa 25 mm Brennweite. Sie wird wieder mit zwei Papierstreifen befestigt, wie die Objektivlinse.

Schließlich müssen wir noch eine kleine Papierröhre zusammenkleben, die sich über die andere schieben läßt. Am einen Ende dieses Rohres bauen wir die kleinste Linse ein, wobei wir uns am besten eine kleine Scheibe aus Sperrholz mit der Laubsäge aussägen. In deren Mitte bohren wir ein Loch, das die kleine Linse aufnehmen kann. Diese Holzscheibe wird in der schon bekannten Weise in dem Rohr befestigt. Dann bauen wir noch eine kleine Blende ein, die ein Loch von etwa 3 mm Durchmesser hat. Wenn man die Linse ans Auge hält, muß der Rand des Loches ganz scharf erscheinen, wobei wir den genauen Abstand der Blende von der Linse erst durch einen Versuch ermitteln müssen.

Dieses kurze Rohr wird nun über das lange geschoben, so daß der Abstand zwischen den beiden kleinen Linsen 25 bis 35 mm beträgt. Bevor wir jedoch das Fernrohr endgültig zusammenbauen, müssen wir alle Rohre noch von innen schwärzen. Bei den kleinen Papprohren machen wir das am besten mit schwarzer Tusche. Das Aluminiumrohr halten wir solange über eine rußende Terpentinölflamme, bis sich an der Innenwand ein schwarzer Überzug gebildet hat.

Das Stativ

Die Konstruktion des Stativs geht aus Abb. 68 hervor. Jedes der drei Beine besteht aus zwei Holzleisten, 2½ cm dick, 5 cm breit und etwa 1,80 Meter lang. Am unteren Ende schrauben wir eine kleine Metallplatte auf, damit das Stativ auf hartem Boden besseren Halt bekommt.

Aus 5 cm starkem Hartholz schneiden wir nun eine runde Scheibe aus, deren Durchmesser etwa 15 cm betragen soll. Auf ihr werden drei Hartholzklötzchen aufgeschraubt, die $5 \times 5 \times 10$ cm messen. Die Beine des Stativs werden an diese Klötzchen angeschraubt, wobei wir eine Metallscheibe unterlegen. Die Schrauben dienen als Scharniere und sollen in den Beinen keinen Spielraum haben. Bei sorgfältigem Aufbau dieses Stativs wird die Kopfplatte in jeder beliebigen Stellung der Beine fest stehen.

Auf die Kopfplatte kommt die Montierung des Fernrohres, die in Abb. 69 gezeigt ist. Das Fernrohr selbst wird von einem Metallband in seiner Wiege festgehalten. Die Wiege besteht aus einem quadratischen Stück Holz, in dessen eine Längsseite ein V-förmiger Einschnitt gemacht wurde, in den das Fernrohr zu liegen kommt. Die Wiege wird auf eine runde Holzscheibe geschraubt, die mit einer Gradeinteilung versehen wird, um das Fernrohr auf jede gewünschte Deklination einstellen zu können.

Die Deklinationsachse geht nun durch die Wiege und die runde Holzscheibe hindurch. Sie trägt an ihrem anderen Ende ein Gegengewicht, so daß das Gewicht des Fernrohres gegenüber der Stundenachse ausgeglichen ist.

Das Lager der Deklinationsachse dreht sich um die Stundenachse, wobei sie auf einer Metallscheibe gelagert ist. Dann folgt eine runde Holzscheibe, die aber nicht anderweits befestigt ist. Diese Teile werden von einem langen Bolzen auf einem Holzblock festgehalten, durch dessen Länge ein Loch gebohrt wurde. Dieser Block wird mit Hilfe eines

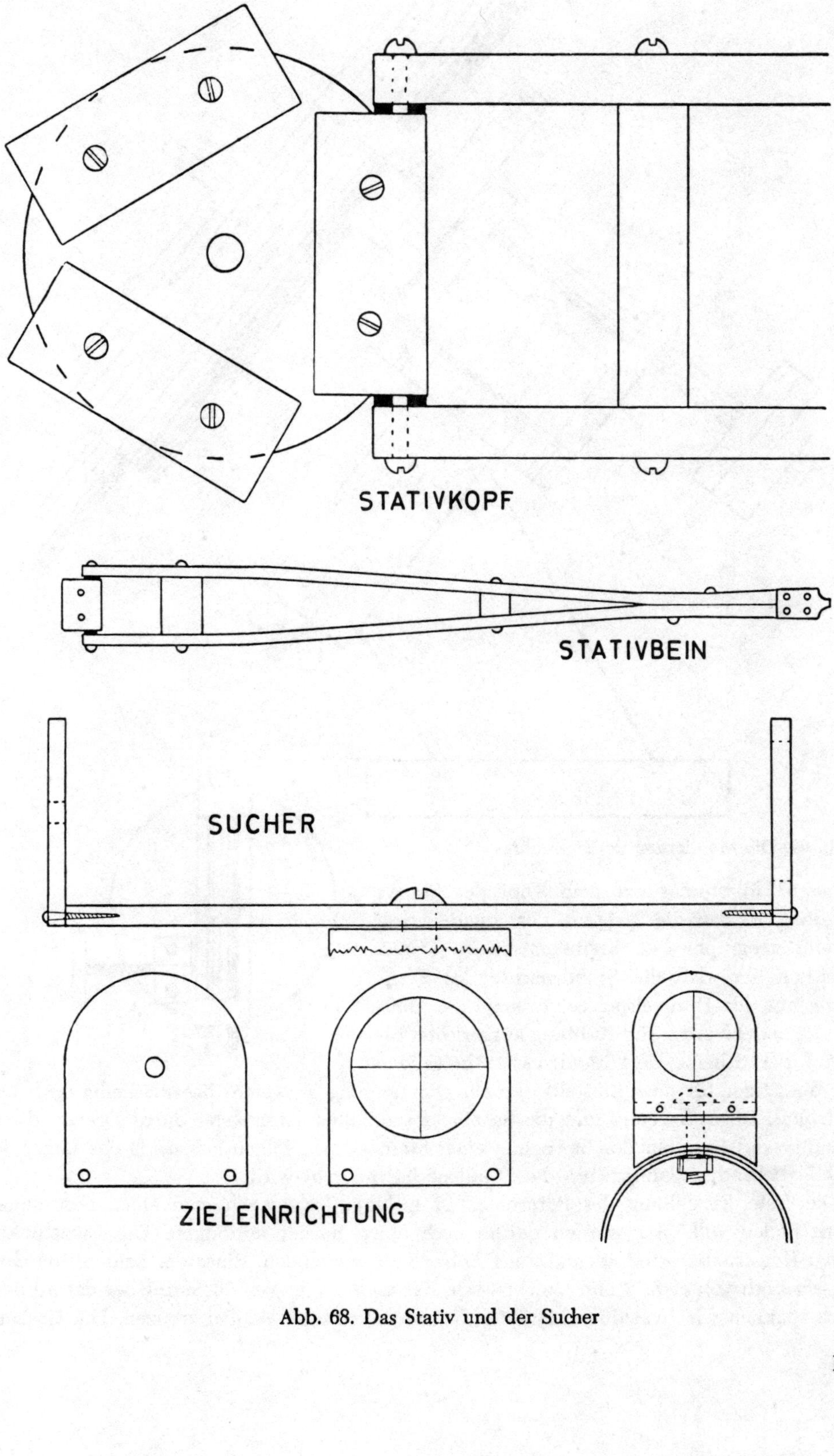

Abb. 68. Das Stativ und der Sucher

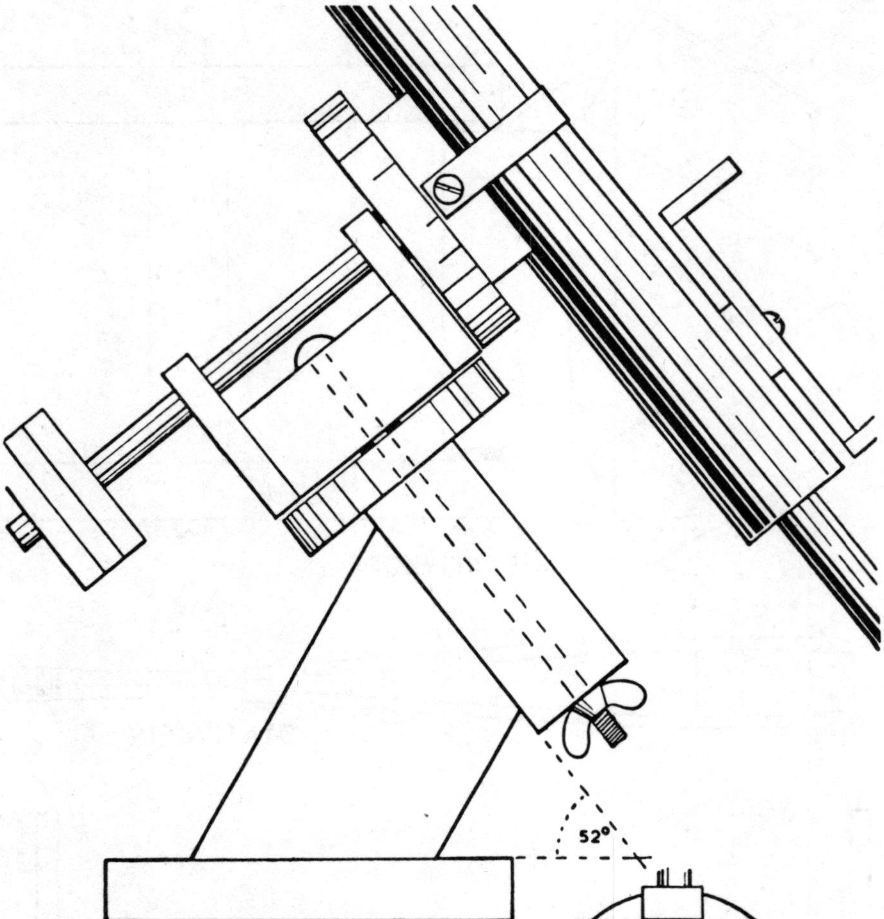

Abb. 69. Die Montierung des Fernrohres

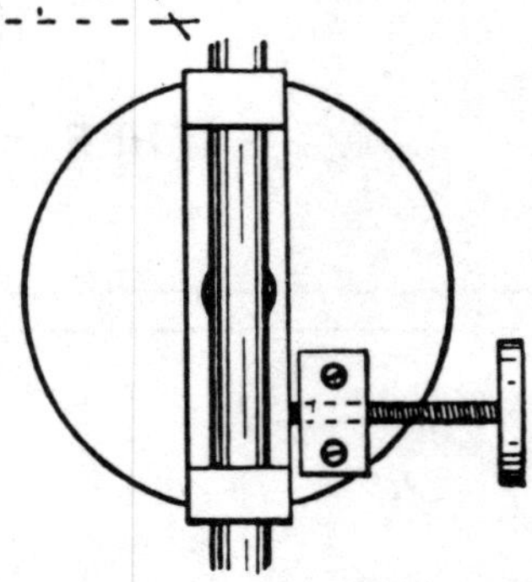

anderen Holzstückes auf dem Kopf des Stativs befestigt, so daß die Neigung der Stundenachse unserer geographischen Breite entspricht. Damit erreichen wir, daß die Stundenachse des Fernrohres auf den Himmelspol zeigt, wenn die Montierung in der Nord—Süd-Richtung ausgerichtet ist.

Auf der Scheibe der Stundenachse befestigen wir ein Lager für eine Einstellschraube. Die Reibung zwischen dieser Scheibe und dem Holzblock ist groß genug, um die Scheibe festzuhalten. Man kann durch Drehen dieser Schraube das Fernrohr der Bewegung eines Sternes leicht folgen lassen, da das Lager der Deklinationsachse dadurch um die Stundenachse gedreht wird.

Die erste Einstellung des Fernrohres ist nicht einfach, wenn man einen bestimmten Stern finden will. Wir werden darum noch einen Sucher anbringen. Die Einzelheiten seiner Konstruktion sind ebenfalls aus Abb. 68 zu entnehmen. Eines der beiden Brettchen hat ein Loch von etwa 3 mm Durchmesser, das andere eins von 20 mm. Über das größere Loch spannen wir zwei dünne Drähte, die sich im rechten Winkel kreuzen. Die Gesamtlänge des Suchers beträgt 20 bis 25 Zentimeter. Wir befestigen ihn auf dem Aluminiumrohr mit Hilfe eines ausgehöhlten Holzstückes und einer Holzschraube.

Um den Sucher genau einzustellen, richten wir das Fernrohr auf eine entfernte Kirchturmspitze, wobei wir das Fernrohr so einstellen, daß die Spitze genau in der Mitte des Gesichtsfeldes erscheint. Dann schauen wir durch den Sucher, ohne allerdings das Fernrohr zu verstellen und biegen die Drähte so, daß ihr Schnittpunkt genau auf die Kirchturmspitze zu liegen kommt. Um diese Lage der Drähte zu sichern, bringen wir einen kleinen Tropfen Lack auf den Kreuzungspunkt. Schließlich können wir das Fadenkreuz noch mit einem dünnen Überzug von Leuchtfarbe versehen.

Der erste Blick durch das Fernrohr wird allerdings sehr enttäuschend sein. Alles erscheint verschwommen. Aber wir müssen nur die Stellung des Okulars solange verändern, bis das Bild scharf erscheint. Die lange Pappröhre wird also solange vor- und zurückgeschoben, bis wir das Bild scharf sehen.

Wir können auf einfache Weise prüfen, ob unser Fernrohr gut gebaut worden ist. Zu diesem Zweck richten wir es nachts auf einen Stern 2. oder 3. Größe. Der Stern selbst muß als Lichtpunkt im Fernrohr erscheinen, wobei er von zwei oder drei schwachen Lichtkreisen umgeben sein soll. Sind diese Lichtkreise nicht sichtbar und zeigt der Stern Strahlen, die alle nach einer Seite hin laufen, dann steht das Objektiv nicht im rechten Winkel zur Achse des Fernrohres. Wir müssen also solange herumprobieren, bis der Stern als Punkt erscheint und von den angegebenen schwachen Kreisen umgeben ist.

Diese Ringe bestimmen übrigens das Auflösungsvermögen des Fernrohres, da sie den schwächeren Stern eines Doppelsternsystems unsichtbar machen, wenn er sich zu nahe am Hauptstern befindet.

Der Durchmesser dieser Ringe hängt von der Größe des Objektivs ab. Sie sind um so kleiner, je größer die Öffnung des Fernrohres ist. Aus diesem Grunde benötigen wir Objektive großen Durchmessers, wenn wir enge Doppelsterne trennen wollen.

Die Flügelmutter am Ende der Stundenachse sollte beim Gebrauch des Fernrohrs niemals fest angezogen sein. Das Fernrohr selbst wird in seiner Wiege solange vor- und zurückgeschoben, bis es in jeder Stellung stehenbleibt, also mit der Deklinationsachse im Gleichgewicht ist.

Die Gewichte am Ende der Deklinationsachse stellen das Gleichgewicht zur Stundenachse her und ermöglichen es, daß auch das Lager der Deklinationsachse in jeder Stellung verbleibt, ohne herumzuschwingen. Es ist somit möglich, das Fernrohr durch einen leichten Druck des Fingers einzurichten. Das ist eine große Hilfe, wenn man schwache Sterne aufsucht.

Eine Verbesserung des Fernrohres bestünde im Einbau eines besseren Objektivs. Man kann es fertig beziehen, sofern man das Geld hat. Richtige Fernrohrobjektive bestehen aus mehreren Linsen und machen die Blende überflüssig, da auch ohne Blende die Sterne vollkommen klar und ohne farbige Ränder erscheinen. Wir könnten also unser 1-Zoll-Fernrohr ohne weiteres in einen 2-Zöller verwandeln.

Als nächstes können die Pappröhren, die das Okular tragen, durch Messingrohre ersetzt und mit einer Zahnstange versehen werden, um das Einstellen zu vereinfachen. Schließlich können alle Linsenhalter durch Aluminiumteile ersetzt werden, die sich auf einer kleinen Drehbank herstellen lassen.

Wenn der Bau des Fernrohrs auch etwas Arbeit macht, so wird die Freude, die wir an unserem selbstgebauten Fernrohr später haben, uns bald die vielen Arbeitsstunden vergessen lassen. Darum gehe jeder Sternfreund unverzagt ans Werk!

15. HIMMELSBEOBACHTUNGEN MIT EINFACHEN INSTRUMENTEN

Wenn man Himmelsbeobachtungen anstellen will, dann heißt das nicht, daß man sich ein paar Sterne durch das Fernrohr ansieht, „sehr hübsch" zu dem Gesehenen sagt und dann das Fernrohr wieder fortstellt. Solch planlose Beschäftigung ist der beste Weg, das Interesse an der schönen Sternkunde zu verlieren.

Man muß aber nicht gleich ins andere Extrem fallen und ernsthafte Forschungsarbeiten erstreben, um Freude an der Astronomie zu haben. Doch sollte jeder Beobachter seine Tätigkeiten planen und über alles Gesehene Notizen machen.

Das Notizbuch des Beobachters ist in seiner Ausrüstung mindestens ebenso wichtig wie das Fernrohr. Sowohl Uranus als auch Neptun wären schon im 18. Jahrhundert entdeckt worden, hätten die betreffenden Astronomen genaue und übersichtliche Notizen über ihre Beobachtungen gemacht und sich nicht auf ihr Gedächtnis verlassen. So kam es erst hundert Jahre später ans Licht, daß beide Planeten schon lange vor ihrer offiziellen Entdeckung beobachtet wurden.

Astronomische Entdeckungen werden in den allermeisten Fällen auf dem Papier gemacht und nicht hinter dem Fernrohr. Aus diesem Grunde ist es wichtig, von allem, was man durchs Fernrohr sieht, eine kleine Skizze anzufertigen, die die gegenseitigen Stellungen der Sterne, ihre Helligkeit oder Einzelheiten der Mondoberfläche oder der Oberfläche der Planeten enthält. Nur wenn man die Aufzeichnungen eines Tages mit denen eines anderen Tages vergleicht, kann man sichere Schlüsse über eingetretene Veränderungen ziehen, wie es oft bei Doppelsternen der Fall sein kann. Oder man stellt fest, daß ein Stern sich scheinbar bewegt und sich dadurch später als Komet entpuppt oder daß sich irgendwo am Himmel eine Nova, ein „neuer" Stern, gezeigt hat. Meist werden derartige Entdeckungen von Liebhaberastronomen gemacht und nicht von den Astronomen der großen Sternwarten, die sich in der Regel mit ihren Spezialproblemen beschäftigen und vielleicht gar nicht in der Lage sind, auf Anhieb zu sagen, ob Venus an einem bestimmten Tage Morgen- oder Abendstern ist.

Die Eintragungen in unser Notizbuch müssen wir natürlich zur selben Zeit wie unsere Beobachtungen durch das Fernrohr machen. Wir brauchen daher einen kleinen Tisch, auf dem Notizbuch und Bleistift griffbereit liegen. Starkes Licht ist zu vermeiden, da es mehrere Minuten dauert, bis sich die Augen wieder an die Dunkelheit gewöhnen, nachdem man auch nur einige Sekunden auf ein hell beleuchtetes Blatt Papier geschaut hat. Rotes Licht beeinflußt die Augen am wenigsten. Wir werden uns deshalb eine Taschenlampe mit einem roten Birnchen besorgen oder wir kleben ein Stück rotes Zelluloid über das Glas der Taschenlampe. Wir müssen aber immer noch vorsichtig sein und vermeiden, in die Lampe selbst zu schauen. Das Licht soll auf keinen Fall heller als unbedingt nötig sein.

Zu jeder Eintragung schreiben wir das Datum des betreffenden Tages, die Beobachtungszeit, das benutzte Instrument (Öffnung und Vergrößerung), die Rektaszension und Deklination der Himmelsgegend, die wir uns ansehen, und die hauptsächlichsten Objekte, die wir untersuchen wollen. Bemerkungen über das Wetter kann man auch eintragen, da diese über die jeweils herrschenden Sichtverhältnisse Aufschluß zu geben vermögen.

Darunter tragen wir unsere Skizzen ein, wobei so genau wie möglich alles, was wir im Blickfeld haben, eingezeichnet wird. Etwas Übung gehört dazu, aber später machen wir das alles ganz von selbst. Besonders wichtig sind Aufzeichnungen über die Entfernungen der Sterne voneinander und ihre Helligkeiten.

Wenn wir diese Skizzen anfertigen, müssen wir beachten, daß im Feldstecher alles aufrecht erscheint, ein astronomisches Fernrohr, auch unser selbstgebautes, zeigt aber alles auf dem Kopf stehend. Wir müssen an diesen Umstand denken, wenn wir verschiedene Skizzen miteinander vergleichen, die von Beobachtungen mit verschiedenen Instrumenten gemacht wurden.

Die Sonne

Niemals die Sonne mit unserem Fernrohr direkt beobachten! Ihr Licht ist so grell, daß unsere Augen dabei unheilbaren Schaden erleiden können. Es gibt sogenannte Blendgläser, die man vor das Objektiv oder hinter das Okular steckt. Mit ihnen ist es möglich, Sonnenbeobachtungen direkt durchs Fernrohr zu machen. Eine bessere Methode ist allerdings die Projektion des Sonnenbildes auf ein weißes Blatt Papier. Das Papier hält man in einer Entfernung von 15 bis 30 cm hinter das Okular. Durch Verstellen des Okulars wird das Bild auf dem Papier scharf erscheinen. Am besten ist es, ein kleines Kästchen zu bauen, das auf das Okular geschoben wird. Eine Seite des Kästchens bleibt offen, so daß das Bild der Sonne in der Projektion bequem beobachtet werden kann.

Hierbei können wir die Skizze der Sonnenoberfläche mit den Sonnenflecken besonders einfach herstellen, indem wir das projizierte Bild auf dem Papier mit dem Bleistift nachzeichnen, wobei dann sogar alle Abmessungen maßstabgerecht werden. Außerdem ist diese Methode wesentlich schneller als die gewöhnliche Art der Anfertigung einer Skizze. Schade, daß man diese Art der Beobachtung und Aufzeichnung nicht auch bei den im Vergleich zur Sonne lichtschwachen Sternen anwenden kann.

Außer den Sonnenflecken können wir mit unserem kleinen Fernrohr auf der Sonne nichts beobachten. Es ist aber immer interessant, die Bewegung der Sonnenflecken über die Sonnenscheibe hinweg zu verfolgen, da wir auf diese Weise eine ganz besonders anschauliche Vorstellung von der Umdrehung der Sonne erhalten.

Der Mond

Ein besonders faszinierendes Beobachtungsobjekt, besonders für kleine Instrumente, ist der Mond. Schon mit 10facher Vergrößerung kann man eine überraschende Anzahl von Einzelheiten sehen. Die meisten der größeren Ringgebirge kann man sogar schon im Opernglas erkennen. Allerdings kann man die Berge auf dem Mond nur dann sehen, wenn sie sich in der Nähe des Terminators befinden. Dies ist der Halbkreis, der die beleuchtete Hälfte des Mondes von der unbeleuchteten trennt. In seiner Nähe steht auf dem Mond die Sonne nur wenig über dem Horizont. Die Berge werfen daher lange Schatten und werden somit für uns sichtbar. Der Terminator wandert im Laufe von 14 Tagen einmal über die Mondoberfläche, so daß alle Teile des Mondes zu bestimmten Zeiten besonders gut beobachtet werden können.

Die auffälligsten Einzelheiten der Mondoberfläche sind die sogenannten Mare, die manchmal als Meere bezeichnet werden, in Wirklichkeit aber ausgedehnte Ebenen sind. Man erkennt sie schon mit bloßem Auge.

Am eindrucksvollsten sind die Ringgebirge des Mondes, die einen großen Teil seiner

Oberfläche bedecken. Besonders in der Nähe seines Südpoles drängen sich Tausende von ihnen zusammen. Die meisten von ihnen sind schon in unserem kleinen Fernrohr zu erkennen. Viele dieser Krater sind nach bekannten Wissenschaftlern benannt, besonders natürlich nach Astronomen, und manche dieser Ringgebirge sind höher als die höchsten Gebirge auf unserer Erde.

Dann gibt es auf dem Mond auch noch Kettengebirge, die im allgemeinen die Namen von Gebirgen der Erde tragen. Außerdem erkennen wir noch eine Unzahl von kleineren Einzelheiten, wie zum Beispiel Schluchten, Wälle und Strahlen. Die wichtigsten von ihnen sind auf unserer kleinen Mondkarte verzeichnet.

Die Mondkarte gibt uns die Umrisse der wichtigsten Einzelheiten der Mondoberfläche. Weitere Einzelheiten werden wir nach unseren eigenen Beobachtungen einzeichnen. Auch hier wollen wir immer die Skizzen eines Tages mit denen eines früheren Datums vergleichen, wenn sie dieselbe Gegend abbilden, da eine ganze Reihe von Fällen bekannt sind, in denen auf der leblosen Mondoberfläche Veränderungen beobachtet wurden.

Leider können wir immer nur die Hälfte der Mondoberfläche direkt beobachten, da die Umlaufzeit des Mondes um die Erde genau gleich seiner Umdrehungszeit um seine Achse ist. Der Mond kehrt uns daher auch immer dieselbe Seite zu. Die von sowjetischen und amerikanischen Mondsonden aufgenommenen Fernsehbilder sowie die im Verlauf der Apollo-Mondlandeunternehmen gemachten Aufnahmen haben indes die Vermutung bestätigt, daß sich die von uns abgewandte Seite von der sichtbaren nicht wesentlich unterscheidet.

Einzelheiten der Mondoberfläche

Zwei Tage nach Neumond: Wenn der Mond zum ersten Male nach Neumond am Abendhimmel sichtbar wird, bietet der Krater Petavius einen besonders schönen Anblick. Seine Wälle und der Zentralkegel werfen lange, auffällige Schatten, und vielleicht können wir sogar eine Schlucht erkennen, die von dem Gebirgskegel im Zentrum bis zum äußeren Rand des Kraters verläuft.

Ungefähr in der Mitte der Mondsichel finden wir Longremus, darunter (im umkehrenden Fernrohr gesehen), befindet sich das Mare Crisium, das von hohen Bergen umgeben ist. Dieses Mare ist nicht vollkommen eben. Unter günstigen Bedingungen können wir in ihm viele flache Wälle und niedrige Steilabhänge erkennen.

Im Süden finden wir eine Unzahl von Kratern. Ganz am äußersten Rand können wir die Leibnitz-Berge sehen, die das höchste Gebirge des Mondes sind. Im Norden, und zwar genau am Nordpol des Mondes, stehen die Berge des ewigen Lichtes, so genannt, weil auf ihren Spitzen die Sonne niemals untergeht.

Der Mond im Alter von 4 Tagen: Petavius ist nun beinahe unsichtbar geworden. Das Mare Crisium ist nur noch ein ovaler Fleck, in dem keine Einzelheiten sichtbar sind. An seinem Rande können wir jetzt aber einen gelblichen Fleck wahrnehmen, der den Namen Palus Somnii (Sumpf des Schlafes) trägt, und der sich in das Mare Tranquilitatis öffnet. Weiter im Norden finden wir noch das Mare Serenitatis, das Kaukasus-Gebirge und die Haemus-Berge.

Südlich des Mare Tranquilitatis finden wir das Mare Nektaris, auf seiner östlichen Seite den Krater Theophilius, der einen Zentralkegel besitzt. Südlich hiervon liegen die Höhen des Altai-Gebirges. Man sieht sie wesentlich besser 4 Tage nach Vollmond, wenn die Schatten nach der anderen Seite fallen.

Der Mond im ersten Viertel: In der Mitte finden wir die beiden Riesenkrater

Hipparchus und Ptolemäus, von denen sich eine Kette kleinerer Ringgebirge zum Südpol hin erstreckt. Nördlich der beiden großen Ringgebirge liegt der Sinus Medii (Bucht der Mitte), so genannt, weil er genau in der Mitte der Mondscheibe zu liegen scheint.

Auf der westlichen Seite des Sinus Medii erkennen wir den kleinen Krater Triesnecker, nördlich davon einen noch kleineren, Hyginus, der von einer über 160 km langen Schlucht durchschnitten wird. Westlich hiervon können wir noch eine zweite derartige Schlucht

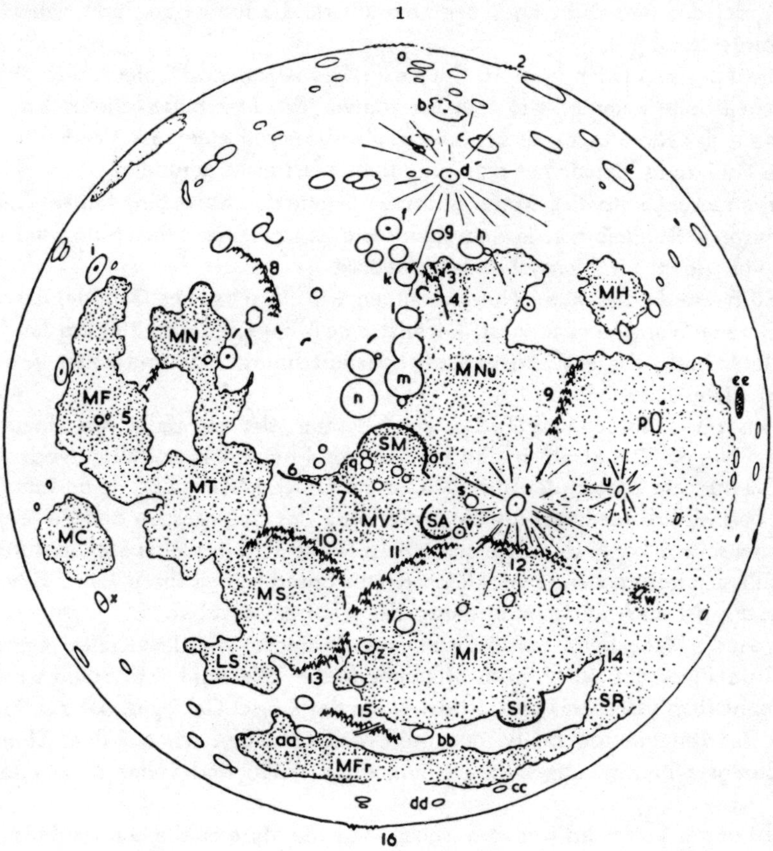

Karte des Mondes

K r a t e r : a Newton, b Clavius (Einzelheiten im Innern), c Longomontanus, d Tycho (mit Strahlen), e Schickard (Einzelheiten), f Walter, g Hölle, h Pitatius, i Petavius, k Purbach, l Arzachel, m Ptolemäus, n Hipparchus, o Messier, p Flamsteed, q Triesnecker (Spalten), r Schröter, s Stadius, t Kopernikus (Strahlen), u Kepler (Strahlen), v Eratosthenes, w Aristarchus (hellster Fleck der Mondoberfläche), x Cleomedes, y Archimedes, z Aristillus, aa Aristoteles, bb Plato (Boden scheint veränderlich), cc Anaximander, dd Philolaus, ee Grimaldi (dunkelste Stelle der Mondoberfläche). A n d e r e E i n z e l h e i t e n : 1 Leibnitz-Berge, 2 Dörfel-Berge, 3 Hirschhorn-Berge, 4 Gerade Wand, 5 Strahlen, 6 Ariadäus-Rille, 7 Hyginus-Rille, 8 Altai-Gebirge, 9 Riphaen-Gebirge, 10 Haemus-Berge, 11 Apenninen, 12 Karpaten, 13 Kaukasus, 14 Kap Heraklides, 15 Alpen mit Quertal, 16 Berge des Ewigen Lichtes.

D i e M a r e : LS Lacus Somniorum, See der Schläfer; MC Mare Crisium, Meer der Krisen; MF Mare Foecunditatis, Meer der Fruchtbarkeit; MFr Mare Frigoris, Meer der Kälte; MH Mare Humorum, Meer der Feuchtigkeit; MI Mare Imbrium, Meer der Schauer; MN Mare Nectarius, Meer des Nektars; MNu Mare Nubium, Meer der Wolken; MS Mare Serenitatis, Meer der Heiterkeit; MT Mare Tranquilitatis, Meer der Ruhe; MV Mare Vaporis, Meer der Dämpfe; SA Sinus Aestuum. Bucht der Wogen; SI Sinus Iridium, Regenbogenbucht; SM Sinus Medii, Bucht der Mitte; SR Sinus Roris, Bucht des Taus.

erkennen, die Ariadäus-Rille. Beide können schon in kleinen Fernrohren deutlich gesehen werden. Man kann sie sogar gerade noch auf der Photographie (Tafel IX) erkennen.

Zwei Tage nach dem ersten Viertel: Jetzt wird das Mare Nubium sichtbar, und nördlich von ihm liegt das Apenninen-Gebirge, das das Mare Vaporum vom Mare Imbrium trennt. Das Mare Imbrium wird im Norden von den Alpen begrenzt, in denen wir ein tiefes Quertal sehen können, das wahrscheinlich von einem riesigen Meteor verursacht wurde, der hier dicht über der Mondoberfläche hinwegzog und dabei einen Teil dieses Gebirges zerstörte.

Der Mond im Alter von 10 Tagen: Die Alpen sind immer noch sichtbar. Auf ihrer östlichen Seite kommt Plato nun ins Sonnenlicht. Der Boden dieses Kraters scheint sich im Laufe des Mondtages zu verändern, als ob er von einer Art Vegetation überdeckt wird. Eine Erklärung hierfür hat man allerdings noch nicht gefunden.

Auf der anderen Seite des Mare Imbrium liegen die Karpaten, hinter ihnen Kopernikus, ein großes Ringgebirge, in dem man viele Einzelheiten sehen kann und das außerdem noch von einem Strahlensystem umgeben ist.

In der Südwestecke des Mare Nubium finden wir ein seltsames Gebilde, das unter dem Namen „Gerade Wand" bekannt ist. Dies ist eine Klippe, nahezu 100 km lang und viele hundert Meter hoch. Diese Wand verläuft nahezu schnurgerade und endet in den Hirschhornbergen (siehe Tafel X).

Weiter im Süden finden wir Tycho, einen Krater, der ebenfalls von einem Strahlensystem umgeben ist. Die Strahlen sind bei Vollmond besonders auffällig. Noch weiter südlich liegt Clavius, ein Krater, der über 200 km im Durchmesser mißt. Seine Innenseite liegt außerdem beträchtlich niedriger als die Umgebung des Gebirges, so daß die Gebirgswälle von der Innenseite 5 km hoch aufsteigen. Diese Wälle sind in vielen Stellen durch Schluchten oder Rillen unterbrochen, zwei kleine Krater unterbrechen ihren Lauf. Eine Zahl von kleinen Kratern ist auch im Inneren dieses Ringgebirges sichtbar.

Vollmond: Nahe beim nordöstlichen Rande finden wir den Krater Aristarchus. Er ist der hellste Fleck auf der ganzen Mondoberfläche. Die dunkelste Stelle ist der Krater Grimaldi, nahe dem östlichen Rand. In der Nähe des Dörfel-Gebirges, das am Südpol liegt, finden wir das Ringgebirge Bailly, den größten Krater, den wir auf dem Mond kennen. Sein Durchmesser beträgt ungefähr 300 km, seine Wälle sind voller Risse und kleinerer Krater.

Sonst gibt es bei Vollmond wenig zu sehen. Nur die Mare erscheinen als dunkle Flächen, und auch die Strahlen, die von Tycho, Aristarchus und Kopernikus ausgehen, können nun gut beobachtet werden. Alle anderen Einzelheiten bleiben unsichtbar, da sie ja nun keine Schatten werfen.

Nach Vollmond: Alle Einzelheiten der Mondoberfläche werden in derselben Reihenfolge wieder sichtbar, während der Mond abnimmt. Die Schatten erscheinen jetzt auf der anderen Seite aller Erhebungen. Neue Einzelheiten können daher beobachtet werden. Dies ist oft so überraschend, daß es wert ist, lange aufzubleiben, um den abnehmenden Mond beobachten zu können.

Die Planeten

Merkur steht so dicht bei der Sonne, daß er nur selten beobachtet werden kann. Im günstigsten Falle ist er für kurze Zeit nach Sonnenuntergang oder vor Sonnenaufgang zu sehen, und zwar zu den Zeiten seiner Elongationen. Aber auch dann hängt es von der

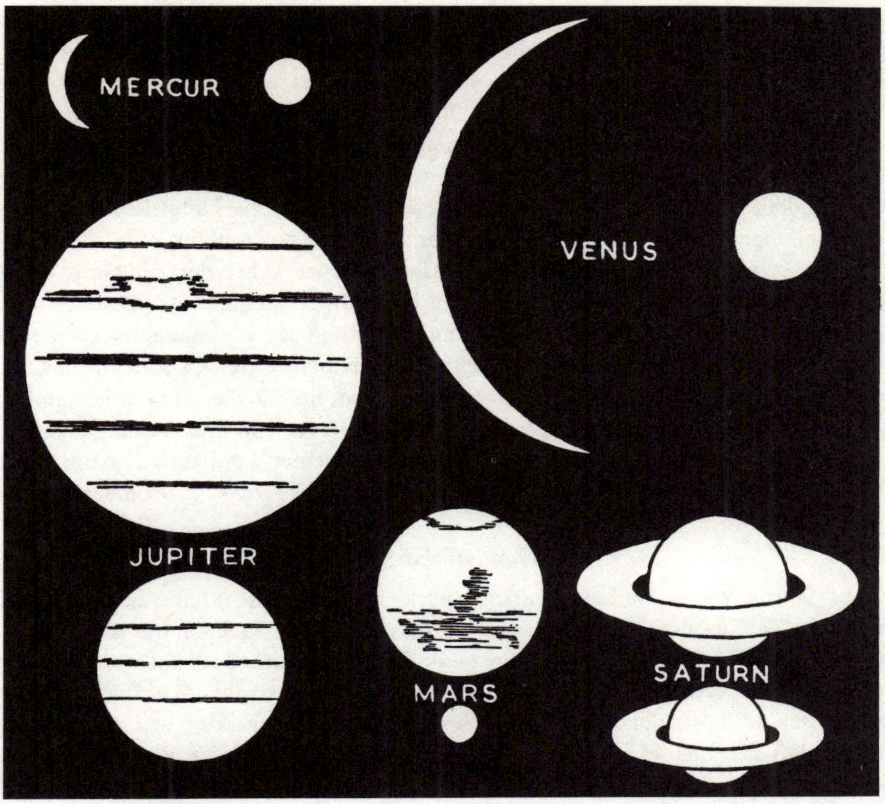

Abb. 70. Scheinbare Größe der Planeten von der Erde aus gesehen

Lage der Ekliptik ab, ob der Planet hoch genug über dem Horizont steht, um eine Beobachtung zu ermöglichen. Wenn Merkur im hellsten Glanz strahlt, kann er die Größe —1,8 erreichen. Er ist dann heller als selbst der hellste Fixstern. Da er aber immer in einem noch teilweise hellen Teil des Himmels steht, ist er niemals besonders auffällig.

Venus ist der hellste aller Planeten. Sie kann Größe —4,5 erreichen. Dann strahlt sie so hell, daß sie manchmal sogar während des Tages zu sehen ist. Merkur und Venus zeigen Phasen wie der Mond. Man kann sie schon in einem kleinen Fernrohr deutlich erkennen. Weder auf Merkur noch auf Venus sind irgendwelche Oberflächeneinzelheiten zu beobachten. Ihre Größen, das heißt die im Fernrohr tatsächlich gesehene Größe, ändert sich in weiten Grenzen, je nachdem sich die beiden Planeten in der Nähe der oberen oder der unteren Konjunktion befinden. Vergleichsgrößen für alle Planeten zeigt die Abb. 70.

Mars ist als kleine rötliche Scheibe zu sehen, die keine Einzelheiten zeigt. Mars ist daher für Beobachter mit kleinen Instrumenten kaum von Interesse. In der Opposition kann er Größe —2,5 erreichen, meistens wird er aber nicht so hell.

Jupiter dagegen ist selbst für das kleinste Fernrohr ein dankbares Beobachtungsobjekt. Die wichtigsten Einzelheiten der Oberfläche können im 1-Zoll-Fernrohr ziemlich deutlich gesehen werden, das Spiel seiner vier Monde kann sogar in einem Feldstecher verfolgt werden. Die Stellung der Monde ändert sich von Tag zu Tag, das macht den Anblick im Fernrohr so reizvoll. Manchmal lassen sich Finsternisse dieser Jupitermonde beobachten, wenn einer dieser Trabanten in dem Schatten des Planeten untertaucht. Die Oppositionshelligkeit des Jupiter beträgt —2,5. Größe. Jupiter wird dann ein auffälliges Objekt.

Saturn ist mit kleinen Instrumenten ebenfalls interessant zu beobachten. Allerdings werden keinerlei Einzelheiten auf seiner Oberfläche sichtbar. Der größte seiner Monde, Titan, kann unter günstigen Bedingungen noch gesehen werden, meistens ist er aber im 1-Zöller unsichtbar.

Die Helligkeit des Saturn ändert sich in weiten Grenzen. Sie hängt in der Hauptsache von der Stellung des seltsamen Ringes ab, der den Planeten umgibt. Wir können diesen Ring in unserem Fernrohr deutlich sehen. Alle 15 Jahre kehrt der Ring uns nur seine schmale Kante zu. Dann ist er selbst in den größten Instrumenten unsichtbar.

Die restlichen Planeten, Uranus, Neptun und Pluto und die Kleinplaneten (Planetoiden), die zwischen den Bahnen des Mars und Jupiter um die Sonne kreisen, sind für uns nur von theoretischem Interesse. Uranus und Neptun kann man im 1-Zöller gerade noch erkennen, sie sind aber für das bloße Auge unsichtbar. Man kann sie von den sie umgebenden Fixsternen nur dann unterscheiden, wenn sie laufend beobachtet werden, weil dann ihre Bahn offenbar wird. Pluto und die Kleinplaneten sind nur in sehr großen Instrumenten zu sehen.

Veränderliche Sterne

Es gibt Sterne, deren Helligkeit sich dauernd ändert. Diese Sterne haben den Astronomen lange Zeit großes Kopfzerbrechen verursacht. Heute kennen wir mehr als 10 000 solcher veränderlichen Sterne. Aus ihren besonderen Eigenschaften hat man geschlossen, daß es ganz verschiedene Gründe für ihre Veränderlichkeit gibt. Die Beobachtung von Veränderlichen ist besonders interessant. Sie wird fast ausnahmslos von Amateuren ausgeführt, so daß sich hier für uns ein weites Arbeitsfeld erstreckt. Die Beobachtung umfaßt die Bestimmung der Helligkeit eines solchen Sternes, besonders zur Zeit seines Maximums und Minimums, wobei er mit anderen Sternen bekannter Helligkeit verglichen wird. Außerdem wird die Periode, das ist die Zeit von einem Maximum zum nächsten, ermittelt.

Der Stern Algol im Perseus ist der bekannteste veränderliche Stern. Er gehört zur Gruppe der Bedeckungsveränderlichen. Es gibt zwei Arten von Bedeckungsveränderlichen, Algol ist der Prototyp der einen Gruppe. Hier umkreisen sich zwei Sterne, einer strahlt ziemlich hell, der andere Stern ist nahezu erloschen. Die Ebene ihrer Bahnen liegt nun fast genau in unserer Richtung, so daß der dunkle Stern den helleren bei jedem Umlauf be-

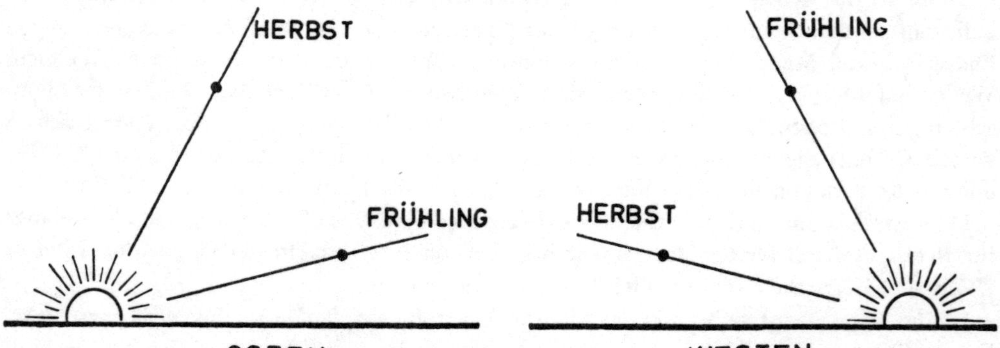

Abb. 71. Wenn Merkur in westlicher Elongation ist, kann er am besten morgens im Herbst gesehen werden, wenn die Ekliptik mit dem Horizont einen steilen Winkel bildet. Bei östlicher Elongation sieht man ihn am besten im Frühjahr, kurz nach Sonnenuntergang im Westen.

deckt. Diese Eigenschaft der Bedeckungsveränderlichen bewirkt es, daß ihre Periode immer konstant bleibt. Im Falle von Algol beträgt sie 2 Tage, 20 Stunden und 49 Minuten. Für den größten Teil dieses Zeitraums strahlt Algol mit der Helligkeit, die der 2,2. Größe entspricht. Innerhalb von 5 Stunden sinkt seine Helligkeit bis auf Größe 3,5 ab. Nach weiteren 5 Stunden erreicht er wieder Größe 2,2.

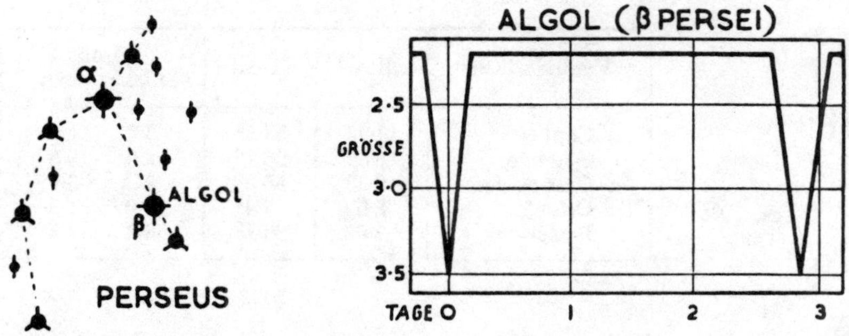

Abb. 72. Bedeckungsveränderliche (Algol-Sterne)

Bedeckungsveränderlicher	R.A.	Dekl.	Größe max.	Größe min.	Periode
β Persei	3·05	40·8°	2·2	3·5	2·867 Tage
R Canis Majoris	7·17	—16·3°	5·4	6·1	1·136 Tage
δ Librae	14·58	— 8·2°	4·8	6·2	2·327 Tage
λ Tauri	3·58	12·3°	3·3	4·2	3·9 Tage

Die andere Gruppe der Bedeckungsveränderlichen hat den Stern β Lyrae zum Vertreter. Hier umkreisen sich zwei helle Sterne. Das Verhältnis zwischen ihrer gemeinsamen Helligkeit und der Periode ist in Abb. 73 dargestellt. In jeder Periode, die einem Umlauf entspricht, kommen hier zwei Minima vor. Der Betrag des Lichtabstiegs hängt natürlich von der gegenseitigen Helligkeit der beiden Sterne ab, da ja jeder der beiden Sterne den anderen während eines Umlaufes einmal bedeckt. Auch hier ist die Dauer der Periode vollkommen konstant.

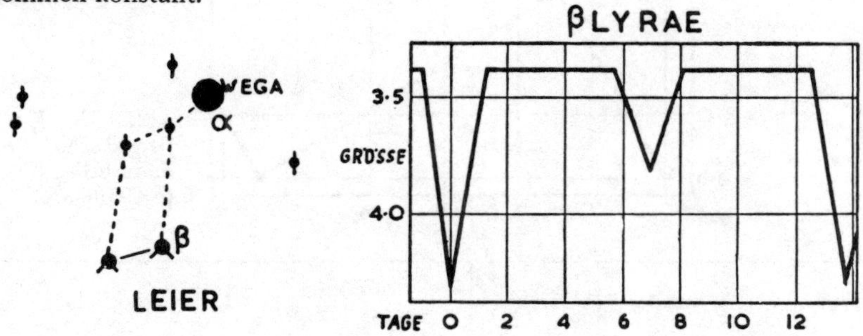

Abb. 73. Bedeckungsveränderliche (β Lyrae-Sterne)

Bedeckungsveränderlicher	R.A.	Dekl.	Größe max.	Größe min.	Periode
β Lyrae	18·48	33·3°	3·4	4·3	12·9 Tage
68 Herculis	17·15	33·5°	4·8	5·4	2·05 Tage
U Ophiuchii	17·14	16·3°	5·7	6·4	1·68 Tage

Herschels „Granatstern“ ist der Prototyp der unregelmäßig Veränderlichen. Bei diesen Sternen kann man keine bestimmte Periode des Lichtwechsels feststellen. Außerdem sind auch die Helligkeiten der Maxima und Minima nicht immer dieselben. Diese Sterne sind für den Beobachter besonders dankbare Beobachtungsobjekte. Einige Sterne dieser Art sind in Abb. 74 angeführt. Die Ursache des Lichtwechsels bei diesen Sternen ist noch nicht völlig geklärt. Sie beruht wahrscheinlich auf dem physikalischen Aufbau des Sternes.

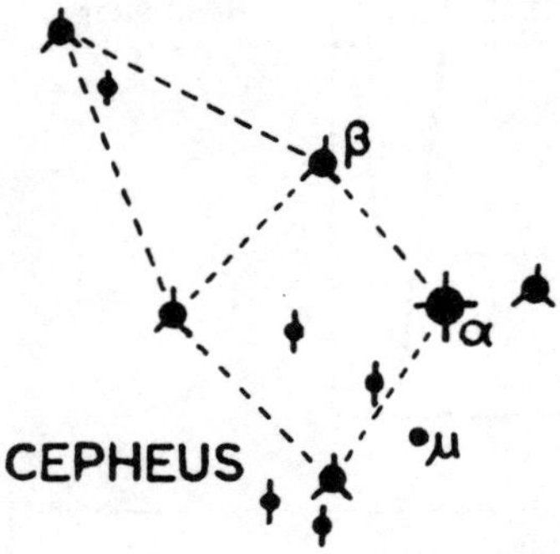

Veränderlicher	R.A.	Dekl.	Größe max.	min.
μ Cephei	21·42	58·5°	3·7	4·7
T Coronae	15·57	26·1°	2·0	9·5
α Cassiopeiae	0·38	56·3°	2·2	3·1
α Orionis	5·53	7·4°	0·0	1·2
ϱ Persei	3·02	38·7°	3·3	4·1

Abb. 74. Unregelmäßig Veränderliche (μ Cephei-Sterne)

Bei den Cepheiden ist die Ursache des Lichtwechsels ebenfalls noch nicht genau bekannt, doch kann die Periode bis auf Bruchteile einer Sekunde genau bestimmt werden. Vergleichsweise könnte man sagen, daß diese Sterne „atmen“. Es gibt Cepheiden mit einer Periode von wenigen Stunden und andere, deren Periode einen Monat oder gar zwei Monate beträgt. Ihren Namen verdanken sie dem Stern δ Cephei (siehe Abb. 75). Die Dauer des Lichtanstiegs ist bei diesen Sternen verhältnismäßig kurz, während der Abstieg eine beträchtlich längere Zeit beansprucht. Die Cepheiden zeigen eine besondere Eigenschaft: ihre wirkliche Helligkeit (nicht die Helligkeit, mit der wir den Stern von der Erde

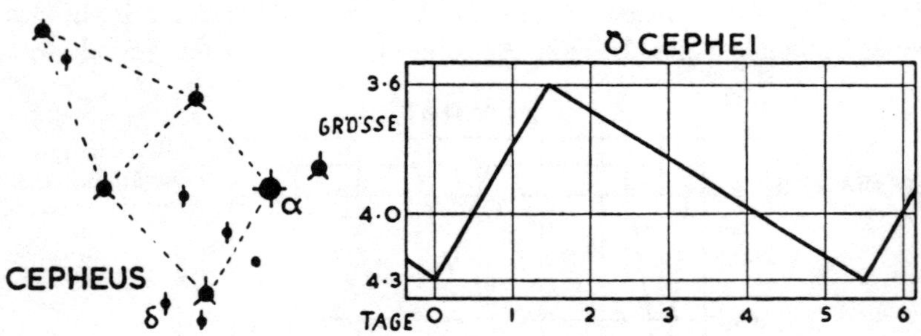

Abb. 75. Kurzperiodische Veränderliche (δ Cepheide)

Veränderlicher	R.A.	Dekl.	Größe max.	min.	Periode
δ Cephei	22·27	58·2°	3·6	4·3	5·4 Tage
ζ Geminorum	7·01	28·6°	3·7	4·3	10·2 Tage
η Aquilae	19·50	0·9°	3·7	4·5	7·2 Tage

aus sehen), steht in einem ganz bestimmten Verhältnis zu ihrer Periode. Es war den Forschern daher möglich, aus den scheinbaren Helligkeiten und den Perioden die Entfernung der Sterne zu bestimmen.

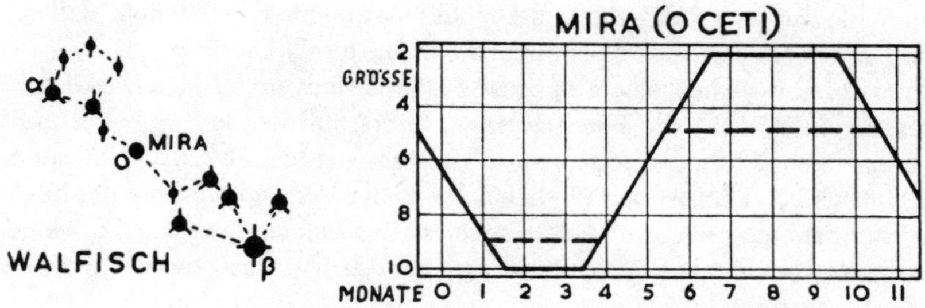

Abb. 76. Langperiodische Veränderliche (Mira-Sterne)

Veränderlicher	R.A.	Dekl.	Größe max.	min.	Periode
o Ceti	2·17	—3·2°	1·7	9·5	330 Tage
R Cassiopeiae	23·55	51·1°	5·3	12·0	434 Tage
η Geminorum	6·12	22·5°	3·2	4·2	231 Tage
χ Cygni	19·49	32·8°	4·2	13·7	409 Tage

Schließlich haben wir noch die Gruppe der langperiodisch Veränderlichen, Sterne, deren Perioden von 2 Monate bis zu 2 Jahre betragen können. Im allgemeinen treten hier aber Unregelmäßigkeiten auf, das Maximum oder Minimum tritt früher oder später als vorhergesagt ein. o Ceti war der erste Stern dieser Art, der bekannt wurde. Wegen seines seltsamen Verhaltens erhielt er den Namen „Mira", d. h. „Die Wunderbare".

Miras Periode beträgt im Durchschnitt 11 Monate, die Helligkeit schwankt zwischen Größe 1,7 und 10. Manchmal erreicht Mira im Sternbild Walfisch aber nur Größe 4,5 im Maximum und Größe 9 im Minimum. Zu manchen Zeiten ist Mira also heller als der Polarstern und bleibt meistens für 6 Monate sichtbar. Nach dieser Zeit ist er dann 5 Monate lang für das bloße Auge unsichtbar. Im Minimum ist mindestens ein 2-Zoll-Fernrohr nötig, um ihn zu sehen. Abb. 76 zeigt die Art des Lichtwechsels von Mira und ihre Stellung im Sternbild Cetus.

Auch diese Sterne geben uns noch Rätsel auf, die erst gelöst werden müssen. Jeder Sternfreund kann zur Lösung beitragen, wenn er die Ergebnisse seiner eigenen Beobachtungen den Berufsastronomen zur Verfügung stellt.

Doppelsterne

Wir werden es oft erleben, daß ein dem bloßen Auge als Einzelstern erscheinender Lichtpunkt im Fernrohr als Doppelstern zu sehen ist. In vielen Fällen beruht dies lediglich darauf, daß die beiden Sterne in derselben Richtung liegen, jedoch weit hintereinander. Wir sprechen dann von einem optischen Doppelstern. Bei den richtigen Doppelsternen kreisen die beiden Komponenten aber umeinander, wie die Bedeckungsveränderlichen, ohne sich aber gegenseitig zu bedecken. Die Perioden dieser Doppelsterne betragen meistens Hunderte von Jahren. Es gibt aber auch Doppelsterne mit kürzeren Perioden, die man im Fernrohr allerdings nicht doppelt sehen kann, weil sie zu nahe beieinander stehen.

In diesem Falle kann nur das Spektroskop des Astronomen feststellen, daß es sich um einen Doppelstern (einen „spektroskopischen Doppelstern") handelt.

Der Unterschied zwischen einem optischen Doppelstern und einem wirklichen Doppelstern kann nur durch dauernde Beobachtungen festgestellt werden, wobei es nicht genügt, ihren gegenseitigen Abstand, gemessen in Bogensekunden, festzustellen, sondern auch ihren Positionswinkel. Dies ist der Winkel, der von der Verbindungslinie der beiden Sterne und dem Stundenkreis, der durch den helleren der beiden Sterne geht, eingeschlossen wird. Dieser Winkel wird von 0° bis 360° entgegen dem Uhrzeigersinne gerechnet, wobei man im Norden beginnt.

Wir können diesen Stundenkreis sichtbar machen, indem wir einen einzelnen Faden eines Spinngewebes über die kleine Blende im Okular unseres Fernrohres kleben und dann das Okular so drehen, daß dieser Faden genau senkrecht erscheint, wenn das Fernrohr in die Nord- oder Südrichtung gedreht wird. Im Fernrohr scheint Norden dann unten, und wir können den Positionswinkel abschätzen.

Doppelsterne sind zur Prüfung eines Fernrohres besonders gut geeignet. Theoretisch kann man berechnen, welches der engste Doppelstern ist, den ein Fernrohr mit gegebener Objektivöffnung noch trennen sollte, und welches der schwächste Stern ist, den dieses Fernrohr noch zeigt. Aber nur ein wirklich gutes Objektiv wird diese Leistung erreichen, und selbst die besten Objektive versagen in dieser Hinsicht, wenn der Unterschied zwischen den beiden Komponenten eines engen Doppelsterns mehr als 3 Größenklassen beträgt. Die folgende Tafel zeigt die theoretischen Leistungen von Fernrohren mit verschiedenen Objektivöffnungen:

Objektivöffnung:	Engster Doppelstern der noch getrennt wird:	Schwächster Stern der noch erkannt werden kann:
1 Zoll	4,6″	Größe 9
1½ Zoll	3,0″	Größe 10
2 Zoll	2,3″	Größe 10,5
2½ Zoll	1,8″	Größe 11
3 Zoll	1,5″	Größe 11,5

Sternhaufen und Nebel

Die erste Liste von Nebeln und Sternhaufen wurde von dem Astronomen Messier zusammengestellt, der diese Nebelflecken am Himmel bei der Kometensuche als besonders störend empfand. Um nicht immer irregeführt zu werden, fertigte er einen Katalog an, der 103 Objekte dieser Art aufzählt. Messier ist nicht wegen seiner Kometensuche berühmt geworden, es ist nicht einmal bekannt, ob er auch nur einen einzigen Kometen entdeckt hat, aber sein Katalog von Nebeln und Sternhaufen ist in die Geschichte der Astronomie eingegangen. In diesem Katalog führt der große Andromedanebel die Bezeichnung M 31.

Herschel stellte einen umfangreicheren Katalog her, der im Jahre 1888 von dem irischen Astronomen Dreyer noch vergrößert wurde und der nun als New General Catalogue (Neuer General-Katalog) bekannt ist. In ihm erscheint M 31 als NGC 224.

Die Sternhaufen

Es gibt zwei Arten von Sternhaufen: Wir unterscheiden die sogenannten offenen Sternhaufen, von denen wir etwa 900 kennen, und die Kugelsternhaufen, von denen etwa 120 bekannt sind.

Die offenen Sternhaufen sind Sternansammlungen innerhalb des Milchstraßensystems. Unsere Sonne selbst gehört zu einem solchen Haufen, zusammen mit den meisten der helleren Sterne, die wir in jeder Nacht am Himmel sehen. Typische Vertreter dieser Gruppe sind die Plejaden, die Hyaden, die Krippe und der Doppelsternhaufen im Perseus (siehe Tafel XIII).

Die Kugelsternhaufen liegen außerhalb des Milchstraßensystems. Sie umgeben es von allen Seiten. Die Sterne der Kugelsternhaufen befinden sich daher in größerer Entfernung als die Sterne der offenen Sternhaufen. Kugelsternhaufen bestehen aus Tausenden von Sternen, manche sogar aus Millionen. Der am besten bekannte Kugelsternhaufen ist M 13 im Herkules, der auf Tafel XIV abgebildet ist. Diese Kugelsternhaufen enthalten eine große Anzahl von Cepheiden. Ihre Entfernung ist daher genau bekannt.

Nebel

Auch bei den Nebeln unterscheiden wir mehrere Arten, von denen einige wieder zum Milchstraßensystem gehören, andere sind von ihm unabhängig. Der Große Orionnebel (siehe Tafel XII) ist der beste Repräsentant der Gasnebel, bei denen riesige Mengen selbstleuchtender Gase in unregelmäßiger Form angeordnet sind. Oft leuchten sie mit grünlichem oder bläulichem Licht. Sie werden von den Strahlungen in der Nähe stehender Sterne zum Leuchten angeregt.

Dunkelnebel sind ebenfalls Teile unseres Milchstraßensystems. Sie bestehen aus kosmischem Staub, und das Licht der dahinterstehenden Sterne wird von den Dunkelnebeln teilweise ausgelöscht. Ihres Anblicks wegen werden Dunkelnebel oft „Kohlensäcke“ genannt. Wir finden solche Dunkelnebel in fast allen Teilen der Milchstraße, hauptsächlich aber in den Sternbildern Orion, Auriga, Cygnus, Aquila und Taurus.

Planetarische Nebel sind nicht-selbstleuchtende Massen von Gasen oder kosmischem Staub, die von einem hellen Stern beleuchtet werden und somit sichtbar werden. Meistens befindet sich dieser Stern im Zentrum dieser Masse, wie beim Ringnebel in der Leier, der selbst im kleinen Fernrohr schon gesehen werden kann. Der Zentralstern selbst ist jedoch nicht sichtbar. Er ist von 15. Größe und kann daher nur in einem Fernrohr von mindestens 12 Zoll Öffnung erkannt werden.

Die Nebel, die sich außerhalb unseres Milchstraßensystems befinden, können entweder von regelmäßiger oder unregelmäßiger Form sein. Unregelmäßig sind zum Beispiel die beiden Magellanischen Wolken, die man von südlichen Breiten der Erde erblicken kann, und die wie abgetrennte Teile der Milchstraße aussehen. Von regelmäßiger Form aber sind die Spiralnebel, das sind Sternsysteme, die unserer Milchstraße gleichen. Das nächste dieser Systeme ist der Große Andromedanebel, der auf Tafel XI abgebildet ist. Die Entfernungen der Spiralnebel betragen Millionen von Lichtjahren, und nur wenige von ihnen können im kleinen Fernrohr gesehen werden. Photographien, die mit größten Instrumenten gemacht wurden, ergaben sogar, daß es Millionen von Spiralnebeln gibt. Auf vielen Photographien konnte man mehr Spiralnebel als Sterne zählen. Diese Spiralnebel befinden sich aber in so unermeßlichen Entfernungen, daß der Liebhaberastronom kaum jemals Gelegenheit haben wird, sie selbst untersuchen zu können.

16. 140 INTERESSANTE OBJEKTE

Bevor wir eigene Beobachtungen anstellen, müssen wir die Bedingungen in Betracht ziehen, unter denen wir arbeiten. Wenn wir dies unterlassen, wird es oft vorkommen, daß wir nicht in der Lage sind, das beste aus dem Fernrohr herauszuholen. Die Ergebnisse können dann leicht zu einer Enttäuschung führen, besonders wenn wir es uns vorgenommen haben, einige schwierige Doppelsterne zu beobachten, die selbst unter günstigen Bedingungen mit einem kleinen Fernrohr nur schwer zu trennen sind.

Die hellen Nächte des Sommers sind für derartige Beobachtungen vollkommen ungeeignet. Auch alle anderen Nächte des Jahres, an denen der Mond am Himmel steht, erlauben es uns nicht, die Höchstleistung des Fernrohres zu erzielen. Dies gilt ebenfalls von den kalten Winternächten, an denen die Sterne funkeln. Das ist das Zeichen für eine unruhige Atmosphäre.

Die besten Bedingungen haben wir meist im Herbst und im Frühling, wenn der Himmel klar ist, und die Luft nicht von Dunst getrübt wird. Das Licht der Sterne ist dann ruhig, der Himmelshintergrund hat das Aussehen schwarzen Samtes. Praktische Erfahrung ist hier jedoch viel mehr wert als Bücherweisheit. Jeder Beobachter wird sehr schnell herausfinden, daß ein einziger Blick zum Himmel genügt, um ihm zu sagen, ob es der Mühe wert ist, das Fernrohr aufzustellen oder nicht.

Nun wollen wir aufzählen, was wir in den einzelnen Sternbildern an interessanten Objekten zu finden ist.

S t e r n k a r t e 9. Der Stern Mizar im Großen Bären oder Himmelswagen (ζ Ursae Majoris) ist aus zwei Gründen bemerkenswert. In einer Entfernung von 11′ 47″ befindet

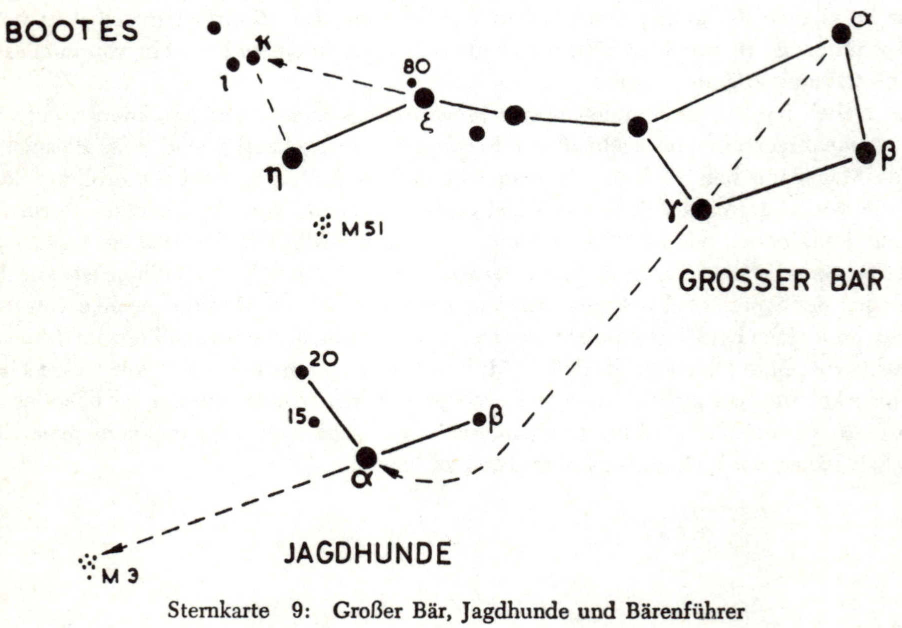

Sternkarte 9: Großer Bär, Jagdhunde und Bärenführer

sich der kleine Stern Alkor (80 Ursae Majoris), der von 5. Größe ist. Man kann ihn in klaren Nächten meist mit dem bloßen Auge sehen, wenn nicht, dann genügt selbst das kleinste Instrument, um ihn zu sehen. Der Stern ζ selbst ist ein Doppelstern, und zwar ist er der erste Doppelstern, der durch Beobachtung mit dem Fernrohr entdeckt wurde. Der hellere der beiden Sterne ist von Größe 2,4, der Begleiter von Größe 4,2, der Abstand zwischen den beiden beträgt 14″. In Zukunft wollen wir der Kürze halber diese Angaben wie folgt ausdrücken: ζ Ursae Maj. — Doppelstern, m 2,4; 4,2 d = 14″. Das m bedeutet magnitudo = Größe, das d = Distanz, Entfernung.

Von ζ aus können wir leicht ein kleines Dreieck von Sternen finden, das zum Sternbild des Bärenhüter (Bootes) gehört. Hier ist ι ein leicht zu trennender Doppelstern, m = 5; 7,5 d = 38″. Ihm voran geht $\varkappa$, der ebenfalls doppelt, aber etwas schwieriger zu trennen ist. m = 4,7; 7,2 d = 13″. Der Begleiter ist hier von bläulicher Färbung.

Auf der anderen Seite von η, aber nicht ganz so weit entfernt wie das kleine Dreieck, finden wir M 51 in den Jagdhunden (Canes Venatici), einen Spiralnebel, der in einer Entfernung von 3 Millionen Lichtjahren steht. Er ist eine Welteninsel gleich unserer Milchstraße. Seine Gesamthelligkeit gleicht der eines Sternes 8,5. Größe. Man kann ihn also nur im Fernrohr sehen.

Eine Linie von α über γ im Großen Bären führt uns nahezu auf α in den Jagdhunden, der auch den Namen Cor Caroli (Das Herz Karls II [von England]) trägt. Dies ist ein leicht zu trennender Doppelstern, m = 2,9; 5,4 d = 20″. Die Farbe des Hauptsternes ist rein weiß, die des Begleiters bläulich. Der Stern 15 ist nicht immer mit bloßem Auge zu sehen, da er sehr schwach ist. Er wird vom Fernrohr ebenfalls als Doppelstern erkannt, m = 5,5; 6 d = 290″.

Eine Linie von β über α in den Jagdhunden bringt uns zu M 3, einem Kugelsternhaufen, der sich in einer Entfernung von 40 000 Lichtjahren befindet. Seine Helligkeit entspricht der eines Sterns 4,5. Größe, da sich sein Licht aber über eine Fläche verbreitet und nicht auf einen Punkt konzentriert ist, erscheint er wesentlich lichtschwächer. Doch kann man ihn in klaren Nächten noch mit bloßem Auge sehen.

S t e r n k a r t e 10. Der Polarstern ist auch ein Doppelstern, m = 2,1; 8,8 d = 19″. Der große Helligkeitsunterschied zwischen den beiden Komponenten macht es allerdings sehr schwer, ihn zu trennen. Mit kleinen Instrumenten wird dies nur in außergewöhnlich klaren Nächten gelingen.

Die Linie der Deichselsterne des Kleinen Wagens gibt uns die Richtung, in der wir den Stern Σ 634 suchen müssen, der zur Giraffe (Camelopardus) gehört. In seiner Nähe befinden sich einige andere schwache Sterne. Wir können den Stern aber daran erkennen, daß er ein klein wenig heller ist als die anderen Sterne. Auch er ist ein Doppelstern, m = 4,5; 8 d = 9″.

Wenn wir von β über η im Kleinen Bären gehen, gelangen wir zu einem kleinen Dreieck von Sternen, das zum Sternbild Drachen gehört. Hier ist ψ ein leicht zu trennender Doppelstern, m = 4,0; 5,2 d = 30″. Auf halbem Wege zwischen diesem Dreieck und γ Cephei liegt $\varkappa$, der auch zum Cepheus gehört. Er ist ein schon schwieriger zu trennender Doppelstern, m = 4,0; 8,0 d = 7″.

Ein anderer leicht zu trennender Doppelstern im Sternbild Cepheus ist δ Cephei, m = 3,6; 7,5 d = 41″. Der Farbkontrast ist besonders auffallend, der Hauptstern ist gelb, der Begleiter blau. Wir wissen aus einem früheren Kapitel, daß der Hauptstern außerdem

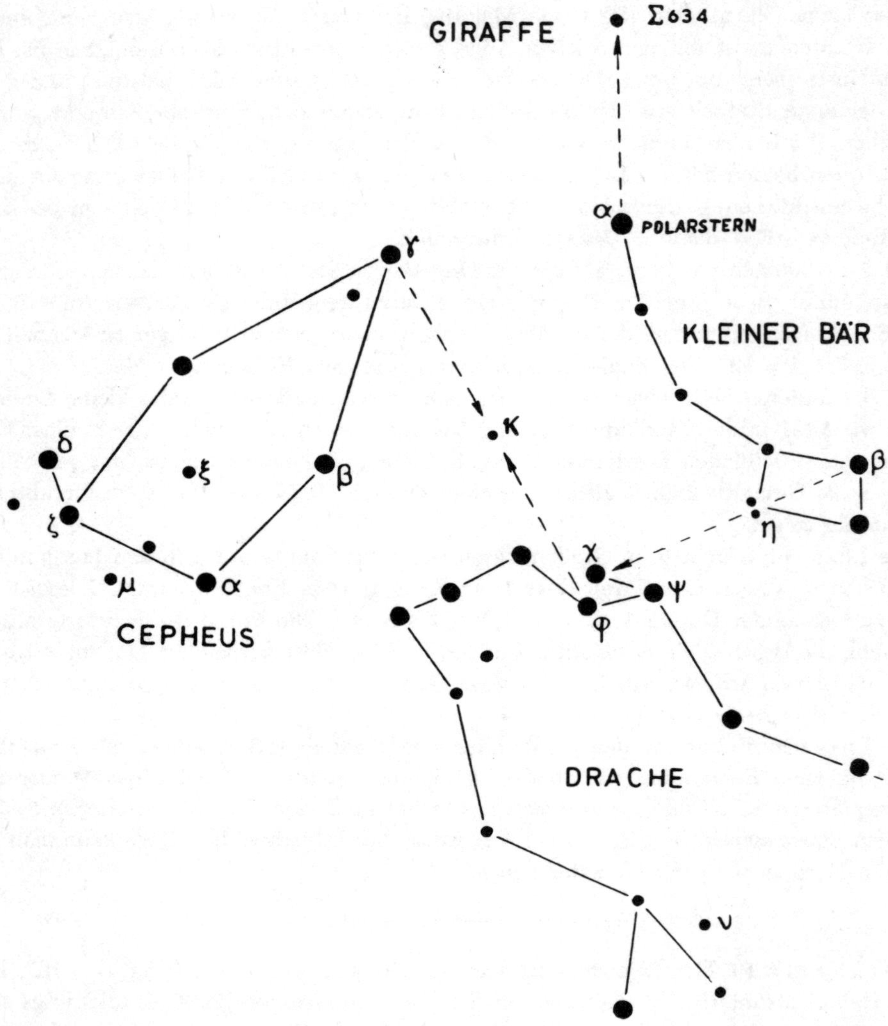

Sternkarte 10: Kleiner Bär, Giraffe, Drachen und Cepheus

noch veränderlich ist. Seine Größe schwankt zwischen 3,6 und 4,3, wobei seine Periode 5,37 Tage beträgt.

ξ in Cepheus ist ein ziemlich schwieriger Doppelstern, obwohl beide Komponenten ziemlich hell sind, m = 4,7; 6,5 d = 7″. Er befindet sich genau in der Mitte des Cepheus-Vierecks.

Unterhalb der Grundlinie dieses Vierecks, auf halbem Wege zwischen α und ζ, liegt μ Cephei, der auch als Herschels Granatstern bekannt ist. Dieser Name wurde ihm wegen seiner tiefroten Farbe gegeben. Er ist ein unregelmäßig Veränderlicher, seine Helligkeit schwankt zwischen 3,7 und 4,7.

Im Kopf des Drachens finden wir dann noch v, einen weiten Doppelstern, der im Fernrohr besonders hübsch aussieht, weil seine beiden Komponenten von genau gleicher Helligkeit sind, m = 4,6; 4,6. Ihr gegenseitiger Abstand beträgt 62″.

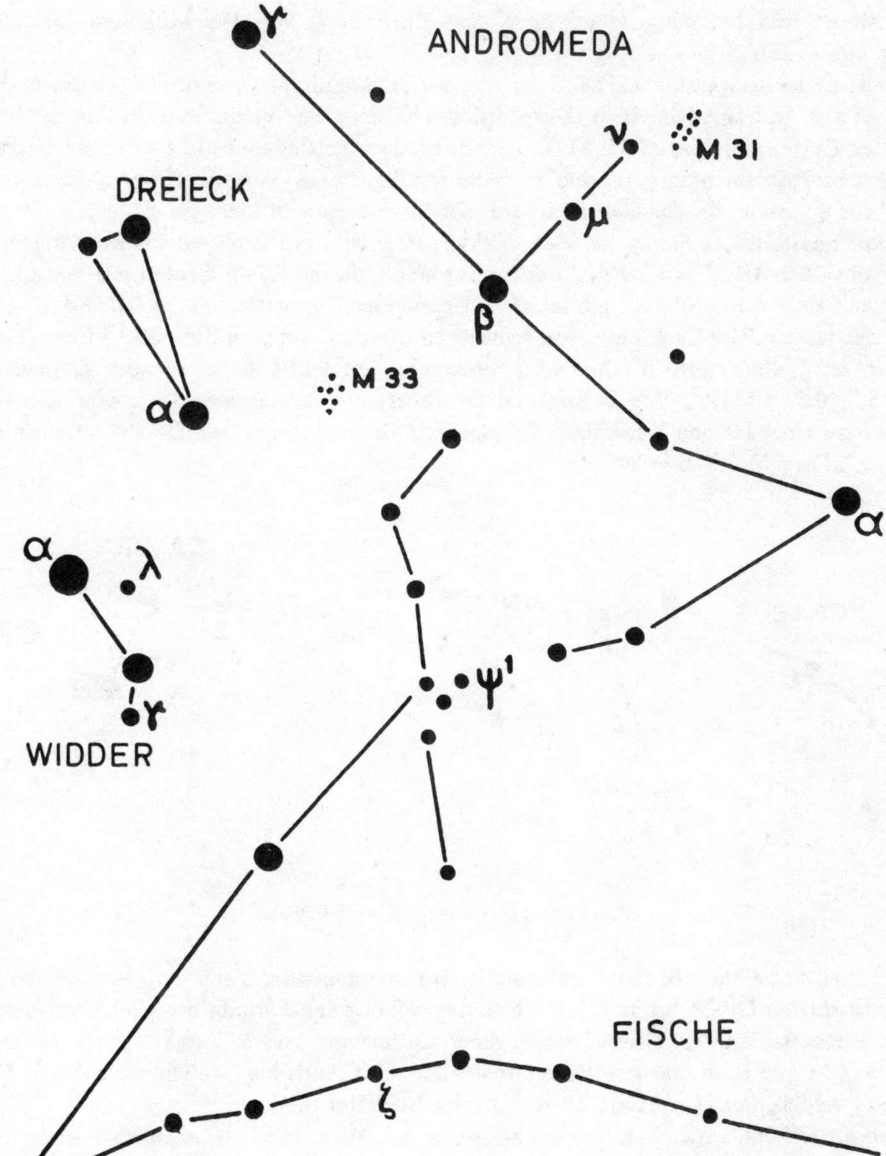

Sternkarte 11: Andromeda, Dreieck, Widder und Fische

S t e r n k a r t e 11. Der östlichste der Sterne in der Andromeda, γ, ist ein wunderschönes Objekt im kleinen Fernrohr. Zwei Sterne von goldgelber und blaugrüner Farbe stehen hier in einer gegenseitigen Entfernung von 10″; ihre Größen sind 3,0 und 5,0.

Die Sterne μ und ν bringen uns zu M 31, dem Großen Andromedanebel. Man kann ihn schon mit bloßem Auge sehen. Im kleinen Fernrohr erscheint er als ein langgestrecktes Oval, das in der Mitte heller ist als am Rande. M 31 ist eine Welteninsel gleich unserer

Milchstraße und hat von unserer Erde eine Entfernung von $1^1/_2$ Millionen Lichtjahren (siehe auch Tafel XI).

Einen anderen Spiralnebel, M 33 im Dreieck (Triangulum), finden wir auf der anderen Seite von β Andromedae. Auch dieser Spiralnebel ist eine Welteninsel, in fast genau der gleichen Entfernung wie M 31. M 33 erscheint jedoch größer und nicht so scharf begrenzt. In kleinen Instrumenten, die eine verhältnismäßig starke Vergrößerung besitzen, ist er nicht gut zu sehen, da das Gesichtsfeld dieser Instrumente zu klein ist.

Unter dem Dreieck finden wir den Widder. Hier ist γ ein leicht zu trennender Doppelstern, m = 4,2; 4,4 d = 8″. Er ist leicht zu trennen, da die Komponenten fast von gleicher Helligkeit sind. λ ist ebenfalls ein leicht zu trennender Doppelstern, m = 5,0; 7,5 d = 39″.

In der langen Zick-Zack-Linie von schwachen Sternen, die zum Sternbild Fische (Pisces) gehört, ist ζ, der vierte Stern, der α vorangeht, ein leicht zu trennender Doppelstern, m = 5,5; 6,5 d = 24″. Von α Andromedae führt uns eine andere Kette von schwachen Sternen zu einer kleinen Y-förmigen Gruppe von Sternen, in der der oberste, ψ^1, auch doppelt ist, m = 5,5; 6,0 d = 30″.

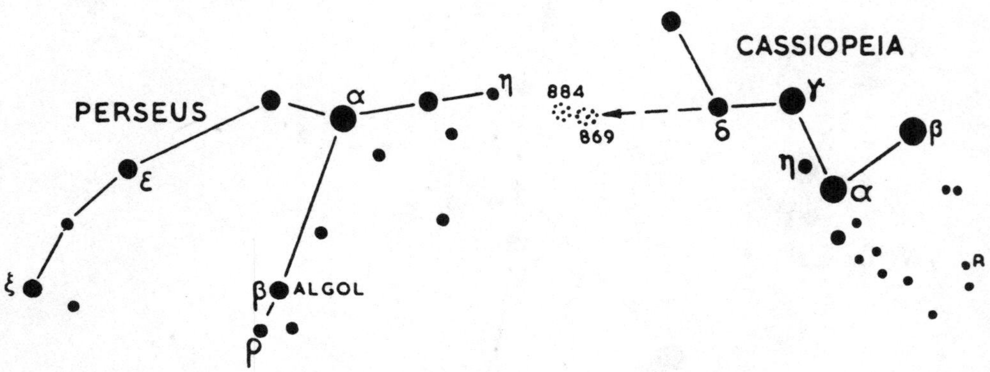

Sternkarte 12: Cassiopeia und Perseus

S t e r n k a r t e 12. α in der Cassiopeia ist ein unregelmäßig Veränderlicher, dessen Helligkeit zwischen Größe 2,1 und 3,1 schwankt, wobei seine Periode etwa 80 Tage beträgt. α hat einen Begleiter 9. Größe, der in einer Entfernung von 62″ steht. Unter guten Bedingungen sollte er in unserem Fernrohr sichtbar sein. Auch hier wollen wir auf den Farbkontrast achten, der Hauptstern ist rötlich, der Begleiter blau.

Eine Anzahl von schwachen Sternen zeigt uns den Weg nach R Cassiopeiae, einem langperiodisch Veränderlichen von tiefroter Farbe. Im Maximum beträgt seine Helligkeit Größe 5, er sinkt im Minimum aber auf Größe 12 ab und wird somit für uns vollkommen unsichtbar. Seine Periode beträgt 430 Tage.

γ ist ein unregelmäßig Veränderlicher, dessen Helligkeit zwischen Größe 1,6 und 3,0 schwankt. Er hat in einer Entfernung von 430″ einen Begleiter 9. Größe. Zwischen α und γ finden wir dann noch η, der ebenfalls doppelt ist, m = 3,5; 7,7 d = 10″.

Die Sterne γ und δ deuten auf den Doppelsternhaufen im Perseus hin, der aus den beiden Haufen NGC 869 und NGC 884 besteht. Jeder dieser beiden Sternhaufen besteht aus etwa 700 Sternen, die in einer Entfernung von 4400 Lichtjahren stehen. Selbst in kleinen Fernrohren bieten die Sternhaufen einen großartigen Anblick. In klaren, mondlosen Nächten kann man sie sogar schon mit bloßem Auge erkennen. (Siehe Tafel XIII.)

η, der erste Stern des Perseus, der dem Doppelsternhaufen folgt, ist doppelt, m = 4,0; 8,5 d = 28″. α ist bemerkenswert, da er sich in einem Feld von vielen schwachen Sternen befindet. ε ist ebenfalls ein Doppelstern, aber enger als η, m = 3,0; 8,0 d = 9″.

Algol haben wir schon als den Prototyp einer Gruppe von Bedeckungsveränderlichen kennengelernt. Für 59 Stunden scheint er mit einer Helligkeit, die der Größe 2,3 entspricht, dann vermindert sich seine Helligkeit, bis er, 5 Stunden später, Größe 3,5 erreicht hat. Gleich darauf wird er aber wieder heller. Nach weiteren 5 Stunden ist die Verfinsterung vorbei.

Dicht unterhalb von Algol finden wir ϱ, einen Veränderlichen vom μ Cephei-Typ (unregelmäßig), dessen Helligkeit zwischen Größe 3 und 4 innerhalb einer Periode von 910 Tagen schwankt.

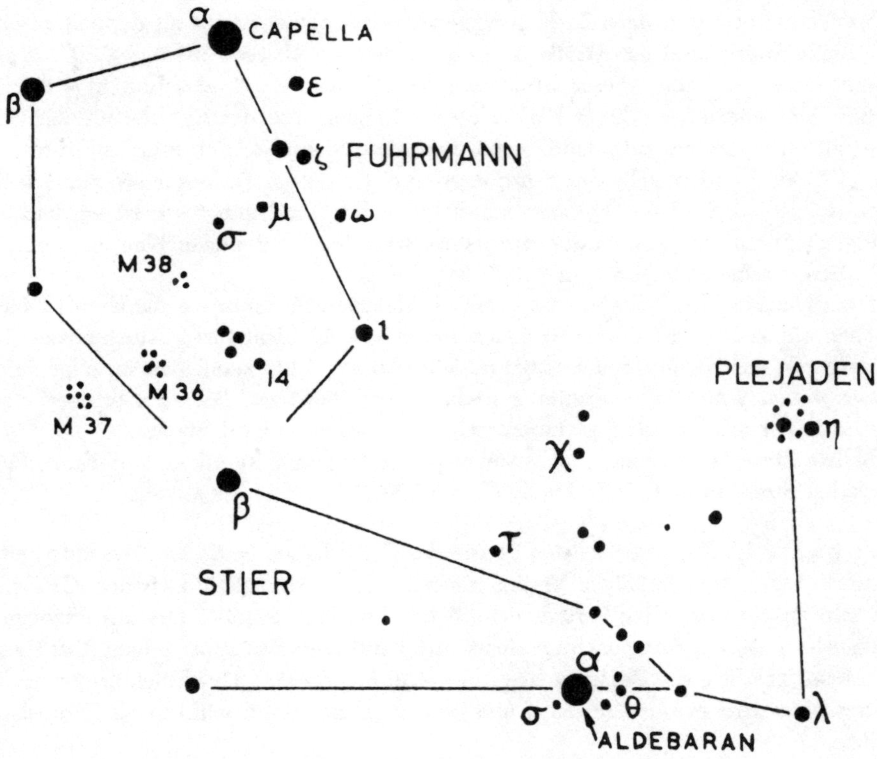

Sternkarte 13: Stier und Fuhrmann

S t e r n k a r t e 13. Dicht unter der Capella finden wir ein kleines Dreieck von Sternen, von denen ε äußerst bemerkenswert ist. Er gehört zu der zweiten Gruppe von Bedeckungsveränderlichen, bei denen sich zwei hell strahlende Sterne umkreisen. Allerdings kann man hier kein zweites Minimum feststellen, denn einer der Sterne ist ein Überriese, der zweite ist ein Zwerg.

Wir können nur die Bedeckung des Zwerges feststellen, aber das Licht des größeren Sternes wird nicht genügend geschwächt, wenn der kleine Stern vor dem großen steht, so gibt es hier für uns nur ein Minimum. Dieser Veränderliche hat die überraschend lange Periode von 27 Jahren, seine Helligkeit schwankt zwischen Größe 3 und 4.

ζ ist ebenfalls ein Bedeckungsveränderlicher, dessen Helligkeit zwischen Größe 4,9 und 5,5 schwankt, wobei seine Periode 972 Tage beträgt.

Unterhalb dieses Dreiecks liegt ω, ein schwer zu trennender Doppelstern, bei dem die Komponenten dicht beieinander stehen, m = 5,0; 8,0 d = 6″.

Im Sternbild Fuhrmann finden wir auch noch drei schöne offene Sternhaufen. M 38 besteht aus 120 Sternen und steht in einer Entfernung von 2900 Lichtjahren, M 36 umfaßt 70 Sterne, Abstand 3200 Lichtjahre, M 37 besteht aus 270 Sternen in einer Entfernung von 2700 Lichtjahren. In kleinen Fernrohren werden natürlich nur die hellsten Sterne dieser Sternhaufen gesehen, aber es lohnt sich trotzdem, sie aufzusuchen.

Auf der Linie von α nach β liegt wieder ein kleines Dreieck von Sternen. Dicht darunter finden wir 14 Aurigae, einen schwachen Doppelstern, m = 5,0; 7,0 d = 15″.

Im Sternbild Stier (Taurus) finden wir den Stern σ, der dem Aldebaran folgt. Das optische Paar kann unter günstigen Bedingungen schon mit bloßem Auge als doppelt gesehen werden. Beide Sterne sind von Größe 5, ihr gegenseitiger Abstand beträgt 4′ 30″. ϑ geht Aldebaran voran, und auch dieser wird schon vom bloßen Auge getrennt, m = 3,5; 4,0 d = 5′ 35″. Der nördlichere dieser beiden Sterne ist gelb und der südliche grünlich. Der Farbkontrast ist besonders auffallend, wenn man diese Sterne im Fernrohr betrachtet.

Dem „V“ der Hyaden geht der Stern λ voraus. Er ist ein Bedeckungsveränderlicher, m = 3,8—4,1, P = 3,95 Tage. τ, der nördlich von α liegt und ihm folgt, ist ein leicht zu trennender Doppelstern, bei dem der Hauptstern weiß ist, der Begleiter blau, m = 4,5; 7,0 d = 63″. Etwas schwieriger ist χ, m = 5,5; 8,0 d = 20″.

M 45, auch als Plejaden bekannt, ist schon im kleinsten Fernrohr ein dankbares Objekt. Hier stehen einige hundert Sterne in einem Raum von 20 Lichtjahren Durchmesser. Ihre Entfernung von uns beträgt 500 Lichtjahre. Mit bloßem Auge kann man im allgemeinen sechs oder sieben Sterne sehen, unter ganz besonders günstigen Bedingungen sogar acht oder neun. Selbst das kleinste Instrument zeigt aber schon einige Dutzend.

Der hellste Stern der Plejaden, auch Siebengestirn genannt, ist Alkyone, η Tauri. Er ist ein dreifacher Stern, m = 3; 7; 7 d = 117″ und 120″.

Sternkarte 14. Die zwei hellsten Sterne des Orion haben beide ihre Besonderheiten. α Orionis ist ein unregelmäßiger Veränderlicher, dessen Helligkeit zwischen Größe 0,1 und 1,2 schwankt, wobei seine Periode etwa 6 Jahre beträgt. Rigel (β Orionis) dagegen ist ein Doppelstern, dessen Komponenten einen auffallenden Farbkontrast zeigen. Der Hauptstern erscheint gelblich, der Begleiter blau, m = 0,3; 6,7 d = 9″. Durch den großen Helligkeitsunterschied wird es uns allerdings nur schwer gelingen, ihn wirklich als Doppelstern zu erkennen.

δ Orionis, der den beiden anderen Gürtelsternen des Orion vorangeht, ist ebenfalls ein schwieriger Doppelstern. Es ist aber nicht allzu schwer, ihn zu trennen. m = 2,0; 7,0 d = 53″. Zwischen diesem Stern und γ finden wir ein kleines Viereck, in dem der oberste, 23 Orionis, ein verhältnismäßig leicht zu sehender Doppelstern ist, m = 5,0; 7,0 d= 32″

Dicht unter dem Gürtel des Orion steht σ Orionis, ein dreifacher Stern, m = 6; 7; 7 d = 41″ und 13″. ϑ, der mittlere Stern im Schwert des Orion besteht aus vier Sternen; er wird deshalb „das Trapez“ genannt. Unser kleines Fernrohr wird allerdings nur drei dieser Sterne zeigen, m = 6; 7; 7; 8. Dieser Stern liegt außerdem in der Mitte des Großen Orionnebels, M 42, einem unregelmäßigen Gasnebel, der von den in ihm enthaltenen Sternen zum Selbstleuchten angeregt wird. Schon im Feldstecher kann man seine grünliche Farbe erkennen. In klaren Nächten ist er auch dem bloßen Auge sichtbar. Aus Photo-

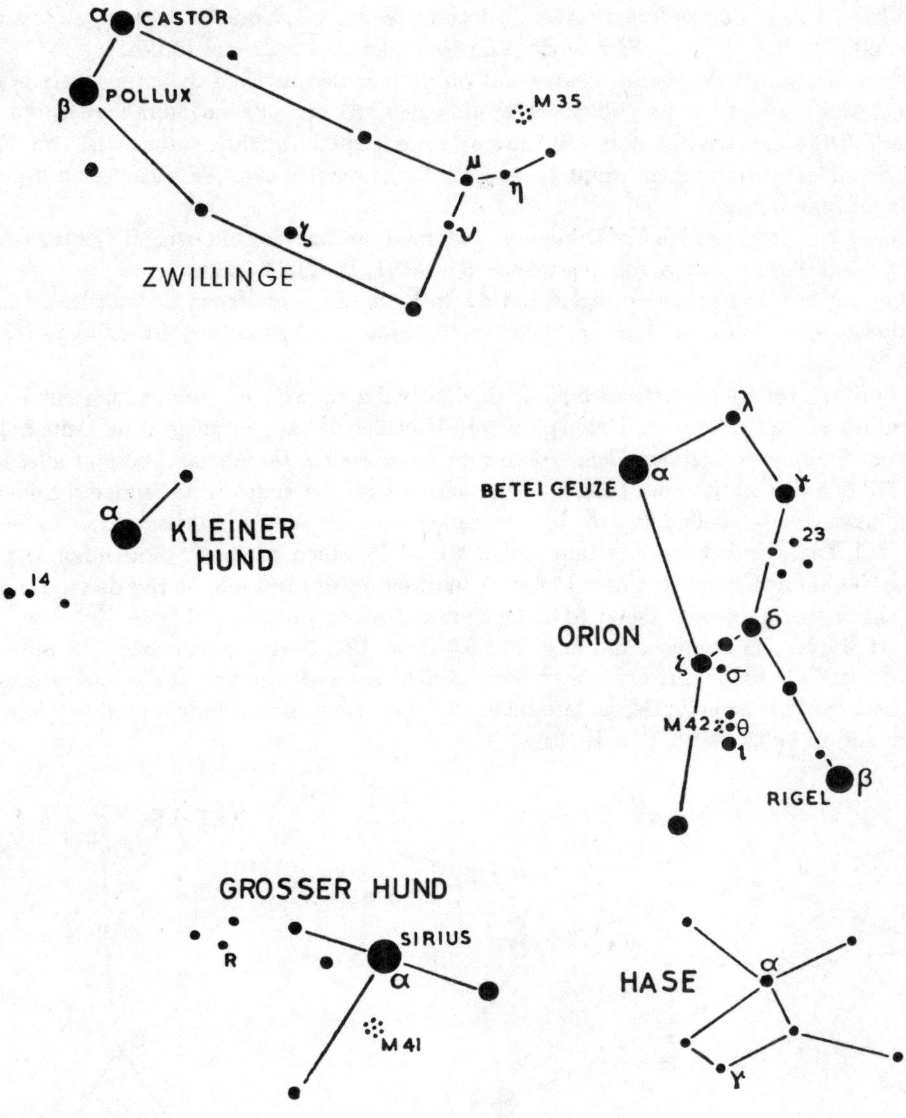

Sternkarte 14: Orion, Hase, Großer und Kleiner Hund und Zwillinge

graphien wissen wir, daß sich dieser Nebel viel weiter erstreckt als man selbst in großen Fernrohren durch Augenbeobachtungen feststellen konnte. Er umfaßt den größten Teil des ganzen Sternbildes.

Der südlichste Stern im Schwert, ι Orionis, ist ein leicht zu trennender Doppelstern, m = 3,2; 7,3 d = 11″, dessen Hauptstern weiß ist, während der Begleiter in bläulichem Lichte strahlt.

Unterhalb des Orion finden wir das unscheinbare Sternbild Hase (Lepus). Hier ist ein α ein schwieriger Doppelstern, m = 4,0; 9,5 d = 35″. Der hellere der beiden Sterne ist von gelblicher Farbe, der andere zeigt ein seltsames Grau. γ Leporis ist leichter zu trennen, m = 4,0; 7,0 d = 95″, die Farben der Komponenten sind gelb und rötlich.

Die Gürtelsterne des Orion deuten auf Sirius hin, den hellsten Stern in Canis Major. 4° unterhalb dieses Sterns finden wir M 41, einen schönen offenen Sternhaufen, der aus etwa 150 Sternen besteht und von unserer Erde 1350 Lichtjahre entfernt ist. Im Feldstecher ist er gut zu sehen, unter günstigen Bedingungen kann er sogar ohne optische Hilfe erkannt werden.

Dem Sirius folgt ein kleines Dreieck von Sternen, in dem der unterste, R Canis Majoris, ein Veränderlicher vom Algoltyp ist, m = 5,9 — 6,7, P = 1,14 Tage.

Procyon (α Canis Minoris) folgen drei schwache Sterne, von denen der mittlere, 14, ein dreifacher Stern ist, der auch sehr gut im Fernrohr zu beobachten ist. m = 5,5; 7; 8; d = 76″ und 112″.

Nördlich vom Kleinen Hund finden wir die Zwillinge. Wie wir wissen, besteht Kastor eigentlich aus sechs Sternen. Unter günstigen Umständen kann es möglich sein, die beiden hellsten Sterne mit unserem kleinen Fernrohr zu erkennen. Ihr Abstand beträgt allerdings nur 5″. Die Helligkeiten der beiden Komponenten sind 2,0 und 3,5. Am anderen Ende des Zwillingsrechtecks befindet sich η, ein langperiodisch Veränderlicher, m = 3,2 — 4,2, P = 321 Tage, und dicht über ihm finden wir M 35, einen schönen Sternhaufen, der aus etwa 500 Sternen besteht. Unser Fernrohr wird natürlich nicht alle Sterne dieses Haufens einzeln zeigen. Trotzdem bietet M 35 im Fernrohr einen schönen Anblick.

υ ist wieder ein Doppelstern, m = 4,0; 8,0 d = 112″, ζ ist ebenfalls doppelt, m = 4,0; 7,0 d = 94″. Beim zuletzt erwähnten Stern wollen wir auch wieder auf die Farben achten: der hellere Stern ist gelb, der andere blau. Der Hauptstern ist außerdem noch veränderlich (Cepheid) m = 3,7 — 4,3, P = 10 Tage.

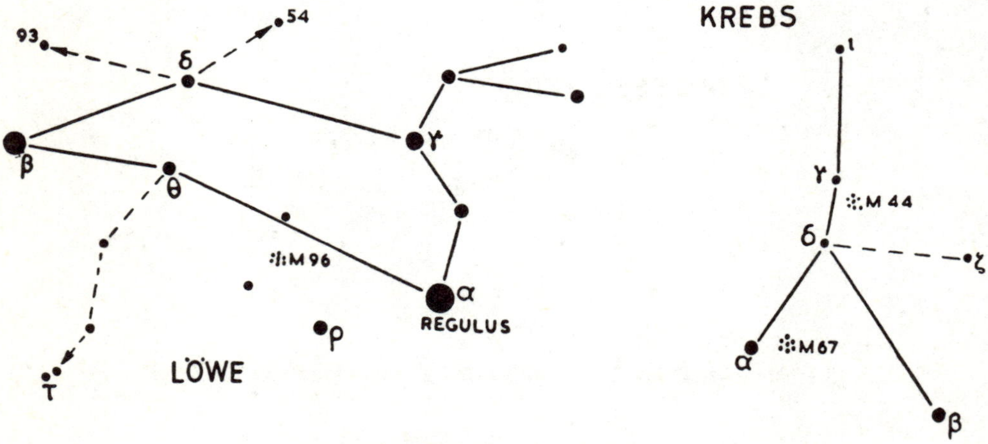

Sternkarte 15: Löwe und Krebs

S t e r n k a r t e 15. Regulus im Sternbild des Löwen (α Leonis) ist ein wegen der großen Helligkeit des Hauptsterns schwer zu erkennender Doppelstern. Der weite Abstand der Komponenten kann das nicht ganz ausgleichen, m = 1,8; 8,0 d = 177″.

β kann dafür schon mit einem Opernglas getrennt werden. Wenn der Begleiter nicht gar so klein wäre, müßte man den Stern schon mit bloßem Auge als Doppelstern erkennen, m = 3,0; 7,0 d = 18′ 55″. γ ist wieder etwas schwieriger, m = 2,4; 3,5 d = 4″. Er kann nur von Feldstechern oder Fernrohren getrennt werden, dessen Objektive etwas größer als 1 Zoll sind.

Die Linie von β über δ bringt uns nach Stern 54, der ebenfalls ein Doppelstern ist, m = 4,5; 7,0 d = 6″. Wenn wir von γ über δ gehen, gelangen wir zum Stern 93, der wegen der Schwäche des Begleiters auch wieder ziemlich schwierig zu trennen ist, m = 4,8; 8,4 d = 74″.

Von ϑ bringt uns eine Kette von schwachen Sternen zu dem Punkt, wo wir τ finden, ein leicht zu trennender Doppelstern, der einen schönen Farbkontrast der Komponenten zeigt: gelblich und blaß blau, m = 5,4; 7,0 d = 90″.

Auf halbem Wege zwischen ϑ und α und etwas unterhalb der Verbindungslinie liegt M 96, ein Spiralnebel, den wir in unserem Fernrohr gerade noch erkennen können.

Dem Sternbild des Löwen geht das unscheinbare Sternbild des Krebses voraus. In ihm ist ι ein Doppelstern, der auch wieder schöne Farben zeigt. Ein gelber Stern 4,2. Größe hat einen Begleiter 7. Größe, der bläulich ist. Der Abstand zwischen den beiden Sternen beträgt 31″.

M 44 ist ein offener Sternhaufen. Ist die Nacht besonders klar, kann man hier sogar schon mit bloßem Auge eine gewisse Anzahl von Einzelsternen erkennen. Der Haufen besteht aus etwa 500 Sternen, von denen uns unser Fernrohr schon über 100 zeigt.

α vorangehend finden wir M 67, einen weiteren offenen Sternhaufen, der ebenfalls aus etwa 500 Sternen besteht, westlich von δ finden wir den schwierigen Doppelstern ζ, m = 5,0; 5,5 d = 5′.

S t e r n k a r t e 16. Im Sternbild Jungfrau ist γ Virginis ein Doppelsternsystem, in dem die beiden Komponenten umeinander kreisen, ohne sich gegenseitig zu bedecken. Ihre Umlaufzeit beträgt rund 180 Jahre. Die Bahnebene dieser beiden Sterne ist so gegen unsere Sehlinie geneigt, daß man diesen Doppelstern zu gewissen Zeiten selbst mit den kleinsten Instrumenten trennen kann, während dies zu anderen Zeiten selbst mit großen Fernrohren nicht möglich ist. Augenblicklich beträgt der Abstand der Komponenten, die beide von Größe 3,3 sind, etwas weniger als 5″, sie nähern sich aber einander und werden im Jahre 2016 nur um Bruchteile einer Bogensekunde voneinander getrennt sein.

Der Doppelstern τ ist schwierig zu trennen, da der Begleiter nur sehr klein ist, m = 4,0; 9,0 d = 80″. S, der unterste der drei kleinen Sterne nördlich von Spika, ist ein langperiodisch Veränderlicher, m = 5,6 — 12,3, P = 370 Tage.

Das Gebiet zwischen o und ε Virginis durchforscht man am besten, indem man das Fernrohr fest aufstellt und die Sterne und anderen Himmelsobjekte dann durch die tägliche Umdrehung ins Gesichtsfeld kommen läßt. Es ist so möglich, auch äußerst schwache Objekte zu erkennen, da das Auge sich gut an die Dunkelheit gewöhnt. Lohnend ist die Beobachtung an dieser Stelle des Himmels ganz besonders, weil hier Hunderte von Spiralnebeln stehen, von denen eine ganze Anzahl bei sorgfältiger Beobachtung auch in kleinen Instrumenten sichtbar ist.

In dunklen Nächten, wenn die Luft rein und klar ist, kann man schon mit bloßem Auge die Einzelsterne in dem sehr offenen Sternhaufen unterhalb des Sternes 15 im Haar der Berenike erkennen. 17 ist hier ein leicht zu trennender Doppelstern, m = 5,6; 6,0 d = 145″. Etwas weiter unten liegt 24, der aber enger ist, m = 5,2; 6,0 d = 20″. Bei Stern 24 ist die Färbung, gelb und bläulich, wieder auffallend.

Drei schwache Sterne gehen α voran. Der mittlere von ihnen ist ein Doppelstern, der

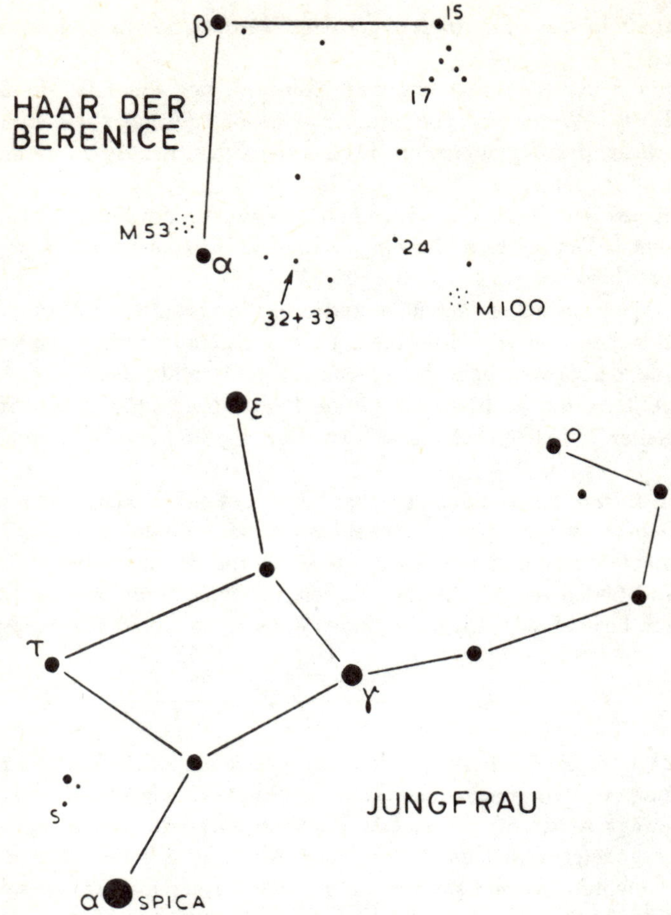

Sternkarte 16: Jungfrau und Haar der Berenice

schon mit bloßem Auge getrennt werden kann, wenn die Sichtverhältnisse gut sind. Sonst genügt ein Opernglas, um ihn zu trennen. Er besteht aus den beiden Sternen 32 und 33, m = 5,5; 6,0, die sich in einer gegenseitigen Entfernung von 196″ befinden.

In der Nähe von α finden wir auch noch einen Kugelsternhaufen, M 53, den man in klaren Nächten schon ohne optische Hilfe wird erkennen können. In der Umgebung des Sternes 15 finden wir eine Anzahl von Spiralnebeln. Südwestlich von Stern 24 liegt M 100, der hellste der Spiralnebel in der schon vorher erwähnten Gruppe.

Sternkarte 17. Östlich von γ Ophiuchus finden wir den Stern 67, der doppelt ist, m = 4,0; 8,0 d = 55″. Die Farben der beiden Komponenten dieses Doppelsterns sind besonders auffallend, gelb und orangerot. Wenn wir von β über σ hinausgehen, finden wir ein kleines Sterndreieck, in dem der unterste, U, ein Veränderlicher vom Algoltyp ist, m = 5,7 — 6,7, P = 1,68 Tage.

Südlich von U liegen die Sterne 41 und 30, nahe bei Stern 30 finden wir M 10, einen schönen Kugelhaufen. Auf die Linie von ihm nach λ liegt ein zweiter Kugelhaufen, M 12. Beide werden wir schon im Feldstecher gut sehen können.

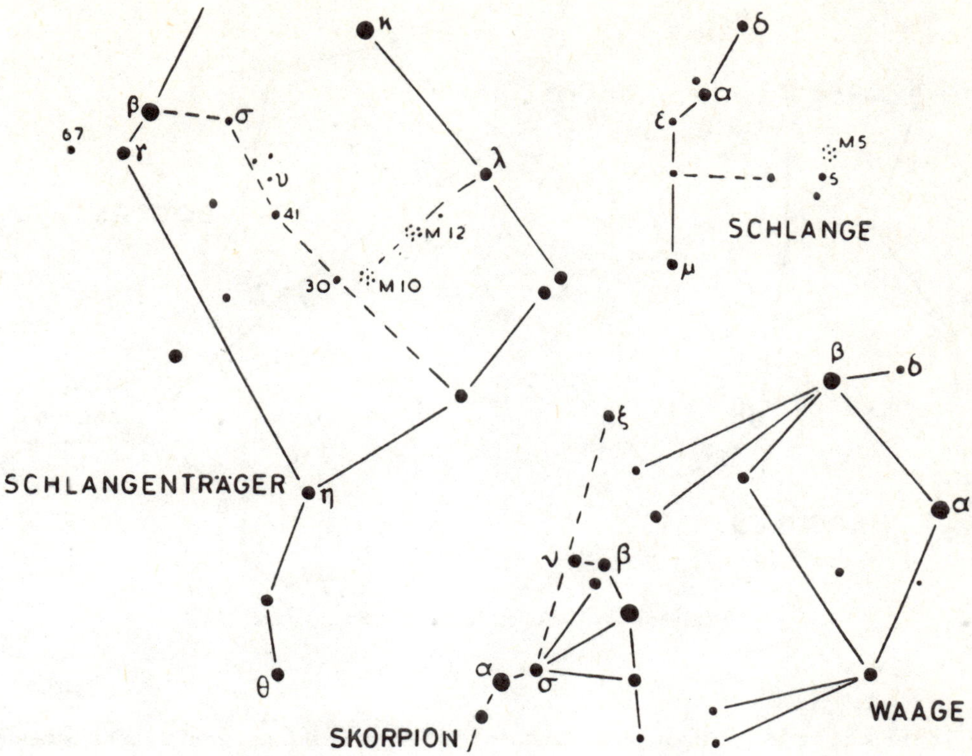

Sternkarte 17: Schlangenträger, Schlange, Waage und Skorpion

δ, im Kopf der Schlange, ist ein schwierig zu trennender Doppelstern, m = 4,2; 5,2 d = 4″, bei dem die beiden Komponenten umeinander kreisen. Unterhalb von α und etwas westlich von ihm liegt ein Dreieck von Sternen, in dem der Stern 5, der von 5. Größe ist, uns zu einem schönen Kugelsternhaufen, M 5, führt. Sein Durchmesser ist nahezu halb so groß wie der des Vollmondes, und sein kompaktes Zentrum kann man schon im Feldstecher gut erkennen, obwohl ein lichtstarkes Objektiv nötig ist, um Einzelsterne zu erkennen. Die hellsten Sterne sind von 11. Größe.

Südlich vom Kopf der Schlange befindet sich die Waage, ein unscheinbares Tierkreisbild, in dem α ein Doppelstern ist, den man unter guten Bedingungen schon ohne optische Hilfsmittel trennen kann, m = 2,9; 5,3 d = 230″. β, der eigentlich kein Beobachtungsobjekt im engeren Sinne ist, interessiert aber aus einem anderen Grunde. Er ist der einzige grüne Stern, den man mit bloßem Auge sehen kann. Alle anderen Sterne dieser Farbe sind entweder äußerst schwach oder sie sind die Begleiter in einem Doppelsternsystem.

δ Librae, den wir von β aus leicht finden, ist ein Veränderlicher vom Algoltyp, m = 4,8 — 6,2, P = 2,33 Tage.

Der Waage folgen die hellen Sterne des Skorpions, des nächsten Tierkreisbildes. Hier finden wir β, der ein leicht zu trennender Doppelstern ist, m = 2,0; 5,0 d = 14″. Ganz in seiner Nähe steht ν, der ebenfalls doppelt ist, m = 4,0; 7,0 d = 41″. Eine Linie von σ über ν bringt uns zu ξ, der schwierig zu trennen ist, m = 4,5; 7,0 d = 7″.

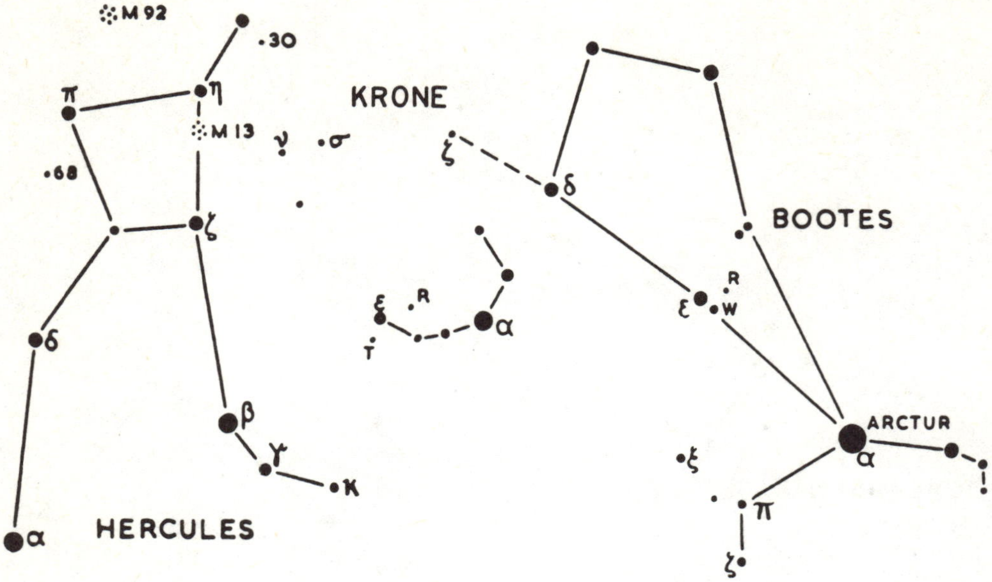

Sternkarte 18: Herkules, Krone und Bärenführer

S t e r n k a r t e 18. Nördlich des Schlangenträgers erstreckt sich das große, aber unscheinbare Sternbild des Herkules, in dem α ein Veränderlicher vom μ Cephei-Typ ist. Seine Helligkeit schwankt zwischen Größe 3,1 und 3,9. Man glaubt eine Periode von annähernd 90 Tagen festgestellt zu haben, aber dies bedarf noch einer Bestätigung durch weitere Beobachtungen. Weiter nördlich finden wir δ, der nicht sehr leicht zu trennen ist. Die Farben seiner Komponenten sind grünlich und blau, m = 3,2; 8,3, d = 10″.

Östlich von dem Viereck dieses Sternbildes liegt 68, ein Veränderlicher vom β Lyrae-Typ, m = 4,8 — 5,4, P = 2,05 Tage.

Wenn wir von η aus ein Drittel des Weges nach ζ zurücklegen, kommen wir zu M 13, dem schönsten Kugelsternhaufen, den wir von der nördlichen Halbkugel der Erde aus sehen können. Man kann ihn manchmal schon mit bloßem Auge erkennen, im Fernrohr aber bietet er einen wirklich großartigen Anblick (siehe Tafel XIV). M 13 besteht aus etwa 30 000 Sternen, die in einer Entfernung von 33 000 Lichtjahren stehen. Nördlich des Vierecks finden wir einen anderen Kugelhaufen M 92, der ebenfalls schon mit bloßem Auge erkannt werden kann, aber einen nicht ganz so großartigen Anblick bietet wie M 13. Nördlich von η und ihm vorangehend steht der unregelmäßig Veränderliche 30, m = 4,7 — 6,0. Im westlichen „Fuß" des Herkules finden wir noch zwei weitere Doppelsterne. Man braucht eine klare Nacht, um γ deutlich als Doppelstern zu sehen, m = 3,2; 8,5, d = 40″, etwas leichter ist $\varkappa$, m = 5,0; 6,0 d = 30″.

Dem Kugelhaufen M 13 geht ein kleines Dreieck voraus, in dem ν ein weiter Doppelstern ist, m = 4,8; 5,0 d = 370″. Der schwächere der beiden Sterne ist deutlich gelb. σ ist ebenfalls doppelt, die beiden Sterne bilden hier ein physikalisches Doppelsternsystem, m = 5,0; 6,0 d = 6″. Diese beiden Doppelsterne gehören zum Sternbild Corona, dessen Hauptsterne wir etwas weiter südlich finden. Nahe dem östlichen Ende dieser Gruppe finden wir den Stern T — wenn wir Glück haben. Meistens ist er nämlich nur von Größe 9,5, aber gelegentlich wird er wesentlich heller, wobei er Größe 2 erreichen kann. Er ist nicht im gewöhnlichen Sinne veränderlich, da seine Lichtschwankungen mehr einer Nova gleichen, wobei aber diese Lichtausbrüche wiederholt werden.

Auf der Innenseite der Krone finden wir R Coronae, ein Stern, der ein ziemlich mysteriöser Geselle ist. Im allgemeinen ist er ein Stern 5,5. Größe und bleibt auch so für lange Zeiten, manchmal bis zu zwei Jahren. Plötzlich aber sinkt seine Helligkeit zur Größe 12 herab. Er braucht dazu nur wenige Wochen. Nach einiger Zeit wird er dann wieder heller, bis er seine vorherige Helligkeit erreicht. Man fand noch keine Erklärung für dieses seltsame Verhalten, und es bedarf noch vieler Beobachtungen, bevor man sich über die Eigenschaften dieses Sternes ein Urteil bilden kann.

Die Sterne ε und δ Bootis geben die Stellung von ζ Coronae an, einem schwierigen Doppelstern, m = 4,8; 5,0 d = 6″.

δ Bootis (im Sternbild Bärenhüter) ist ein weiter Doppelstern, m = 3,3; 7,5 d = 105″, π und ξ sind enge Doppelsterne, wahrscheinlich stehen sie für unser kleines Instrument zu eng. Wir wollen sie uns aber trotzdem ansehen, vielleicht haben wir Glück und können sie trennen. π, m = 5,0; 6,0 d = 6″; ξ, m = 4,8; 6,8 d = 5″. In der Nähe von ε finden wir noch zwei Veränderliche, R, ein langperiodischer, m = 6 — 13, P = 222 Tage, W ist unregelmäßig, m = 5,2 — 6,1.

Sternkarte 19. Auf der einen Seite von α Cygni finden wir o, der dreifach ist, m = 4,0; 5,0; 6,5 d = 337″ und 107″. Zwei von diesen drei Sternen, nämlich der hellste und der schwächste, sind bläulich, und der dritte ist gelb. Etwas weiter von α liegt 16, ein schöner Doppelstern, der aus zwei Sternen 5. Größe besteht, die in einem gegenseitigen Abstand von 38″ stehen.

Auf der anderen Seite von α Cygni liegt 61, der erste Stern, dessen Entfernung von uns tatsächlich gemessen wurde. Auch er ist doppelt, m = 5,4; 6,1 d = 23″. Eine Linie von ε über v und ξ gibt uns die Richtung, in der wir M 39 suchen müssen. M 39 ist ein offener Haufen von ziemlich hellen Sternen.

Nahe dem Ende der Linie von α nach β finden wir zwei weitere interessante Sterne. Auf der einen Seite liegt χ, ein Veränderlicher vom Mira-Typ, der im Maximum als Stern 4. Größe erscheint und daher deutlich gesehen werden kann. Im Minimum sinkt seine Helligkeit aber bis auf Größe 13,5 ab, so daß er nur in großen Fernrohren zu dieser Zeit sichtbar ist. Seine Periode beträgt etwa 409 Tage.

Auf der anderen Seite finden wir Stern 17, der ein verhältnismäßig schwieriger Doppelstern ist, m = 5,4; 8,1 d = 26″.

β ist einer der schönsten Doppelsterne, die wir mit unserem Fernrohr sehen können. Er ist sogar schon im Feldstecher zu trennen. Ein gelber Stern 3,2. Größe hat einen Begleiter 5,7. Größe in einem Abstand von 34″. Die Farbe des Begleiters ist leuchtend blau.

In der Nähe des Schwans finden wir noch den Kopf des Drachens, in dem o Draconis ein leicht zu trennender Doppelstern ist, m = 4,7; 7,5 d = 32″.

Der Stern ε Lyrae ist ein Doppelstern, der schon dem bloßen Auge als solcher erkennbar ist. Ist aber die Sichtbedingung nicht sehr günstig, so genügt schon ein Opernglas, um ihn zu trennen, m = 4,6; 4,9 d = 208″. Im 2-Zöller kann man aber sehen, daß jeder dieser beiden Sterne wieder doppelt ist. Da man alle vier Sterne gleichzeitig im Gesichtsfeld hat, ergibt sich ein besonders schöner Anblick.

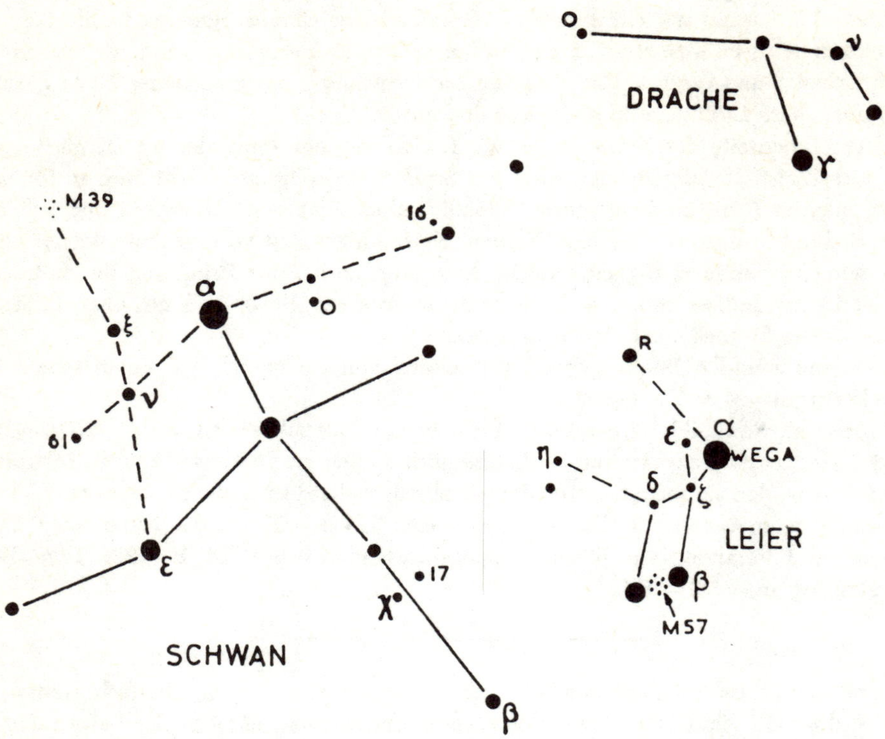

Sternkarte 19: Schwan, Drachen und Leier

ζ, der der Wega folgt, aber etwas südlich von ihr steht, ist ebenfalls doppelt, m = 3,4; 6,0 d = 44″. Der Hauptstern ist rötlich, der Begleiter blau-grün. In etwas größerem Abstand folgt δ, der auch schon vom bloßen Auge als Doppelstern erkannt werden kann. Die Farben sind hier orange und weiß, m = 4,5; 5,5 d = 750″. Auch η ist ein Doppelstern, der aber in einem kleinen Instrument nur bei besonders klarer Luft getrennt werden kann, m = 4,0; 8,0 d = 28″.

Unterhalb der Wega und ihr folgend finden wir β, den wir schon als Prototyp einer Klasse von Bedeckungsveränderlichen kennengelernt haben. Seine Helligkeit schwankt zwischen Größe 3,4 und 4,1, wobei seine Periode 12,9 Tage beträgt. Er ist außerdem ein Doppelstern. Der Begleiter ist 6,7. Größe und steht in einem Abstand von 47″. Der Hauptstern ist von gelblicher Farbe, der Begleiter grünlich.

Im gleichen Abstand von α, aber oberhalb, finden wir den unregelmäßig Veränderlichen R Lyrae, m = 4,0 — 4,7. Auf halbem Wege zwischen β und dem ihm folgenden Stern zeigt uns unser Fernrohr ein verschwommenes Nebelfleckchen, M 57, den Ringnebel in der Leier. Den Stern, der sich im Zentrum dieses Nebels befindet, können wir allerdings nicht sehen, da er nur von 15. Größe ist. Um ihn sichtbar zu machen, benötigt man ein Fernrohr von mindestens 12 Zoll Öffnung.

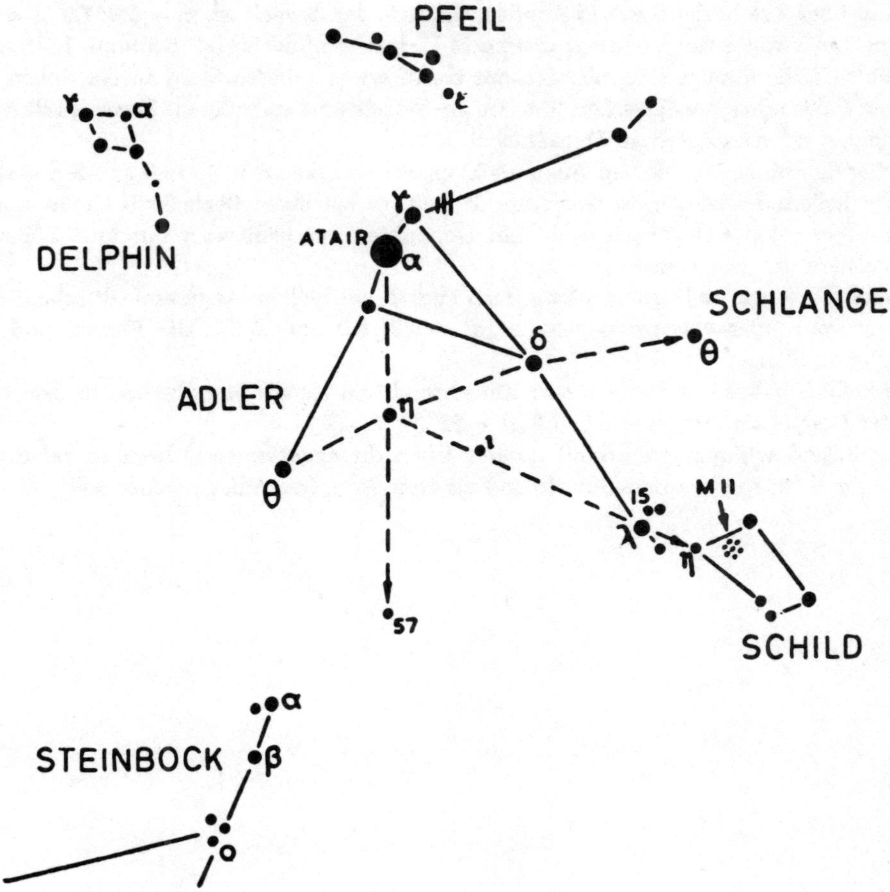

Sternkarte 20: Adler, Pfeil, Delphin, Schild und Steinbock

Sternkarte 20. Halbwegs zwischen β Cygni und α Aquilae liegt das kleine Sternbild Pfeil (Sagitta), in dem ε ein leichter Doppelstern ist, m = 5,5; 7,5 d = 93″. Ihm folgt ein anderes Zwergsternbild, Delphinus. Hier ist γ ein schöner Doppelstern. Die Komponenten sind von Größe 4,0 und 5,0, der Abstand der Sterne beträgt 10″. Der Hauptstern ist gelblich, der Begleiter smaragdgrün.

α ist ebenfalls doppelt, ist aber wegen der geringen Helligkeit des Begleiters ziemlich schwierig zu erkennen, m = 4,5; 9,0 d = 35″. Wir wollen einmal nach ihm ausschauen, wenn die Luft äußerst rein ist. Haben wir Glück, so wird es uns vielleicht gelingen, ihn doppelt zu sehen.

Ein auffälliges Beispiel eines Dunkelnebels können wir in der Nähe von γ Aquilae beobachten, wo einer dieser „Kohlensäcke“ diesem Stern vorangeht. Südlich von α finden wir den Veränderlichen η, der zum Typ der Cepheiden gehört: m = 3,7 — 4,5, P = 7,2 Tage. Noch weiter südlich finden wir 57, einen Doppelstern, m = 5,0; 6,0 d = 36″.

Dicht über λ steht der Stern 15 Aquilae, Größe 5, der doppelt ist, m = 5,0; 7,5 d = 35″.

Eine Linie von η über λ bringt uns zu M 11 im Sternbild Schild (Scutum). Hier sehen wir einen fächerförmigen Sternhaufen mit einem etwas helleren Stern an der Spitze. Ein kleiner Feldstecher genügt schon, um ihn in Einzelsterne aufzulösen. Etwas südlich von ihm finden wir einige weitere Dunkelnebel.

α Capricorni ist mit bloßem Auge als Doppelstern erkennbar, m = 3,3; 4,2 d = 375″. α_1, der hellere der beiden, ist wiederum doppelt, er hat einen Begleiter 9. Größe, der im Abstand von 45″ steht. Auch α_2 ist ein Doppelstern, er kann aber nur im 6-Zöller als Doppelstern gesehen werden.

Unter günstigen Bedingungen kann man auch β mit bloßem Auge doppelt sehen, sonst wird er vom Opernglas schon getrennt, m = 3,2; 6,0 d = 205″. Die Farben sind hier orange und blau.

Schließlich haben wir etwas weiter südlich noch ein kleines Sterndreieck, in dem o ein leichter Doppelstern ist, m = 5,6; 7,0 d = 22″.

Damit sind wir nun am Schluß unserer Übersicht angekommen, die aber keineswegs erschöpfend ist, sondern dem Sternfreund als erste Arbeitsgrundlage dienen soll.

ANHANG

Sonnenlauf und Sternzeit im mittleren Greenwichmittag

Datum	Deklination der Sonne	Zeitgleichung	Sternzeit	
	Grad	Minuten	Stunden	Minuten
1. Januar	— 23·1	— 3·4	18	42·5
5.	— 22·7	— 5·2	18	58·2
9.	— 22·2	— 7·0	19	14·0
13.	— 21·6	— 8·6	19	29·8
17.	— 20·8	— 10·0	19	45·5
21.	— 20·0	— 11·2	20	01·3
25.	— 19·1	— 12·3	20	17·1
29.	— 18·1	— 13·1	20	32·9
2. Februar	— 17·0	— 13·7	20	48·6
6.	— 15·8	— 14·1	21	04·4
10.	— 14·5	— 14·3	21	20·2
14.	— 13·2	— 14·3	21	35·9
18.	— 11·8	— 14·1	21	51·7
22.	— 10·4	— 13·7	22	07·5
26.	— 8·9	— 13·1	22	23·2
2. März	— 7·4	— 12·2	22	39·0
6.	— 5·9	— 11·5	22	54·8
10.	— 4·3	— 10·5	23	10·6
14.	— 2·7	— 9·5	23	26·3
18.	— 1·2	— 8·3	23	42·1
22.	+ 0·4	— 7·1	23	57·9
26.	+ 2·0	— 5·9	0	13·6
30.	+ 3·6	— 4·7	0	29·4
3. April	+ 5·1	— 3·5	0	45·2
7.	+ 6·6	— 2·4	1	00·9
11.	+ 8·1	— 1·2	1	16·7
15.	+ 9·6	— 0·2	1	32·5
19.	+ 11·0	+ 0·7	1	48·3
23.	+ 12·4	+ 1·6	2	04·0
27.	+ 13·7	+ 2·3	2	19·8

Datum	Deklination der Sonne	Zeitgleichung	Sternzeit	
1. Mai	+ 14·9	+ 2·9	2	35·6
5.	+ 16·1	+ 3·3	2	51·3
9.	+ 17·2	+ 3·6	3	07·1
13.	+ 18·3	+ 3·7	3	22·9
17.	+ 19·2	+ 3·7	3	38·7
21.	+ 20·1	+ 3·6	3	54·4
25.	+ 20·9	+ 3·2	4	10·2
29.	+ 21·5	+ 2·8	4	26·0
2. Juni	+ 22·1	+ 2·2	4	41·7
6.	+ 22·6	+ 1·6	4	57·5
10.	+ 23·0	+ 0·8	5	13·3
14.	+ 23·2	+ 0·0	5	29·0
18.	+ 23·4	— 0·8	5	44·8
22.	+ 23·5	— 1·7	6	00·6
26.	+ 23·4	— 2·6	6	16·4
30.	+ 23·2	— 3·4	6	32·1
4. Juli	+ 22·9	— 4·2	6	47·9
8.	+ 22·5	— 4·8	7	03·7
12.	+ 22·1	— 5·4	7	19·4
16.	+ 21·5	— 5·9	7	35·2
20.	+ 20·8	— 6·2	7	51·0
24.	+ 20·0	— 6·4	8	06·7
28.	+ 19·1	— 6·4	8	22·5
1. August	+ 18·2	— 6·3	8	38·3
5.	+ 17·1	— 6·0	8	54·1
9.	+ 16·0	— 5·5	9	09·8
13.	+ 14·8	— 4·9	9	25·6
17.	+ 13·6	— 4·1	9	41·4
21.	+ 12·3	— 3·2	9	57·1
25.	+ 10·9	— 2·2	10	12·9
29.	+ 9·6	— 1·1	10	28·7
2. September	+ 8·1	+ 0·1	10	44·5
6.	+ 6·6	+ 1·5	11	00·2
10.	+ 5·1	+ 2·8	11	16·0
14.	+ 3·6	+ 4·2	11	31·8
18.	+ 2·1	+ 5·6	11	47·5
22.	+ 0·5	+ 7·0	12	03·3
26.	— 1·1	+ 8·4	12	19·1
30.	— 2·6	+ 9·8	12	34·8

Datum	Deklination der Sonne	Zeitgleichung	Sternzeit	
4. Oktober	— 4·2	+ 11·1	12	50·6
8.	— 5·7	+ 12·3	13	06·4
12.	— 7·2	+ 13·3	13	22·2
16.	— 8·7	+ 14·3	13	37·9
20.	— 10·2	+ 15·1	13	53·7
24.	— 11·6	+ 15·7	14	09·5
28.	— 13·0	+ 16·1	14	25·2
1. November	— 14·3	+ 16·4	14	41·0
5.	— 15·5	+ 16·4	14	56·8
9.	— 16·7	+ 16·2	15	12·5
13.	— 17·8	+ 15·8	15	28·3
17.	— 18·9	+ 15·1	15	44·1
21.	— 19·8	+ 14·2	15	59·9
25.	— 20·7	+ 13·2	16	15·6
29.	— 21·4	+ 11·9	16	31·4
3. Dezember	— 22·0	+ 10·4	16	47·2
7.	— 22·6	+ 8·8	17	02·9
11.	— 23·0	+ 7·0	17	18·7
15.	— 23·3	+ 5·1	17	34·5
19.	— 23·4	+ 3·2	17	50·3
23.	— 23·5	+ 1·2	18	06·1
27.	— 23·4	— 0·8	18	21·8
31.	— 23·2	— 2·8	18	37·6

Sternzeit

In Schaltjahren:	Januar und Februar:	Subtrahiere 2 Minuten vom Tabellenwert der Sternzeit.
	März bis Dezember:	Addiere 2 Minuten zum Tabellenwert der Sternzeit.
1. Jahr nach dem Schaltjahr:		Addiere 1 Minute zum Tabellenwert der Sternzeit.
2. Jahr nach dem Schaltjahr:		Benutze Tabellenwerte.
3. Jahr nach dem Schaltjahr:		Subtrahiere 1 Minute vom Tabellenwert der Sternzeit.

Deklination und Zeitgleichung

Die Tabellenwerte gelten für:
00.00 Uhr MGZ im Januar und Februar eines Schaltjahres,
24.00 Uhr MGZ von März bis Dezember eines Schaltjahres,
18.00 Uhr MGZ im 1. Jahr nach einem Schaltjahr,
12.00 Uhr MGZ im 2. Jahr nach einem Schaltjahr,
06.00 Uhr MGZ im 3. Jahr nach einem Schaltjahr.

Um die Werte für ein nicht in der Tabelle erscheinendes Datum zu finden, addiert man 3,9 Minuten je Tag zur Sternzeit des letzten Tabellendatums und erhält so die Sternzeit im Mittag des betreffenden Tages. Die Werte für die Deklination und Zeitgleichung werden durch Interpolieren gefunden.

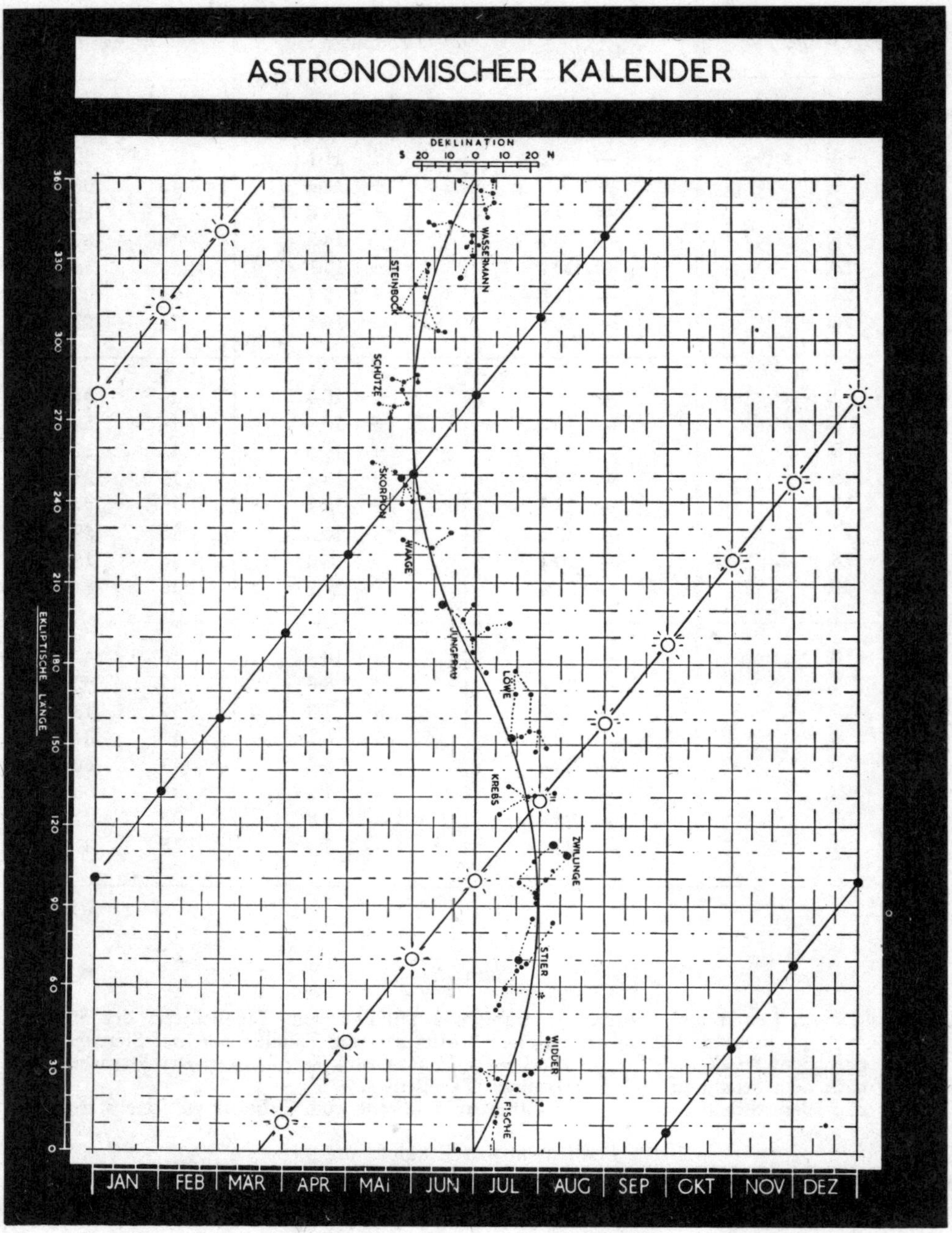

Abb. 77. Astronomischer Kalender

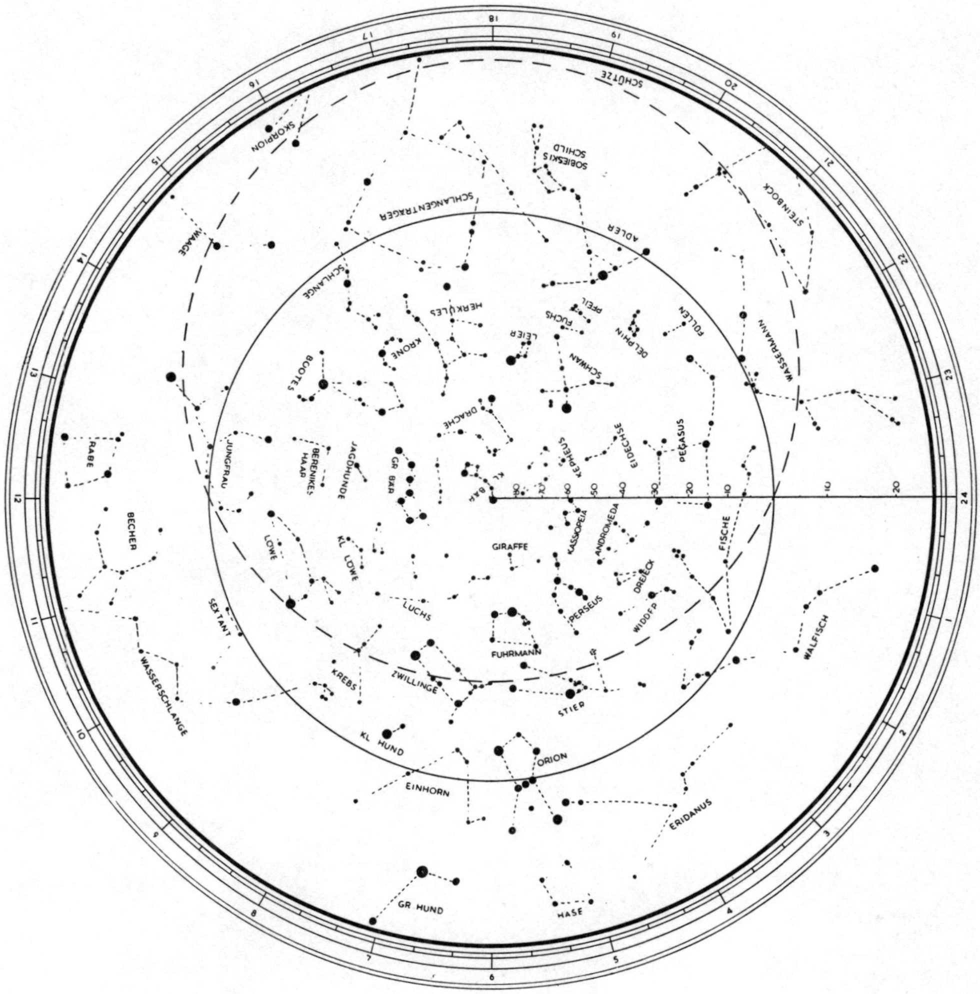

Abb. 78. Sternkarte

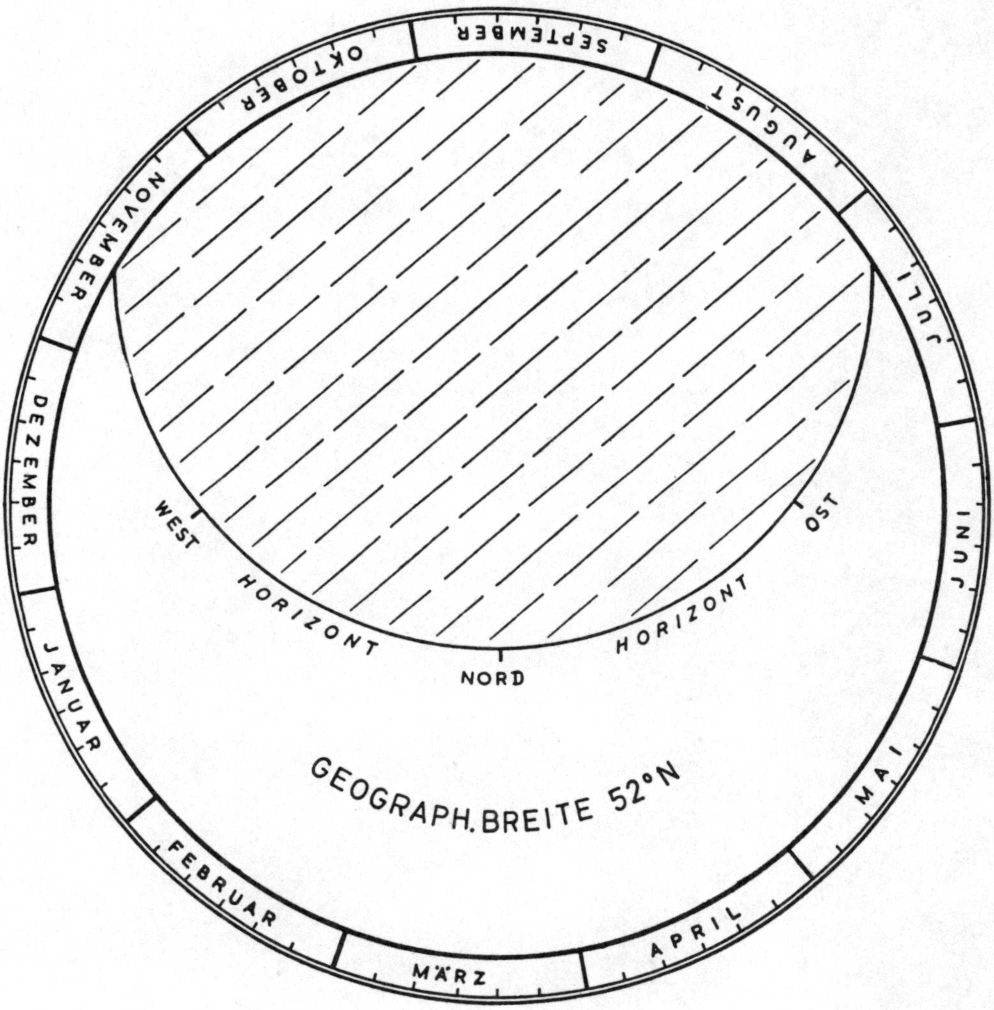

I. Maske für die Sternkarte

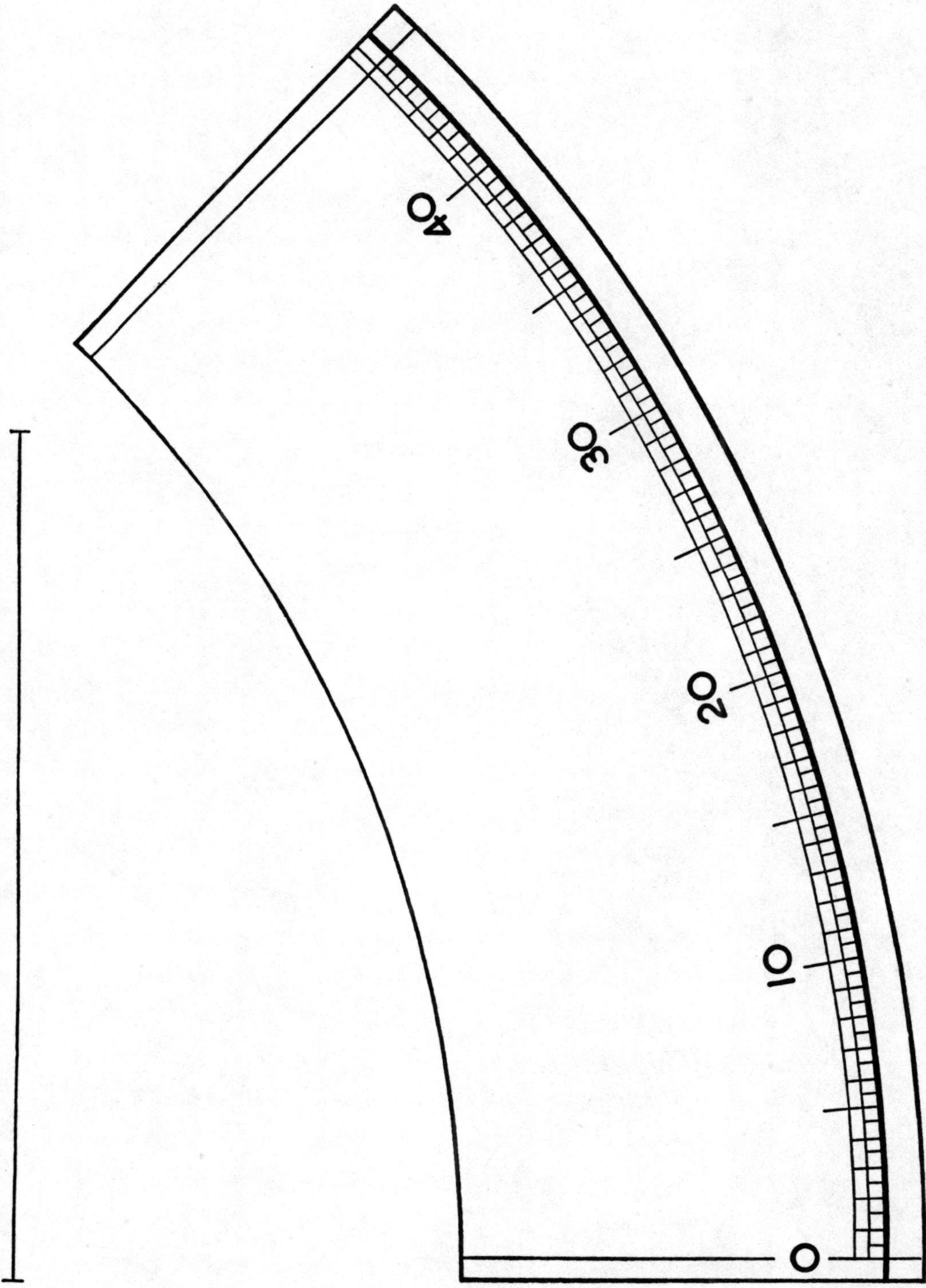

II. Quadrant, 1. Teil 0—45°

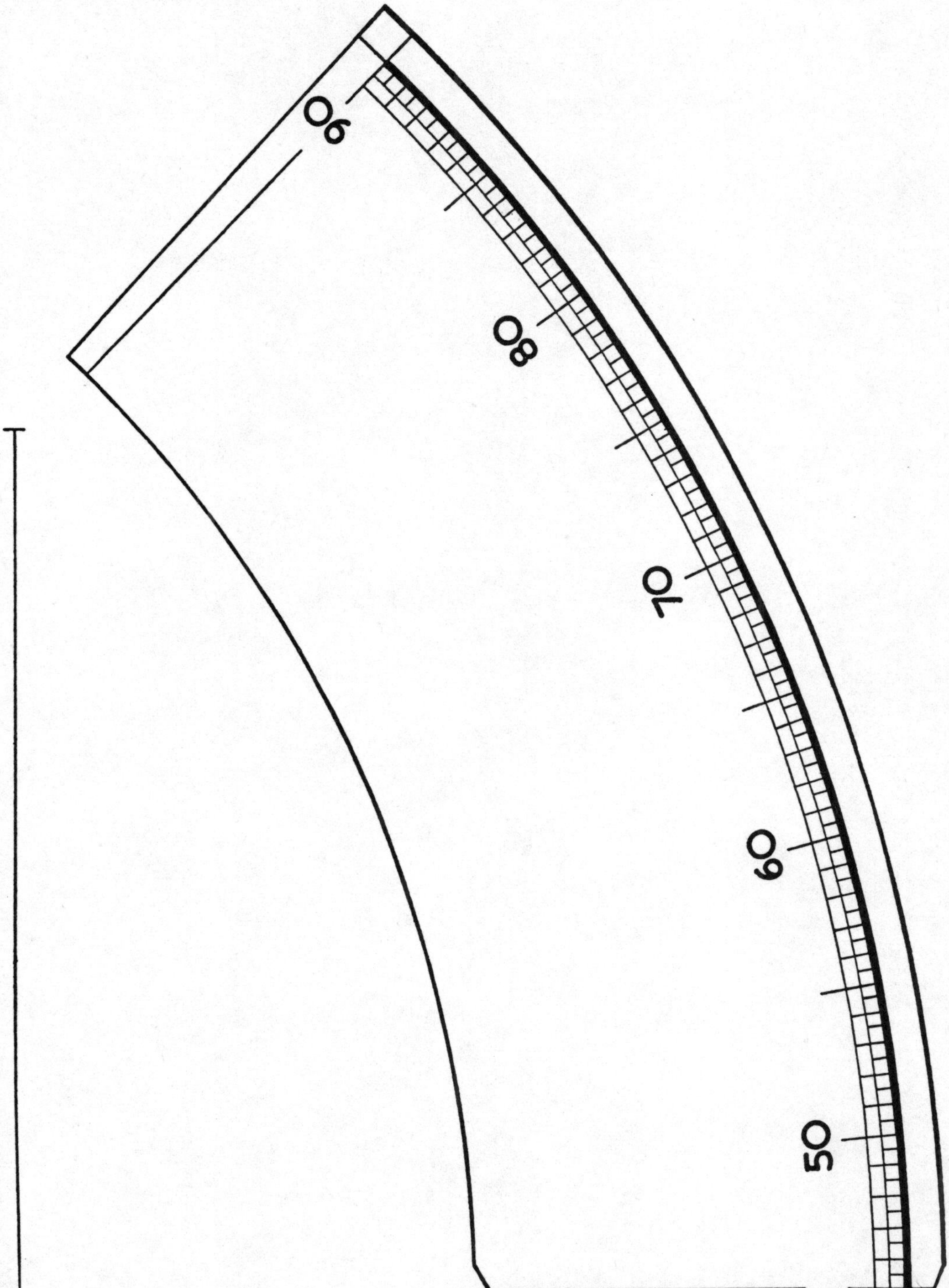

III. Quadrant, 2. Teil 45—90°

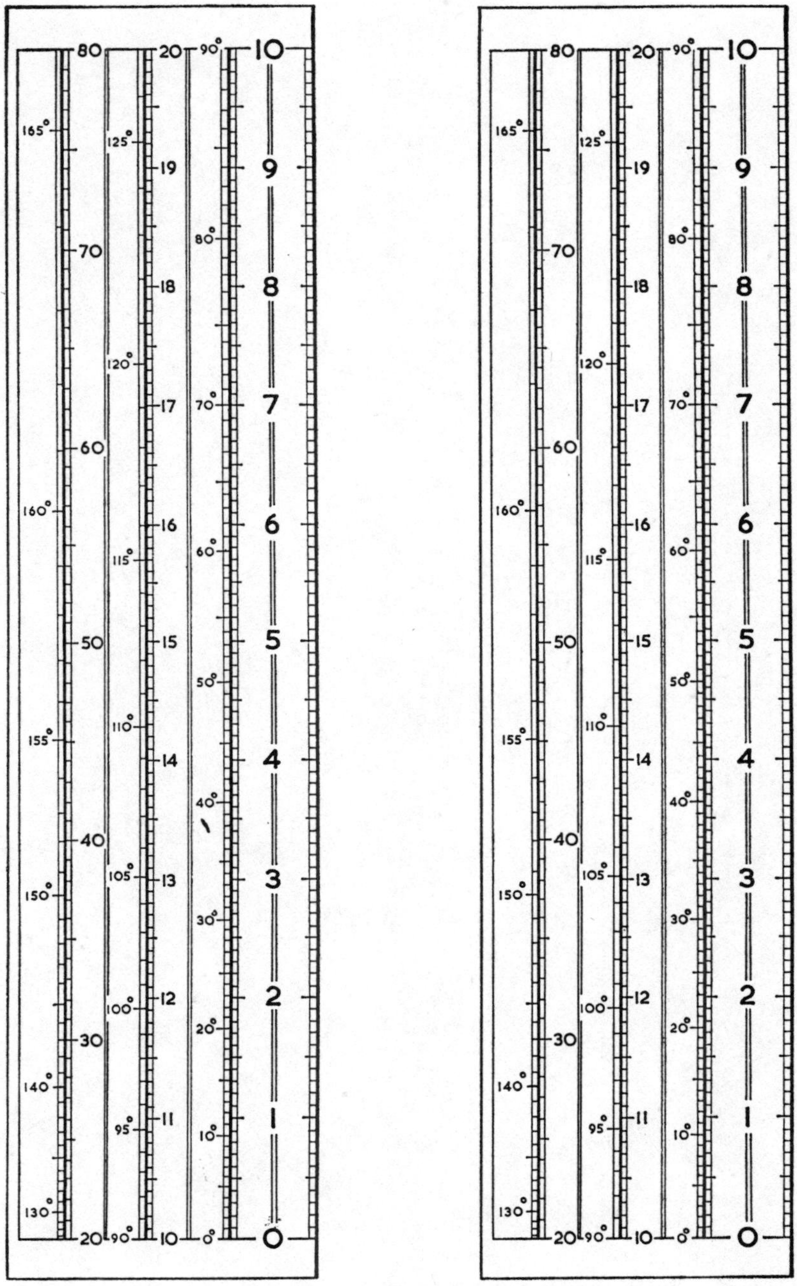

IV. Stereographischer Maßstab

STICHWORTVERZEICHNIS

Hinweise auf Bücher und Hilfsmittel für den Sternfreund finden Sie auf den folgenden Seiten.

Das KOSMOS-Astroprogramm (kurze Übersicht)

KOSMOS-Fernrohr LW 50 (Refraktor)
Freie Objektivöffnung 50 mm, Brennweite 500 mm. Maximale Vergrößerung bei einem Okular von 5 mm Brennweite 100fach.
Ein ideales Instrument für Anfänger und Schüler. Schon in der Grundausrüstung bietet es ausgezeichnete Möglichkeiten zur Beobachtung zahlreicher Himmelsobjekte wie z. B. Mondkrater, Maria, Planeten, Sternhaufen und Nebel; auf der Sonne lassen sich visuell Fleckenbildungen beobachten. Das Instrument zeigt unter günstigen Bedingungen noch Sterne bis zur Helligkeit 10^m, viele Sternhaufen und einige Nebel. Das Fernrohr hat ein Auflösungsvermögen von 2,4″, d. h. es werden Doppelsterne mit diesem Abstand getrennt, wenn die beiden Komponenten gleich hell und etwa 5. bis 6. Größe sind.
Das KOSMOS-Fernrohr LW 50 eignet sich durch seine kurze Baulänge auch hervorragend als Leit- bzw. Suchfernrohr auf größeren Instrumenten.

KOSMOS-Fernrohr LW 70 (Refraktor)
Freie Objektivöffnung 70 mm, Brennweite 1000 mm. Maximale sinnvolle Vergrößerung bei Benutzung eines Okulars von 8 mm Brennweite 125fach.
Das LW 70 kann als typisches Schulfernrohr und als Standard-Instrument des Astro-Amateurs betrachtet werden. Mit ihm lassen sich selbst anspruchsvolle Wünsche erfüllen. Es ist für Astrofotografie geeignet und läßt sich unter anderem als ausgezeichnetes Leitfernrohr verwenden. Es ermöglicht Detailbeobachtungen auf der Mondoberfläche, bei günstigen Marsoppositionen Erkennen erster Oberflächeneinzelheiten auf diesem Planeten; bessere Beobachtung einiger schwächerer Saturnsatelliten sowie von Sonnenflecken usw. Unter günstigen Bedingungen sind noch Sterne bis 11^m erkennbar. Das Auflösungsvermögen liegt bei 1,7″.

KOSMOS-Fernrohr LW 90 (Refraktor)
Freie Objektivöffnung 90 mm, Brennweite 1300 mm. Maximale sinnvolle Vergrößerung bei Verwendung eines Okulars von 8 mm Brennweite 162fach.
Der Refraktor für gehobene Ansprüche. Ideal für die Beobachtung von Sonne und Mond, Planeten, Kometen und Satelliten. Auf dem Mond zeigt das Instrument eindrucksvoll Ringgebirge, Krater und Maria. Auf der Sonne lassen sich die Flecken genau beobachten. Bei den Planeten Mars, Jupiter und Saturn sind Oberflächenstrukturen und Begleitmonde zu sehen. Auf dem Mars erkennt man Polkappen und Streifen, auf Jupiter die Abplattung, den Roten Fleck und Äquatorstreifen sowie Begleitmonde. In der Fixstern-Welt sind offene und kugelförmige Sternhaufen, planetarische und diffuse Nebel sowie Spiralnebel schön zu erkennen. Interessant ist es auch, Doppel- und Mehrfachsterne zu trennen. Das Instrument zeigt Sterne bis zur 11,4ten Größenklasse, trennt Doppelsterne mit 1,4″ Abstand und eignet sich zur Astrofotografie.

KOSMOS-Fernrohr LW 110 (Refraktor)
Freie Objektivöffnung 110 mm, Brennweite 1500 mm, zeigt Sterne bis zur 11,8ten Größenklasse, trennt Doppelsterne mit 1,2″ Abstand. Maximale sinnvolle Vergrößerung bei Verwendung eines Okulars von 6 mm Brennweite 250fach.
Ein Refraktor höchster Präzision und Leistung für sehr hohe Amateur-Ansprüche. Hinsichtlich der Beobachtungsmöglichkeiten gilt dasselbe, was für LW 90 gesagt wurde. Nur sind hier die Objekte noch lichtstärker, brillanter und mit mehr Details zu beobachten. Außerdem sieht man damit Objekte, die fast eine halbe Sterngrößenklasse schwächer sind als beim LW 90, was natürlich die Beobachtungsmöglichkeiten enorm erweitert.

KOSMOS-Fernrohr LW 125 (Refraktor)
Freie Objektivöffnung 125 mm, Brennweite 1300 mm, zeigt Sterne bis zur 12,1ten Größenklasse, trennt Doppelsterne mit 1,1″ Abstand. Maximale sinnvolle Vergrößerung unter Verwendung eines Okulars von 5 mm Brennweite 260fach.
Der Refraktor ist durch sein Öffnungsverhältnis von 1:10,4 besonders zur Beobachtung lichtschwacher Objekte und als Kometensucher geeignet. Dieser Typ wird in Fachkreisen oft als „Lichtkanone" bezeichnet. Auch hiermit können alle beim LW 90 aufgeführten Objekte beobachtet werden. Nur ist die Leistung noch wesentlich höher, entsprechend der viel größeren Objektivfläche. Sie bietet beim LW 125 eine um 92,9% vergrößerte Lichteintritts-Fläche gegenüber dem LW 90.

KOSMOS-Fernrohr LW 90 K (Refraktor)
Freie Objektivöffnung 90 mm, Brennweite 540 mm, zeigt Sterne bis zur 11,4ten Größenklasse, trennt Doppelsterne mit 1,4″ Abstand. Vergrößerung bis 15,4fach reduzierbar, Durchmesser der Austrittspupille 5,83 mm, Durchmesser des wahren Gesichtsfeldes 4°16′, deshalb auch besonders für Naturfreunde geeignet.
Mit dem Fernrohr LW 90 K lassen sich die gleichen astronomischen Objekte beobachten wie mit dem normalen Refraktor LW 90. Bei herausgenommener Fokussiereinheit und abgeschraubter Taukappe ist das Fernrohr LW 90 K nur etwa 25 cm lang und hat somit in jeder größeren Fototasche Platz. Es ist damit und in Verbindung mit einem stabilen Fotostativ das ideale Reisefernrohr für Natur- und astronomische Beobachtungen.

KOSMOS-Fernrohr K 125 (Reflektor)
Ein Spiegelteleskop System Kutter, auch Schiefspiegler genannt. Freier Spiegeldurchmesser 125 mm, Äquivalentbrennweite 3500 mm, zeigt Sterne bis zur 12,1ten Größenklasse, trennt Doppelsterne mit 1,0″ Abstand. Maximale Vergrößerung bei Verwendung eines Okulars von 12,5 mm Brennweite 280fach.

KOSMOS-Fernrohr N 150 (Reflektor)
Ein Spiegelteleskop System Newton. Freier Spiegeldurchmesser 150 mm, Brennweite 1200 mm, zeigt Sterne bis zur 12,5ten Größenklasse, trennt Doppelsterne mit 0,9″ Abstand. Maximale Vergrößerung bei Verwendung eines Okulars von 4 mm Brennweite 300fach.

KOSMOS-Fernrohr 200 S (Reflektor)
Ein Schmidt-Cassegrain-Teleskop. Freie Objektivöffnung 200 mm, Brennweite 2400 mm, zeigt Sterne bis zur 13,1ten Größenklasse, trennt Doppelsterne mit 0,7″ Abstand. Maximale sinnvolle Vergrößerung bei Verwendung eines Okulars von 6 mm Brennweite 400fach.
Sein für den Laien augenfälligstes Merkmal ist die im Verhältnis zur Brennweite extrem kurze Baulänge. Das Instrument besitzt bei einer Brennweite von 2400 mm nur eine Länge von 420 mm (ohne Fokussiereinheit und Taukappe). Bei einem Gewicht von 8,3 kg (ohne Fokussiereinheit und Taukappe) eignet sich das Gerät daher durchaus dazu, auf Reisen und Exkursionen mitgenommen zu werden.

Bitte fordern Sie die ausführliche Informationsschrift N 20.00 an. Bitte DM 2.— in Briefmarken als Schutzgebühr beilegen.

Kosmos-Verlag · Postfach 640 · 7000 Stuttgart